Jedes Experiment ist mit einem karierten Grund unterlegt:

Experiment: artesischer Brunnen
Vorbereitung des Experimentes
Material: *zwei Kunststofftrichter, Nagel, Kunststoffwanne, Labor-Wasserschlauch von ca. 80 cm Länge, zwei Stative mit Trichterhalterungen, kleine Gießkanne, Wasser*
Durchführung: *Trichterhalterungen an die Stative montieren, Trichter einsetzen, die Schlauchenden über die Trichterenden ziehen, Nagel in der Mitte des Schlauches durch eine Schlauchwand bohren, Wasser mit der Gießkanne in die Trichter einfüllen; den Nagel herausziehen und den Weg des Wassers beobachten.*

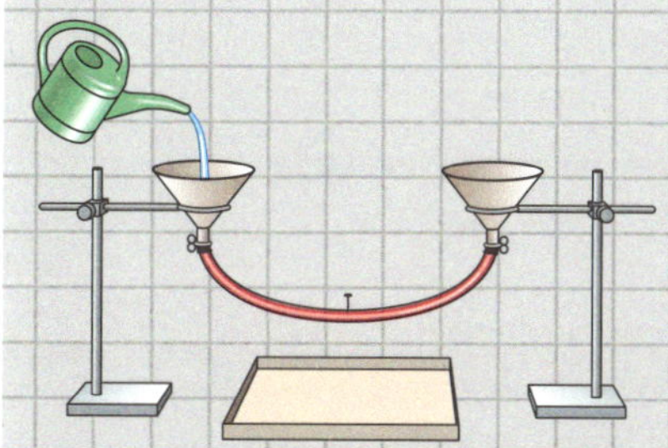

Mehr rund um TERRA im Internet unter:
www.klett.de/online

Und nun viel Spaß und guten Erfolg bei der Arbeit mit diesem Buch!

Was diese Piktogramme bedeuten:

Lupe in den Heimatraum
Diese Seiten informieren dich über deine Heimat.

Fenster in die Welt
Diese Seiten informieren dich über andere Länder.

Teste dich selbst
Dieses Piktogramm findest du auf den Trainingsseiten. Lösungen zu den hier genannten Aufgaben stehen im Anhang.

Kaum zu glauben
Hier stehen außergewöhnliche Angaben zum jeweiligen Thema.

→ Dieser Pfeil ist der Hinweis auf andere Seiten, wo du weitere wichtige Informationen zum Thema findest.

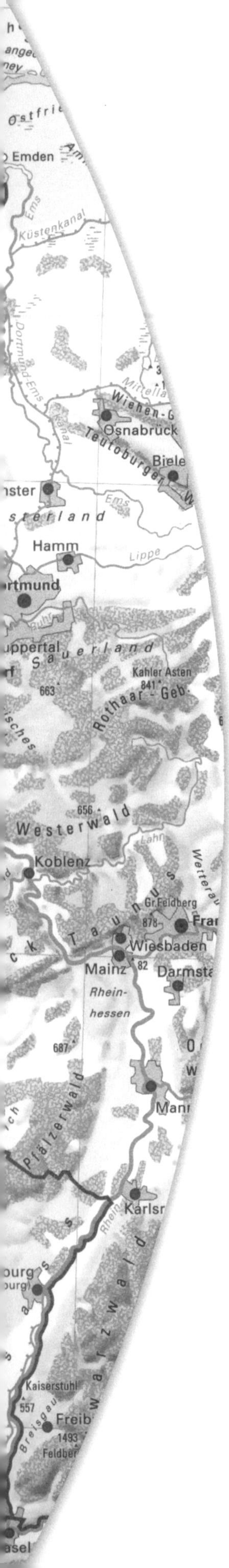

Impressum

Geographie 8

Autoren
Markus Altmann, Porto
Marcus Aunkofer, Nördlingen
Helmut Geiger, Sonthofen
Tanja Götz, Sonthofen
Christoph Habich, München
Max Huber, Schierling
Helmut Mayer, Nürnberg
Dr. Thomas Schneider, Augsburg
Dr. Bernd Stallhofer, Regensburg

Mit Beiträgen von
Dr. Joachim Bierwirth, Neu-Anspach
Dr. Egbert Brodengeier, Lichtenberg
Prof. Dr. Jürgen Bünstorf, Altenberge
Wolfgang Dresler, Siegen
Werner Eckert-Schweins, Ingolstadt
Prof. Dr. Friedhelm Frank, Dresden
Dr. Michael Geiger, Landau
Prof. Dr. Michael Hemmer, Münster
Hans Georg Herrnleben, Worms
Maik Jährig, Oderwitz
Jens Joachim, Leipzig
Rainer Kistermann, Berlin
Bodo Lehnig, Großdubrau
Sabine Mrugalla, Bingen
Helmut Obermann, Ettlingen
Herbert Paul, Asperg
Sabine Rohdich, Bingen
Prof. Dr. Lothar Rother, Schwäbisch Gmünd
Günter Sagan, Petersberg
Hans-Joachim Salmen, Bochum
Dr. Petra Sauerborn, Bonn
Anne Schminke, Olpe
Dr. Simone Volkmann, Großröhrsdorf
Dr. Volker Wilhelmi, Mainz

1. Auflage
1 7 6 5 4 | 2016

www.klett.de
Printed in Germany

ISBN 978-3-623-27940-4

Redaktion und Produktion
Jens Bickel, Birgit Jäkel
Redaktionsassistenz
Christiane Berndt
Einband-Design und Layoutkonzept
pandesign, Büro für visuelle Kommunikation, Karlsruhe
Karten
Klett-Perthes Verlag GmbH, Gotha,
Dr. Henry Waldenburger
Zeichnungen
Steffen Butz, Karlsruhe
Ulf S. Graupner, Berlin
Rudolf Hungreder, Leinfelden-Echterdingen
Diana Jäckel, Erfurt
Wolfgang Schaar, Stuttgart
Satz und Reproduktion
dmz, Gotha
Druck
PHOENIX PRINT GmbH, Würzburg

9 783623 279404

Geographie 8

Gymnasium Bayern

TERRA

Ernst Klett Verlag
Stuttgart · Leipzig

Inhalt

Geographie 8

1

Klima- und Vegetationszonen der Erde

Klirrende Kälte über dicken Eispanzern der menschenleeren und vegetationslosen Pole, brütende Hitze in der grünen, wuchernden, von Lebewesen nur so wimmelnden Hölle der tropischen Urwälder – solch krasse Gegensätze prägen unseren Planeten Erde. Warum es diese Unterschiede in Klima und Vegetation gibt und welche Zonen sich voneinander abgrenzen lassen, erfährst du in diesem Kapitel.

1

❶ ***Ein Hang im Frühjahr***

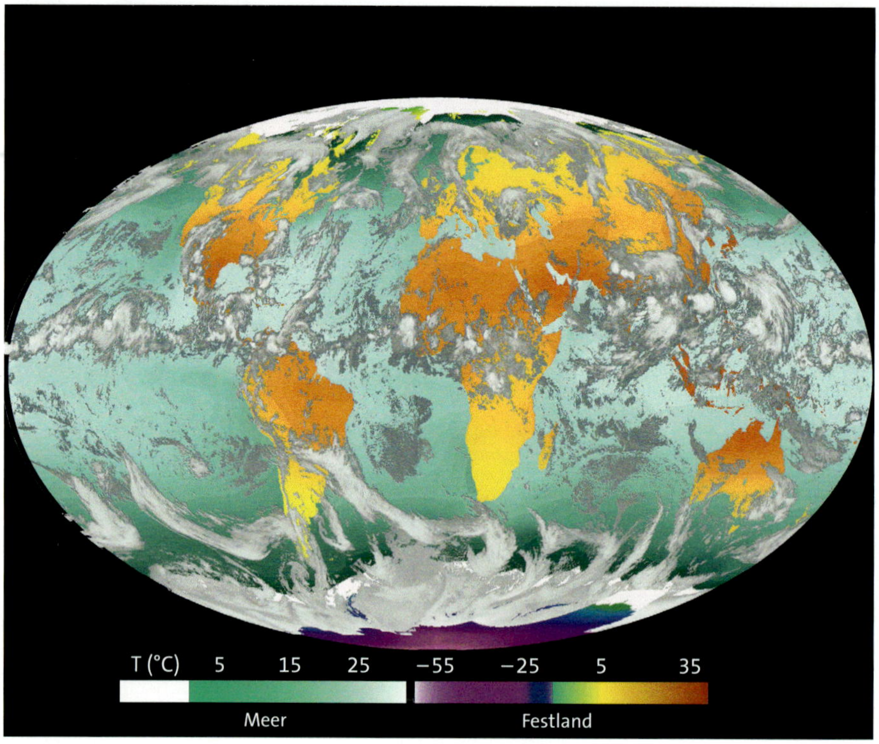

❷ ***Temperaturverteilung am 22.01.2004 (Satellitenbild der NASA)***

Licht und Wärme – ungleich verteilt

Die Sonne ist die Quelle allen Lebens auf unserem Planeten; sie liefert uns durch ihre Strahlung Licht und Wärme und ist der Motor für Wind und Wetter. Die Strahlen der Sonne sind auf dem ca. 150 Millionen Kilometer langen Weg zur Erde etwa acht Minuten unterwegs.

Die **Sonneneinstrahlung** wird beim Auftreffen auf die Erdoberfläche teilweise in Wärme umgewandelt. Wie ist nun aber die von der Sonne empfangene Wärme auf unserem Planeten verteilt? Ein Reisender der sich zwischen dem Äquator und den Polen bewegt wird bestätigen: Dem Äquator zu wird es wärmer, zu den Polen hin kälter. Dies liegt daran, dass die Polargebiete deutlich weniger eingestrahlte Energiemenge erhalten. Weil die Strahlen dort in einem zunehmend flachen Winkel einfallen, verteilen sie sich auf eine größere Fläche.

Im Äquatorbereich fallen die Strahlen nahezu senkrecht auf die Erdoberfläche. Im Vergleich zu den Polargebieten wird eine gleichgroße Fläche von einer größeren Anzahl von Strahlen erreicht. Je steiler der Einfallswinkel der Strahlen ist, desto stärker erwärmen sie also die Erdoberfläche.

Nach den Auswirkungen dieser Regel lassen sich auf der Erde vier große **Temperaturzonen** unterscheiden. Man nennt sie auch mathematische oder solare Zonen:

- die Tropen beiderseits des Äquators zwischen den beiden **Wendekreisen** (23,5°); die durchschnittliche Temperatur des kältesten Monats beträgt hier 18 °C;
- die Subtropen, die sich von den Wendekreisen bis 45° Nord bzw. Süd erstrecken;
- die Gemäßigte Zone zwischen 45° und den Polarkreisen bei 66,5°;
- die Kalte Zone zwischen 66,5° und 90°.

Wäre die Erde z. B. vollständig vom Meer bedeckt, würden diese Zonen sie jeweils genau parallel zu den Breitenkreisen umspannen. Die ungleiche Verteilung von Land und Meer, der Einfluss von Meeresströmungen und das Relief durchbrechen aber dieses klare Muster.

1 *Erkläre, warum auf dem Foto 1 nicht die gesamte Fläche schneefrei ist.*

2 *Erläutere mithilfe von Experiment 4 und Grafik 5 die Entstehung der Temperaturzonen.*

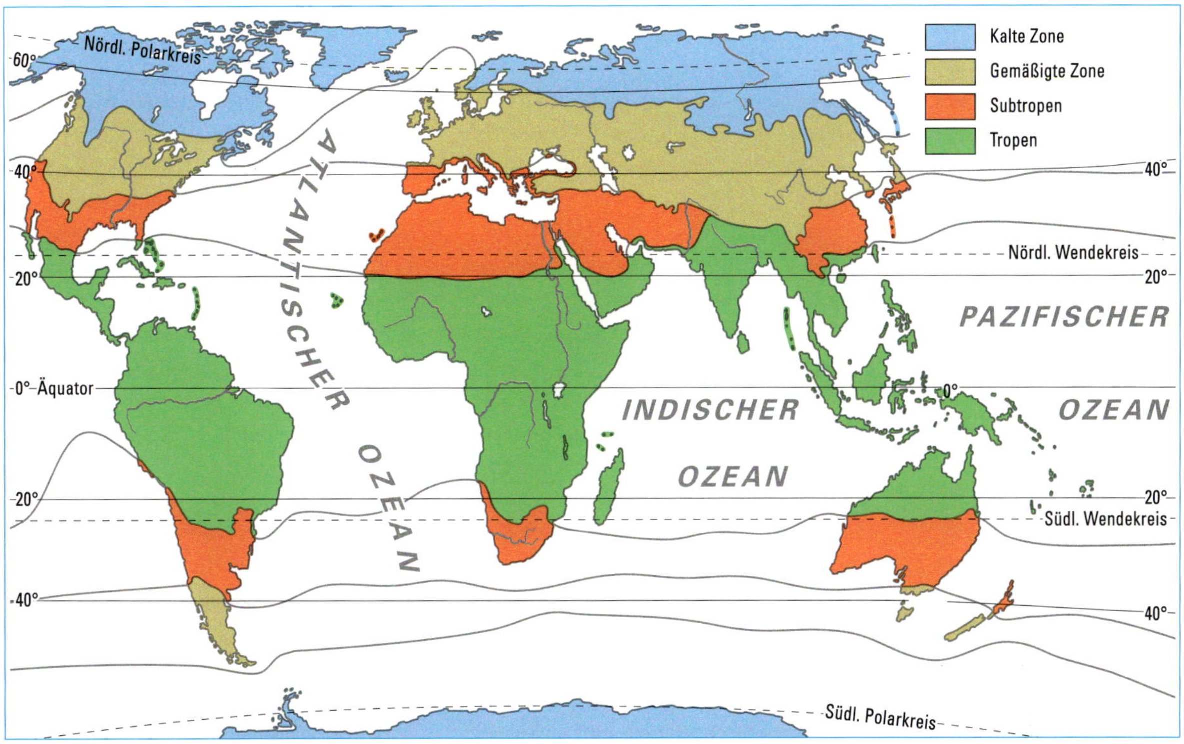

3 ***Die vier großen Temperaturzonen der Erde***

4 ***Experiment zur Wärmeverteilung***

Material: *Globus, Rotlichtlampe, gebogene Metallplatte, Lineal*

Durchführung: *Stelle die Rotlichtlampe genau so auf, dass sie die Außenseite der Metallplatte beleuchtet. Achte darauf, dass du einen Abstand von 40 cm eingehältst. Schalte die Lampe für 1–2 Minuten ein und erfühle nach dem Ausschalten mit den Händen die Platte.*

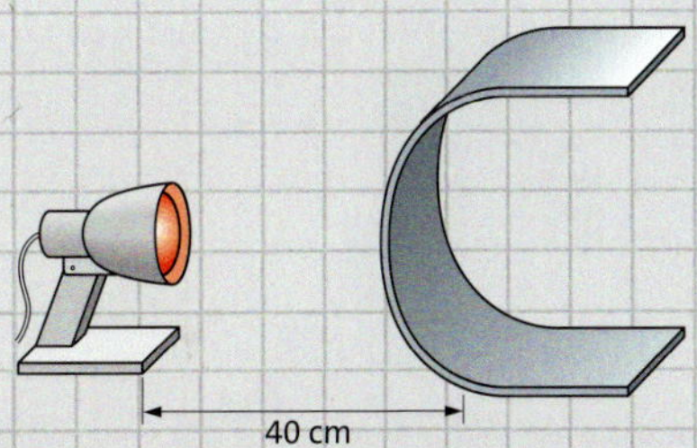

Auswertung: *Notiere deine Beobachtungen. Leite die Erklärung für die unterschiedliche Verteilung der Wärme auf der Erde ab.*

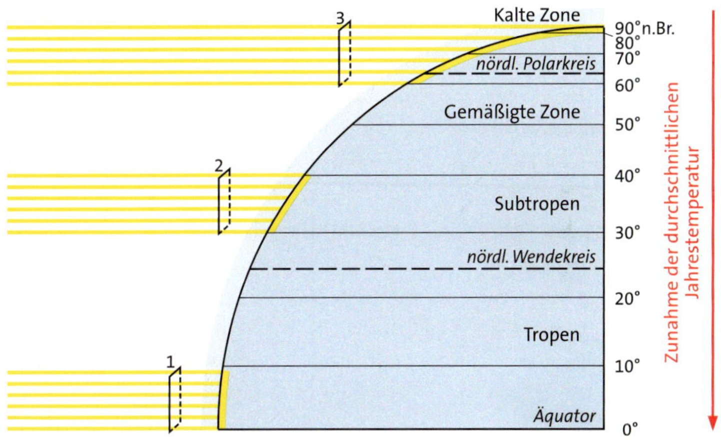

5 ***Sonneneinstrahlung auf der Nordhalbkugel der Erde***

3 *Die Karte 3 zeigt deutliche Unterschiede in der Ausprägung der Temperaturzonen auf der Nord- und der Südhalbkugel. Beschreibe und erkläre sie.*

4 *Arbeite mit dem Satellitenbild 2 und einer Atlaskarte: Begründe anhand eines Beispiels, warum die Grenzen der Temperaturzonen nicht exakt parallel zu den Breitenkreisen verlaufen.*

Klimazonen der Erde

Gebiete, die ein vergleichbares typisches Klima aufweisen, nennt man ***Klimazonen****.*

Um Klimazonen voneinander abzugrenzen, gibt es zwei unterschiedliche Vorgehensweisen:

Beim ***effektiven Klimasystem*** *geht man von messbaren Klimaelementen, z. B. Temperatur und Niederschlag, aus. Auch die Vegetation (siehe Seite 10), die vom Klima abhängt, zieht man als erfassbare Naturerscheinung zur Grenzziehung heran.*

Beim ***genetischen Klimasystem*** *gliedert man die Klimazonen nach den Ursachen ihrer Entstehung. Dazu beobachtet man z. B. die Luftmassen oder Druck- und Windsysteme, wie z. B. die Passatzirkulation (siehe Seite 16/17).*

Klimakarten bestehen aus mehreren übereinander gelagerten Schichten, in denen sich verschiedene Gliederungsprinzipien widerspiegeln:

Die Einstrahlung der Sonne schafft mit den etwa breitenkreisparallelen Temperaturzonen das erste so genannte **zonale Gliederungsprinzip** vom Pol bis zum Äquator. Zur Abgrenzung der Klimazonen werden beim effektiven Verfahren deshalb die Temperaturen herangezogen, und zwar die mittleren Temperaturen des wärmsten und/oder des kältesten Monats und der Wert der Jahresschwankung der Lufttemperatur.

Aber auch der Einfluss großer Land- oder Wassermassen und Meeresströmungen wirkt auf das Klima eines Raumes ein. Meeresnahe Gebiete zeigen einen wesentlich ausgeglicheneren Jahresgang der Temperatur und höhere Niederschläge als kontinentale. Deshalb überlagert das maritim-kontinentale (**zentral-periphere**) Gliederungsprinzip das zonale.

In den Tropen beeinflussen warme Meeresströmungen die Ostseiten, kalte die Westseiten der Kontinente. In den Subtropen weisen deren Ostseiten sommerliche, die Westseiten winterliche Niederschläge auf. Es gilt das **west-östliche Gliederungsprinzip**. Menge und jahreszeitliche Verteilung der Niederschläge helfen also dabei, einzelne Klimazonen genauer zu unterscheiden. Deshalb berechnet man beim effektiven Verfahren die Zahl der humiden Monate nach einer Trockenheitsformel (siehe Seite 13).

Das Klima steuert die Verbreitung der natürlichen Vegetation. Diese wirkt ihrerseits wieder, z. B. über die Verdunstung, auf das Klima zurück. Deshalb bildet die durchschnittliche Wachstumszeit der Pflanzen (**Vegetationsperiode**) ein weiteres Merkmal zur effektiven Abgrenzung einzelner Klimazonen.

Schließlich ändern sich Klima und Vegetation auch mit der Höhe (Höhenstufung), so dass dies als **hypsometrisches Gliederungsprinzip**

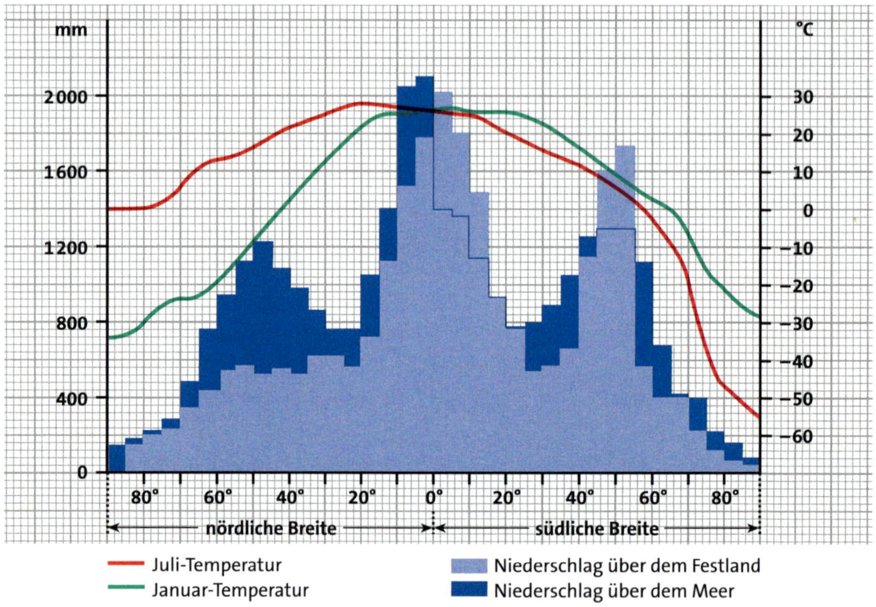

1 ***Durchschnittliche Jahresniederschlagssummen und mittlere Januar-/Juli-Temperatur nach der geographischen Breite***

2 Klimazonen der Erde (effektives Verfahren nach Troll und Paffen)

in einer Karte der Klimazonen berücksichtigt werden muss. Im Maßstab globaler Klimazonenkarten lässt sich die Höhenstufung nicht darstellen. Deshalb werden dort die Hochgebirgsregionen der Erde entweder gar nicht oder mit nur einer einzigen Signatur wiedergegeben.

1 *Arbeite mit dem Diagramm 1:*

a) Beschreibe, wie sich der Verlauf der Januar- und Juli-Temperaturen mit der geographischen Breite ändert.

b) Erkläre, warum es auf der Südhalbkugel im Juli kälter ist als im Januar.

c) Zeige auf, welche Zonen der Erde besonders niederschlagsreich, welche besonders niederschlagsarm sind.

d) Begründe, warum sich die Niederschlagsmengen über dem Meer von denen über dem Festland unterscheiden.

2 *Vergleiche das Diagramm 1 mit der Karte 2 und erkläre die Übereinstimmungen.*

3 *Zeige am Beispiel des nord- und südamerikanischen Kontinents auf, welche grundsätzlichen Gliederungsprinzipien sich in der Klimakarte widerspiegeln.*

4 *Der Gipfel des Kilimandscharo, des höchsten Berges Afrikas, ist das ganze Jahr von Schnee und Eis bedeckt. Erkläre, warum du diesen Berg auf der Klimakarte nicht finden kannst.*

Weit verbreitet und bekannt sind die nach dem effektiven Verfahren entstandenen Klimazonenkarten von Köppen und Geiger sowie von Troll und Paffen (Karte 2). Genetische Klimasysteme entwarfen z. B. die Klimaforscher Flohn und Neef (siehe Seite 33).

→ *Höhenstufung der Vegetation, siehe Seite 98/99*

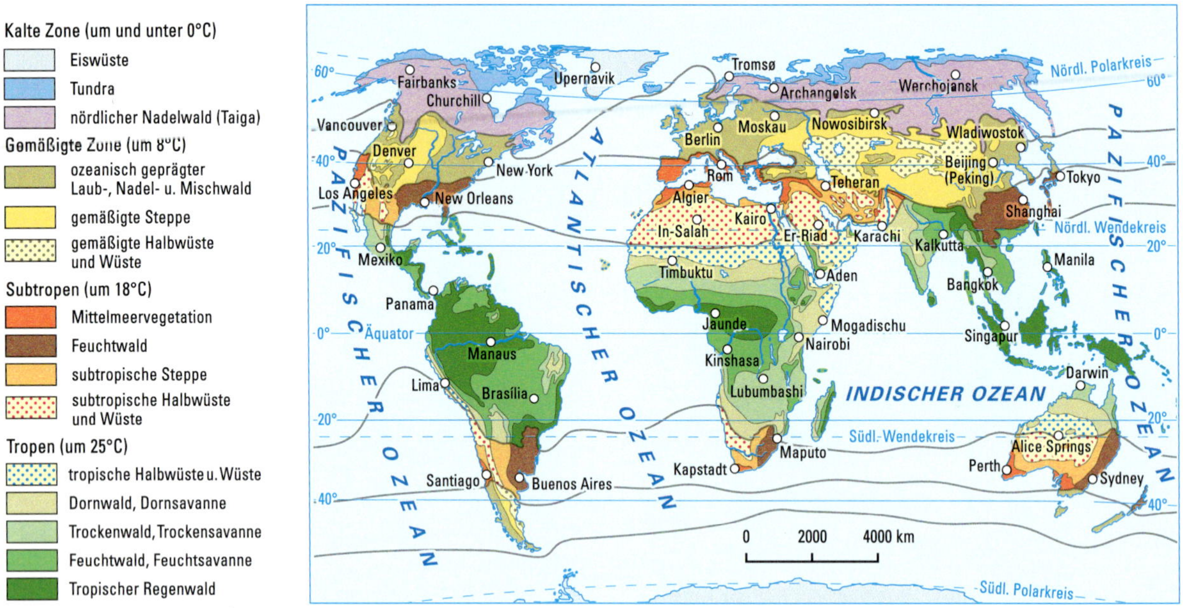

1 *Vegetationszonen der Erde*

Vegetationszonen der Erde

***Vegetation** ist die Gesamtheit aller Pflanzengesellschaften. Jede Pflanze besiedelt nach ihren Ansprüchen an Klima und Boden ein eigenes Gebiet (Areal).*

→ *Jahres- und Tageszeitenklima, siehe Seiten 15, 18f.*

Das Pflanzenwachstum wird insbesondere durch das Klima, vor allem durch die Temperatur und die Niederschläge, gesteuert. Deshalb entsprechen die **Vegetationszonen** der Erde weitgehend den Klimazonen:

- Das zonale Muster zeigt sich darin, dass in den kalten Gebieten der Erde am wenigsten, in den feucht-tropischen am meisten Pflanzenmasse produziert wird. Von den Polen zum Äquator nimmt das Wärmeangebot für die Pflanzen zu. In den Tropen herrschen sogar ganzjährig weitgehend gleiche Temperaturen (Tageszeitenklima).
- Auch die landeinwärts abnehmenden Niederschlagsmengen und die zugleich immer extremeren täglichen wie jahreszeitlichen Temperaturschwankungen rufen auffällige, den Klimazonen entsprechende Unterschiede in der Vegetation hervor. Diese folgt auch dem West-Ost-Wandel des Klimas; z. B. herrschen in den Subtropen auf den Westseiten sommertrockene Mittelmeervegetation, auf den Ostseiten Feuchtwälder vor, die im Sommer reichlich Regen erhalten.
- Die typischen Höhenstufen der Vegetation bilden sich vor allem aufgrund der mit der Höhe abnehmenden Temperatur; sie folgen aber auch dem oft kleinräumigen Wechsel des Klimas, etwa zwischen stark beregneten Bergflanken und trockenen, im Regenschatten liegenden Tälern.

Wegen dieser weitgehenden Übereinstimmung gilt die Vegetation als wichtiger Zeiger für bestimmte Klimatypen – und damit für die Abgrenzung von Klimazonen. Dabei muss allerdings auf Abweichungen geachtet werden, die sich etwa durch kleinräumige Standortbedingungen, wie z. B. von Bodenart, Bodenwasser oder Exposition, ergeben. Beachten muss man auch, dass die natürliche Vegetation durch den wirtschaftenden Menschen oftmals stark verändert worden ist.

Wie die Klimazonen untergliedern sich auch die Vegetationszonen der Erde in zahlreiche Unterabteilungen:

In der **kalten Zone** nimmt auf der Nordhalbkugel nach Süden hin die Vegetation in Höhe und Vielfalt zu. Auf die vegetationsfreie Eiswüste folgt die Tundra; hier wachsen auf den

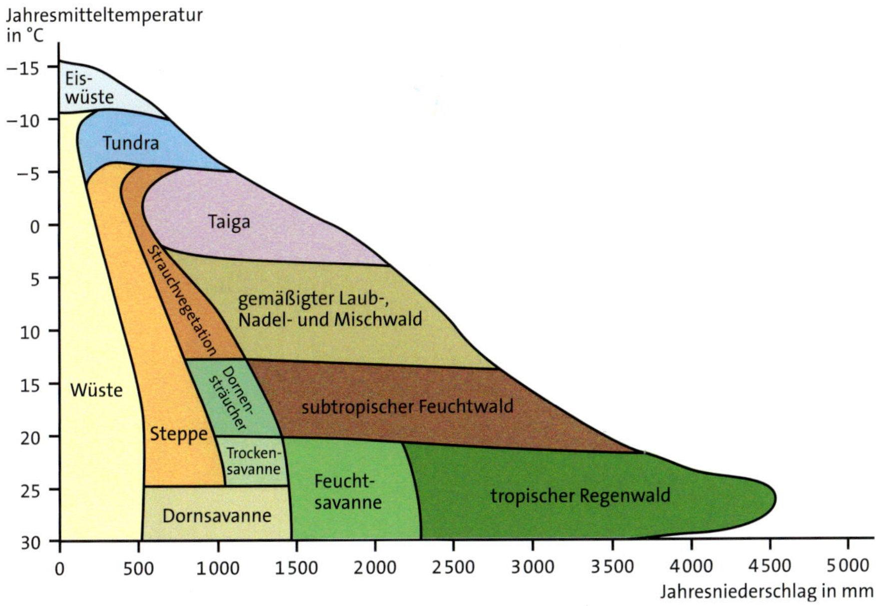

2 *Vegetation in Abhängigkeit von Jahrestemperatur und Jahresniederschlägen*

Kaum zu glauben

Die Spanier übernahmen mit dem Wort sàbana einen Ausdruck aus der Indianersprache für die Grasländer. Daher kommt unser Begriff Savanne. In verschiedenen Gegenden der Welt trägt die Savanne ganz unterschiedliche Namen, z. B. Llanos oder Campos in Brasilien.

mächtigen Dauerfrostböden überwiegend Moose und Flechten. Erst an ihrem Südrand geht sie in die so genannte Waldtundra über. In der Taiga bedecken ausgedehnte Nadelwälder die eintönig wirkende Landschaft.

In der **gemäßigten Zone** finden wir zwei völlig gegensätzliche Vegetationsformationen. Die sommergrünen Laub- und Mischwälder sind perfekt an die wechselnden Temperatur- und Niederschlagsverhältnisse der Jahreszeiten abgepasst. Sie bilden die so genannte potenzielle natürliche Vegetation, die durch die Jahrhunderte lange land- und forstwirtschaftliche Nutzung verändert worden ist. Im Bereich des Kontinentalklimas herrschen Steppen (in Nordamerika Prärie genannt) vor, die bei ungünstigen Klimabedingungen in die Halbwüste und Wüste übergehen. Auch viele Steppengebiete sind in fruchtbares Ackerland umgewandelt worden.

In der **subtropischen Zone** waren im Bereich der Westseiten ursprünglich sommertrockene Wälder vorzufinden. Durch menschliche Nutzung sind diese heute weitgehend verschwunden. An den Ostseiten bilden sommerfeuchte Wälder die natürliche Vegetation. Mit den fast vegetationsfreien Halbwüsten und Wüsten gehen die Subtropen fast unmerklich in die **tropische Zone** über, deren Ränder gleichfalls riesige Trockengebiete, die Wendekreiswüsten, aufweisen. Mit den äquatorwärts an Länge und Ergiebigkeit zunehmenden Regenzeiten folgen auf Wüste und Halbwüste die Dorn-, Trocken- und Feuchtsavanne und schließlich der immergrüne tropischen Regenwald.

1 *Zeige mithilfe von Diagramm 2 auf, wie Temperatur und Niederschlag die Vegetation bestimmen.*

2 *Die Wissenschaftler bezeichnen die sommergrünen Laub-/Mischwälder der gemäßigten Zone als so genannte „potenzielle natürliche Vegetation". Erkläre diesen Begriff.*

3 *Erläutere an einem Beispiel aus der Karte 1, warum die Vegetationszonen mit den Klimazonen (Karte 2 Seite 9) weitgehend übereinstimmen.*

4 *Begründe, warum die Vegetationszonen keine durchgehend geschlossene Gürtel bilden, die parallel zu den Breitenkreisen verlaufen.*

Kalte Zone (um und unter 0°C)

- 1 Ewiges Eis (Eisregion)
- 2 Tundra
- 3 Taiga (nördliche Nadelwälder)

Die polare-subpolare Zone weist Temperaturen um 0°C und erhebliche Schwankungen der Jahrestemperaturen auf. Der Wechsel der Beleuchtungsverhältnisse mit Polartag und Polarnacht prägt die extrem unterschiedlichen Jahreszeiten.

Subtropen (um 18°C)

- 7 Mittelmeerklima, Westseitenklima (winterfeucht)
- 8 Ostseitenklima (sommerfeucht oder immerfeucht)
- 9 subtropische Steppe
- 10 subtropische Wüste

Die durchschnittlichen Temperaturen der Subtropen liegen um 18°C. Die hygrischen Verhältnisse führen in dieser Zone zu einem markanten West-Ost-Gegensatz und zur Ausprägung der subtropischen Halbwüsten und Wüsten.

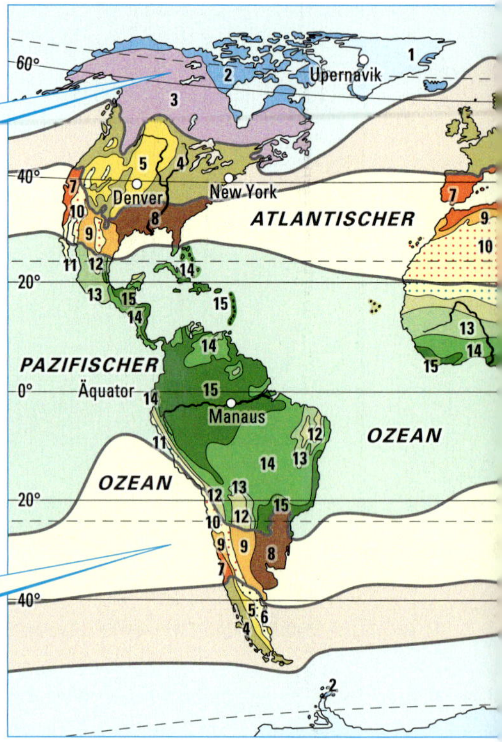

1 Klimakarte der Erde (nach Troll und Paffen 1964)

Klimazonen umspannen häufig als breite und durchgehende Gürtel, manchmal aber auch als kleine, scheinbar willkürlich verteilte Flecken unsere Erde. Um dieses bunte Muster zu verstehen und daraus wichtige Informationen entnehmen zu können, muss man wissen, welchen Bestimmungsmerkmalen es folgt.

Mit einer Klimakarte arbeiten

Die Klimakarte nach Troll/Paffen ist in vier große Zonen eingeteilt, die durch Temperaturwerte – also thermisch – abgegrenzt sind. Feuchtigkeit und Trockenheit – so genannte hygrische Merkmale – werden zur weiteren Untergliederung herangezogen. Die Vegetation gilt als wichtiger Zeiger. Das Ergebnis zeigt die Karte der Klimazonen.

1. Schritt: Legende auswerten

- *Zähle die auf der Karte ausgewiesenen Großzonen auf.*
- *Benenne die Kriterien, nach denen*
  a) die Großzonen und
  b) die Unterzonen abgegrenzt werden.

2. Schritt: Einzelne Zone genauer untersuchen

- *Nenne Zahl und Bezeichnungen der ausgewiesenen Teilgebiete.*
- *Stelle auffällige Regelhaftigkeiten fest.*

3. Schritt: Globales Muster beschreiben und erklären

- *Beschreibe das Verteilungsmuster der Zonen auf der Weltkarte.*
- *Stelle fest, wie sich die Zonen auf der Nordhalbkugel von denen auf der Südhalbkugel unterscheiden.*
- *Vergleiche und erkläre den Verlauf der Grenzen dieser Zonen auf Kontinenten und Meeren.*

4. Schritt: Klimadaten und Klimadiagramme mit der Karte der Klimazonen kombinieren

- *Ordne Klimastationen nach den Daten von Klimatabellen (siehe Seite 164/165) in die Karte ein.*
- *Skizziere zu Stationen, die in der Karte eingetragen sind, ein typisches Klimadiagramm.*

Gemäßigte Zone (um 8°C)

4	feucht-gemäßigtes Klima (Laub- und Mischwälder)
5	Steppe } der gemäßigten Zone
6	Wüste } der gemäßigten Zone

Etwa um 8°C liegen die Durchschnittstemperaturen der gemäßigten Zone. Deren Gebiete unterscheiden sich durch die hygrischen Verhältnisse noch deutlich. Kontinental geprägte Gebiete stehen neben maritimen, feuchte Waldklimate neben trockenen Steppen und Wüstenklimaten.

Tropen (um 25°C)

11	tropische Wüste	(0 – 2 Monate feucht)
12	Dornsavanne	(2 – 4 Monate feucht)
13	Trockensavanne	(4 – 7 Monate feucht)
14	Feuchtsavanne	(7 – 9 Monate feucht)
15	Tropischer Regenwald	(9 – 12 Mon. feucht)

Die tropische Zone ist mit Temperaturen um 25°C ganzjährig heiß. Thermische Jahreszeiten fehlen. Durch Zeitpunkt und Dauer von Regen- und Trockenzeit bestimmte hygrische Jahreszeiten gliedern die tropische Zone.

Die Trockenheits-Formel, mit der eine Klimastation auf dieser Karte als humid oder arid ausgewiesen werden kann, lautet:

$n = 2t$

(n = Niederschlag, t = Temperatur). Bei Klimadiagrammen, die nach dieser Formel gestaltet sind, sind die auf der Niederschlagsachse angetragenen Werte immer doppelt so hoch wie die auf der Temperaturachse.

Methode

❷ **Klimatabelle**

Monat	Januar	Februar	März	April	Mai	Juni	Juli	August	September	Oktober	November	Dezember
Temperatur °C	26,0	26,2	26,7	26,8	26,0	23,4	22,0	23,3	25,6	26,2	26,1	25,9
Niederschlag in mm	128	139	181	209	134	5	1	4	33	137	236	171

1 *Ermittle aus der Klimatabelle 2 die Jahresmitteltemperatur und die Zahl der ariden bzw. humiden Monate und ordne die Station in die zugehörige Klimazone ein.*

2 *Skizziere nach den Angaben der Klimakarte je ein typisches Klimadiagramm, das die Klimazonen im Bereich von Madrid und Kapstadt charakterisiert.*

1 ***Tropisches Gewitter bei Kisangani (Demokratische Republik Kongo)***

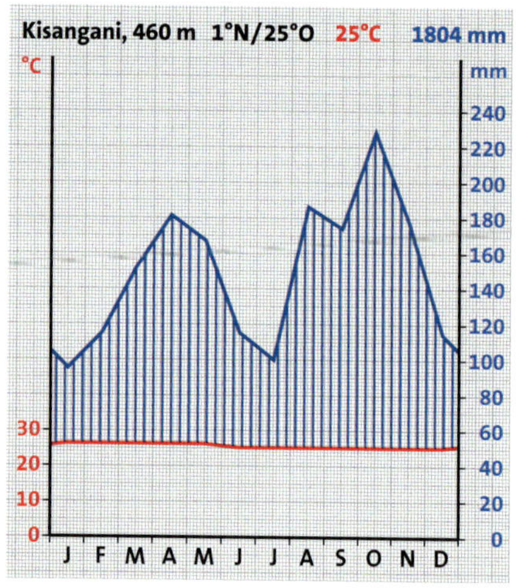

3 ***Klimadiagramm von Kisangani***

Ein Tag in den inneren Tropen

Bei den Segelschiffern war die Zone der inneren Tropen aufgrund ihrer Windarmut gefürchtet. Wegen der aufsteigenden Luftbewegung herrscht hier oft Windstille. Deshalb nannten die Seeleute diese Gegend nach dem französischen Begriff „calme" (d. h. ruhig) die ***Kalmen****.*

2 **Ein Tourist berichtet:**
Gestern landete mein Flugzeug in Kisangani/Kongo um 13.15 Uhr. Als ich aus der klimatisierten Kabine ins Freie trat, schlug mir die schwülheiße Luft des Mittags so entgegen, dass ich innerhalb von wenigen Sekunden fürchterlich zu schwitzen begann. Das Thermometer zeigte 30,8 °C an, der Himmel war mit dicken Wolken verhangen, hinter denen sich die Sonne versteckte. Zu riesigen, drohenden Türmen hatten sich die Wolken aufgebaut, oben wie der Amboss eines Schmieds geformt und auf der Unterseite grau und schwarz.

Kaum waren wir mit unserem Gepäck in den Bus zum Hotel eingestiegen, öffnete der Himmel seine Schleusen. Es goss wie aus Kübeln, die schweren Regentropfen prasselten gegen die Scheiben wie ein Trommelfeuer. Im Nu stand die gesamte Straße bis über den Randstein unter Wasser, das nicht mehr in den Gullys abfließen konnte. Dazu schlugen Blitze durch die nachtschwarzen Wolken, und Donnerschläge krachten wie Kanonenschüsse. Unseren Busfahrer schien das nicht zu berühren. „It's like that every day in the year", antwortete er gleichmütig auf unsere ängstlichen Fragen. Nach einer guten halben Stunde lichtete sich der Himmel, und das Gewitter hörte so schlagartig, wie es gekommen war, wieder auf. Die pralle gelbe Scheibe der Sonne trat hervor, und innerhalb kurzer Zeit war es wieder so schwül wie vor dem Regen.

Am frühen Abend gegen 18.00 Uhr erlebte ich ein seltsames Schauspiel. Eben noch stand der glühende Ball der Sonne über der Stadt. Aber wie mit einem Fahrstuhl versenkt, verschwand die Sonne in wenigen Minuten unter dem Horizont, und die Nacht breitete sich aus, die erst gegen Mitternacht etwas Abkühlung brachte.

Die nächste Überraschung erlebte ich heute Morgen. Als ich gegen 6.00 Uhr aufwachte und glaubte, wie zuhause in Deutschland in der kühlen Dämmerung noch etwas weiterschlafen zu können, schob sich wie von Geisterhand gezogen die Sonne über dem Horizont herauf. Schon nach dem Frühstück im Freien, so gegen 9.00 Uhr, überfiel mich wieder die schwülheiße Tropenluft, die einem fast den Atem nimmt.

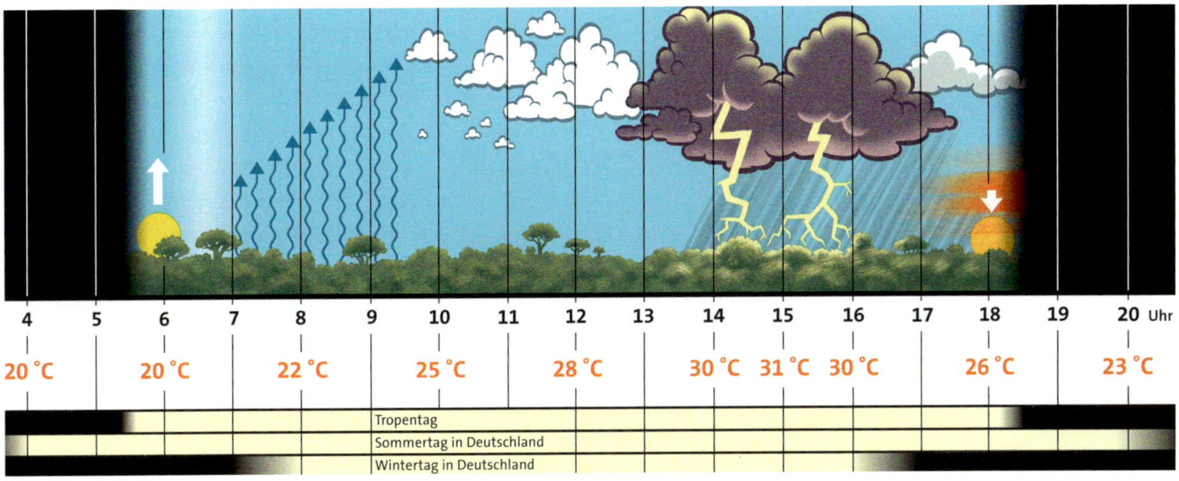

4 ***Ausschnitt aus einem Tagesablauf im tropischen Regenwald***

Die klimatischen Gegebenheiten in den inneren **Tropen** unterscheiden sich grundlegend von den mitteleuropäischen Verhältnissen. Dort gleicht jeder Tag fast genau dem anderen. Die monatlichen Durchschnittstemperaturen sind das ganze Jahr über fast gleich. Sie liegen in den warmen Tiefländern zwischen 25 und 27 °C, in den kalten tropischen Hochgebirgen aber deutlich darunter. Thermische, d. h. durch Temperaturschwankungen deutlich gekennzeichnete Jahreszeiten wie bei uns gibt es nicht. Allerdings können die Temperaturen innerhalb der 24 Stunden eines Tages um mehr als 10 °C schwanken. Weil die Temperaturschwankungen im Laufe eines Tages größer sind als im Jahresverlauf, spricht man von einem **Tageszeitenklima**.

Auch in der Dauer von Tag und Nacht gleicht nahezu jeder Tropentag dem anderen; jede der beiden Tageshälften (der Tag- und Nachtbogen) umfasst etwa zwölf Stunden. Das ganze Jahr über herrscht also weitgehend Tag- und Nachtgleiche (**Äquinoktium**). Die Sonne, die um die Mittagszeit täglich sehr hoch am Horizont steht, durchläuft Tag für Tag eine steile Himmelsbahn; deshalb sind die morgendliche und abendliche Dämmerung sehr kurz, und Gegenstände am Boden werfen mittags nur einen kleinen Längsschatten.

In den innertropischen Tiefländern prasseln täglich schwere Gewitterregen am frühen Nachmittag nieder; da sie kurz nach dem Sonnenhöchststand, d. h. dem Zenitstand der Sonne einsetzen, nennt man sie **Zenitalregen**. Diese täglichen Regengüsse summieren sich zu beachtlichen jährlichen Niederschlagsmengen. Weil es aber dennoch deutliche Unterschiede zwischen extrem regenreichen und eher regenärmeren Monaten gibt, nennt man die Zeiträume besonders hoher Niederschlagstätigkeit **Regenzeiten**.

Bei den hohen täglichen Temperaturen verdunstet das Niederschlagswasser sehr rasch; deshalb ist die Luft mit viel Feuchtigkeit gesättigt, was für den Menschen zu einer nur schwer zu ertragenden Schwüle führt.

1 *Arbeite mithilfe des Erlebnisberichts 2, des Fotos 1 und der Grafik 4 die typischen Merkmale eines Tages in den inneren warmen Tropen im Vergleich zu Deutschland heraus.*

2 *Zeige am Beispiel des Klimadiagramms 3 die typischen Merkmale des Tropenklimas auf.*

3 *Zeichne nach den Angaben in der Grafik 4 ein Tagestemperaturdiagramm und erläutere im Vergleich mit dem Klimadiagramm 3 den Begriff Tageszeitenklima.*

4 *Erkläre, warum bei uns die Dämmerung am Morgen und Abend länger dauert als in den Tropen.*

Warmtropen – Kalttropen

Auch in den Hochgebirgen, die im Bereich der inneren Tropen liegen und die in den Anden etwa bis weit über 6 000 Meter Höhe aufragen, herrscht das Tageszeitenklima; allerdings sinken im Gegensatz zu den innertropischen Tieflandsklimaten, den Warmtropen, die Temperaturen jede Nacht bis an den bzw. oft sogar unter den Gefrierpunkt ab. Man spricht deshalb von den Kalttropen.

1 Cumulonimbus – eine Gewitterwolke

Corioliskraft

Diese Ablenkungskraft wurde nach dem französischen Naturwissenschaftler G. G. Coriolis (1792–1834) benannt. Eine über dem 40 076 km langen Äquator stehende Luftmasse erreicht mit der Erdrotation eine Geschwindigkeit von ca. 1 670 km/h, über den mit 36 778 km etwas kürzeren Wendekreisen jedoch nur etwa 1 532 km/h. Strömt diese langsamere Luftmasse von dort zum Äquator, bleibt sie wegen ihrer geringeren Geschwindigkeit gegenüber der unter ihr zunehmend schneller rotierenden Erde immer mehr zurück. Da sich die Erde gegen den Uhrzeigersinn dreht, wird die Luftmasse scheinbar nach Westen abgelenkt. Auf der Nordhalbkugel herrscht also eine scheinbare Rechts-, auf der Südhalbkugel eine scheinbare Linksablenkung.

Passate – Winde der Tropen

Im Bereich der Tropen steht die Sonne sehr steil, zu bestimmten Zeiten sogar senkrecht über der Erdoberfläche. Die Sonnenstrahlen heizen die Erdoberfläche und die darüber liegende Luft stark auf. Die erwärmte Luft dehnt sich aus, wird leichter und steigt nach oben. Mit zunehmender Höhe kühlt sie immer mehr ab, und der in ihr enthaltene Wasserdampf kondensiert. Es entstehen gewaltige Wolkentürme von bis zu 17 km Höhe, aus denen sich heftige Gewittergüsse (Zenitalregen) entladen. Dort wo die erwärmte Luft aufsteigt, nimmt ihre Dichte gegenüber der kühleren Umgebung ab. Der Luftdruck in Bodennähe sinkt – ein **Tiefdruckgebiet** entsteht. Weil sich die Erde um ihre eigene Achse dreht, umspannen diese Zonen tiefen Luftdrucks schließlich ungefähr parallel zum Äquator den gesamten Globus. Man spricht daher von der **äquatorialen Tiefdruckrinne**.

Die in große Höhe aufgestiegenen Luftmassen strömen nach Norden und Süden ab. In den etwas kühleren Regionen, die etwa im Gebiet um die Wendekreise liegen, sinken sie wieder zu Boden. Bei ihrem Abstieg erwärmt sich die Luft. Weil sie nun mehr Feuchtigkeit aufnehmen kann, bleibt der Himmel klar und wolkenlos. Der Luftdruck am Boden steigt an, ein Hochdruckgürtel bildet sich aus. Dieser beschert den rand- und subtropischen Wendekreisregionen viel Sonnenschein und Trockenheit.

Innertropische Konvergenzzone

Aus den Hochdruckgebieten um die Wendekreise strömen die Luftmassen bodennah in die äquatoriale Tiefdruckrinne zurück, wodurch sich der Kreislauf der **Passatzirkulation** schließt. Die beständig von den Wendekreisregionen zum Äquator wehenden Winde heißen **Passate**. Aufgrund der Erdrotation werden diese Passate nach Westen abgelenkt. Auf der Nordhalbkugel entsteht somit ein Nordostpassat, auf der Südhalbkugel ein Südostpassat. Dort wo die beiden Passate aufeinander treffen (= konvergieren), befindet sich die **innertropische Konvergenzzone**, kurz **ITC**.

2 **Hochdruckgebiete und Tiefdruckgebiete**

Luft hat ein Gewicht und übt deshalb auf die Fläche, über der sie liegt, einen bestimmten Druck aus. Gebiete, in denen der Luftdruck niedrig ist, nennt man Tiefdruckgebiete. Dort steigt die Luft auf; Wolken, Niederschläge und wechselhaftes Wetter herrschen vor. Hochdruckgebiete weisen hohen Luftdruck und absteigende Luftströmungen auf; dort gibt es meist stabiles und schönes Wetter. Um den Druckunterschied auszugleichen, fließt die Luft als Wind vom Hochdruckgebiet zum Tiefdruckgebiet.

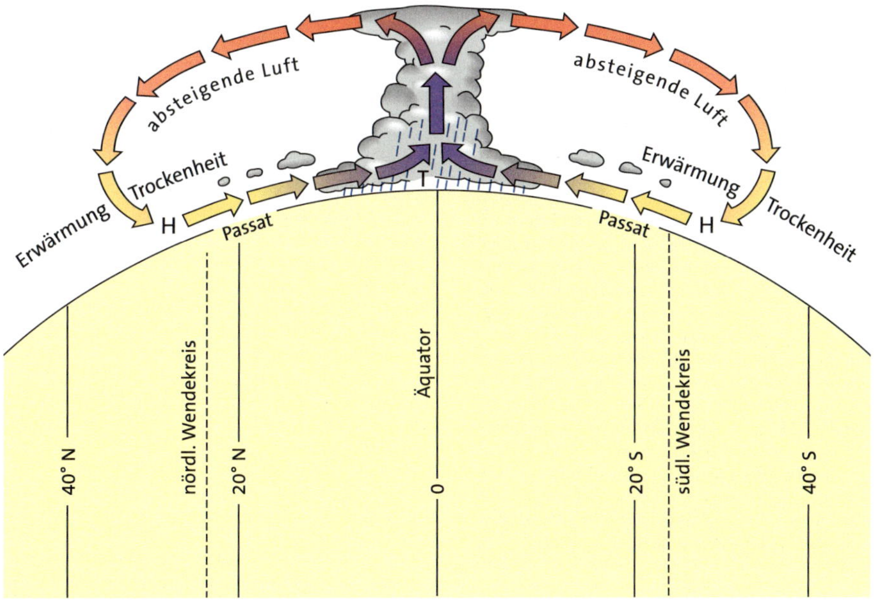

③ **_Modell der Passatzirkulation_**

Kaum zu glauben

*Weil im subtropischen Hochdruckgürtel bei absteigenden Luftmassen meist Windstille herrscht, kamen früher die Segelschiffe oft wochenlang nicht voran. Das Trinkwasser wurde knapp, die mitgeführten Pferde gingen ein. Deshalb erhielt diese Zone den Namen „**Rossbreiten**".*

④ ***Experiment zur Corioliskraft***

Material: *Tafelglobus, Spritze, Kreide*

Durchführung: *Markiere zunächst auf dem Tafelglobus mit Kreide den Verlauf des Äquators und der beiden Wendekreise und fülle die Spritze mit etwas Flüssigkeit. Versetze sodann den Globus in eine Drehbewegung entsprechend der Rotationsrichtung der Erde (gegen den Uhrzeigersinn). Lass danach aus der Spritze einen Tropfen Flüssigkeit im Bereich des nördlichen Wendekreises auf den rotierenden Globus fallen und warte bis der Globus zum Stillstand gekommen ist.*

Auswertung: *Beschreibe schließlich die Bahn bzw. den Weg, den der Tropfen auf dem Globus zurückgelegt hat.*

1 *Erkläre die Entstehung von Zenitalregen.*

2 *Erläutere die Passatzirkulation unter Berücksichtigung der Luftdruckverhältnisse.*

3 *Führe das Experiment 4 durch und beschreibe deine Beobachtungen.*

4 *Die Sahara gilt als Beispiel für eine so genannte Wendekreiswüste.*

   a) Erkläre den Begriff „Wendekreiswüste" und deren Entstehung.

   b) Suche im Atlas weitere Beispiele für Wendekreiswüsten.

→ *Wendekreiswüste, siehe Seite 59*

Kaum zu glauben

Unser Planet Erde ist ständig in rasender Bewegung. Innerhalb eines Tages dreht er sich einmal um seine eigene Achse.
Wenn du auf einer Stelle des 40 076 km langen Äquator stehst, rast du mit dieser Erdrotation mit ca. 1 670 km/h vorwärts.
In einem Jahr umkreist die Erde einmal die Sonne. Bei dieser so genannten Erdrevolution bewältigt sie die Strecke von 936 Millionen Kilometer mit einer Durchschnittsgeschwindigkeit von fast 107 000 km/h. Warum wird uns bei diesem ungeheueren Tempo nicht schwindlig?

→ *Tageszeitenklima, siehe Seite 15*

1 ***Tropischer Regenwald im Januar***

2 ***Mitteleuropäischer Mischwald im Januar***

Tages- und Jahreszeitenklima

Immer heiß und schwül, immer feucht mit gewittrigen Zenitalregen, Tag- und Nachtgleiche fast ohne Dämmerung und jeder Tag gleicht dem anderen – so zeigt sich das Tageszeitenklima der inneren Tropen.
Warum aber gibt es bei uns den jährlichen Gegensatz zwischen den warmen, freundlichen und hellen Sommertagen und dem kalten und dunklen Winter? Warum schieben sich dazwischen jeweils Frühling und Herbst? Warum herrscht an den Polen sogar jeweils ein halbes Jahr Nacht oder Tag?
Alle diese Erscheinungen haben die gleiche Ursache, die jeder Globus zeigt: Die Erdachse ist zur Umlaufbahn um die Sonne in einem Winkel von 66,5° geneigt. Damit beträgt die Neigung der Äquatorebene zur Ebene der Umlaufbahn 23,5°. Dies nennt man die **Schiefe der Ekliptik**. Da sich die Neigung bei der Erdrevolution nicht ändert, wird einmal die nördliche, dann wieder die südliche Erdhalbkugel stärker von der Sonne bestrahlt.
Von der Erde aus betrachtet, scheint es so, als wenn die Sonne ihre Stellung am Himmel verändern würde:

- Am 21. Juni erreicht sie ihren nördlichsten Punkt bei 23,5° Nord; dort steht sie an diesem Tag senkrecht am Himmel. Der Sommer auf der Nordhalbkugel beginnt.
- Von diesem Tag an wandert sie dann scheinbar nach Süden, bis sie ein halbes Jahr später am 21. Dezember auf 23,5° Süd senkrecht steht. Jetzt ist Winteranfang auf der Nordhalbkugel. Weil die Sonne scheinbar jeweils auf 23,5° Nord und Süd „wendet", nennt man diese beiden Breitenkreise Wendekreise.
- Am 21. März (Frühlingsbeginn) und am 23. September (Herbstanfang) steht die Sonne genau über dem Äquator senkrecht; auf der ganzen Erde herrscht nun Tag- und Nachtgleiche.

Zum Sommeranfang am 21. Juni geht in allen Gebieten zwischen Nordpol und nördlichem Polarkreis die Sonne nicht unter. Es ist Polartag. Ein halbes Jahr später herrscht hier Polarnacht. Je näher man zu den Polen geht, desto länger dauern Polartag/-nacht, an den Polen selbst je ein halbes Jahr. Hier gibt es im Gegensatz zu den Tropen keine Tageszeiten.

1 *Beschreibe anhand der Grafik 3 den Ablauf der Jahreszeiten auf der Südhalbkugel. Überprüfe deine Ergebnisse mithilfe des Experiments 4.*

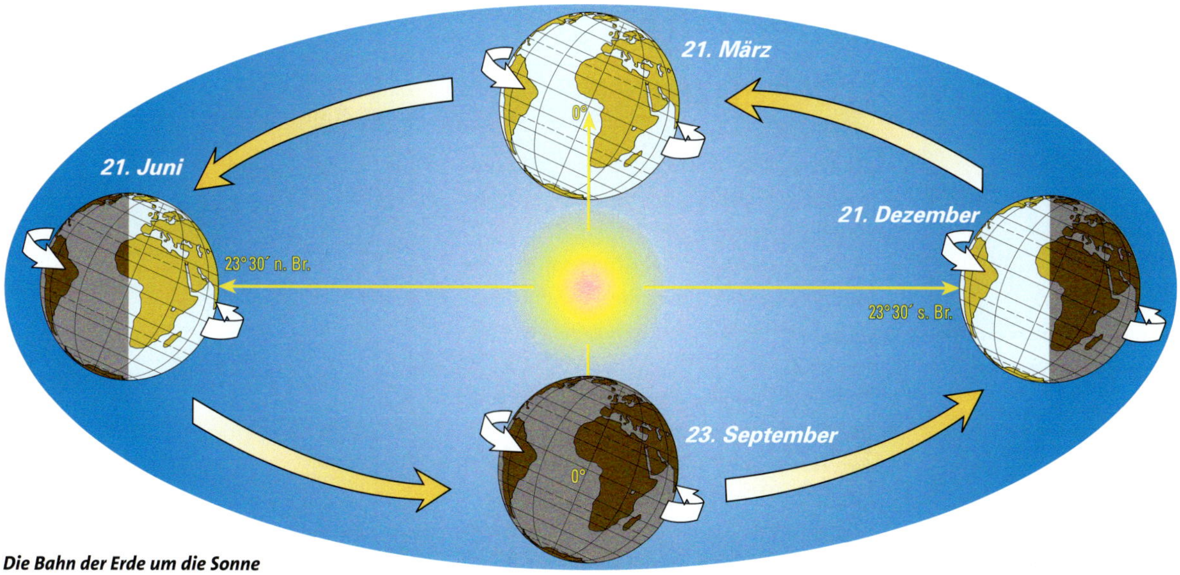

③ **Die Bahn der Erde um die Sonne**

④ ***Ein Experiment zu den Jahreszeiten***

Eine Schülerin oder ein Schüler nimmt einen Globus zur Hand, jemand anders bedient eine starke Lichtquelle, z. B. einen Diaprojektor oder eine Taschenlampe. Das ist die Sonne.

Der Globus umkreist die Lichtquelle. Die Erdachse muss dabei immer dieselbe Stellung behalten und darf nicht gekippt werden! Der Lichtkegel wird ständig auf den Globus ausgerichtet. Beobachtet, wie die unterschiedlichen Bereiche der Erde je nach Stellung der Erdachse zur Sonne beschienen werden.

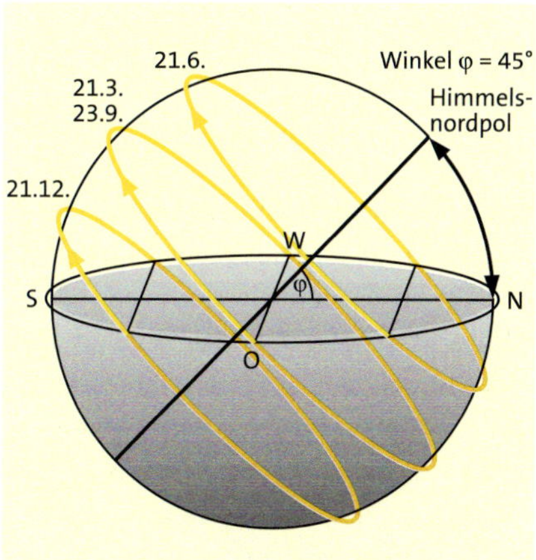

⑥ **Tagkreis-Diagramm bei 45° nördlicher Breite**

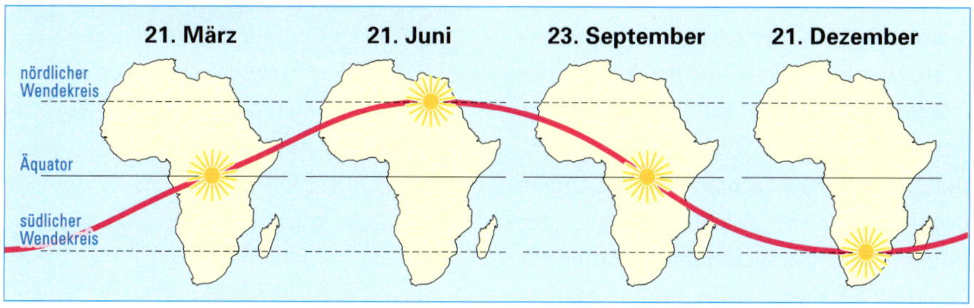

⑤ **Zenitstand der Sonne zu verschiedenen Jahreszeiten**

2 *Erkläre mithilfe der Grafik 5, warum in den Tropen ein Tageszeitenklima herrscht.*

3 *Vergleiche mithilfe der Grafik 6 den Tagesablauf am 21. Dezember und am 21. Juni.*

4 *Nur an den Polen selbst dauert die Polarnacht wirklich ein halbes Jahr. Begründe diese Aussage.*

1 *Savanne in der Regenzeit*

2 *Savanne in der Trockenzeit*

Kaum zu glauben

Kaum ein Klimawert ist so extrem unterschiedlich auf der Welt wie die langjährig gemittelten Jahresniederschlagssummen; nur etwa 1 mm Jahresniederschlag misst man in den Kufra-Oasen der Sahara, fast 11 000 mm aber regnet es jährlich im indischen Cherrapunji. Zwar fehlen thermische Jahreszeiten in den Tropen, aber nach Menge und Zeitraum der Niederschläge lassen sich einzelne Abschnitte im Jahresablauf unterscheiden: die Regenzeit und die Trockenzeit. Man spricht deshalb in den Tropen von so genannten hygrischen Jahreszeiten (hygros = griech. feucht).

Regenzeiten und Trockenzeiten

Staubtrockene Wüsten und üppige Regenwälder – in nichts unterscheiden sich die einzelnen Bereiche der Tropen mehr als in den Niederschlägen. Der Grund dafür ist die Wanderung des Zenitstandes der Sonne zwischen den beiden Wendekreisen (siehe Seite 18/19).

Mit dieser Wanderung verlagert sich auch der gesamte tropische Luftkreislauf mit seinen Hoch- und Tiefdruckgebieten, mit der ITC und mit den Passatwinden. Allerdings hinken diese aufgrund ihrer Trägheit der Sonne etwa einen Monat hinterher. So ergibt sich folgendes Erscheinungsbild:

- In den **immerfeuchten** inneren **Tropen** fallen in allen Monaten hohe Niederschläge. Zwei deutliche Niederschlagsspitzen treten jeweils etwa einen Monat nach dem Sonnenhöchststand auf.
- In den **wechselfeuchten** äußeren **Tropen** herrscht neben einer Regenzeit eine Trockenzeit, die mit zunehmender Entfernung vom Äquator immer länger dauert. Die beiden zunächst noch getrennten Regenspitzen vereinen sich schließlich dadurch zu nur noch einer einzigen, weil die Sonne auf ihrem Rückweg die ITC wieder einholt und zum Äquator abdrängt.
- Die ariden Randtropen liegen im Bereich der Wendekreise. Dort fallen sehr geringe, oft nur episodische Niederschläge. Wüsten breiten sich aus, die meist nahtlos in den Bereich der ariden Subtropen übergehen.

Die ITC verlagert sich mit dem Sonnenhöchststand nicht gleichmäßig. Über den Landmassen, die sich kräftig aufheizen, dringt sie weiter nach Norden und Süden vor als über dem Meer. Wegen der unausgeglichenen Land-Meer-Verteilung stößt sie auf der Nordhalbkugel bis 30° n. Br., auf der Südhalbkugel nur bis 20° s. Br. vor.

3

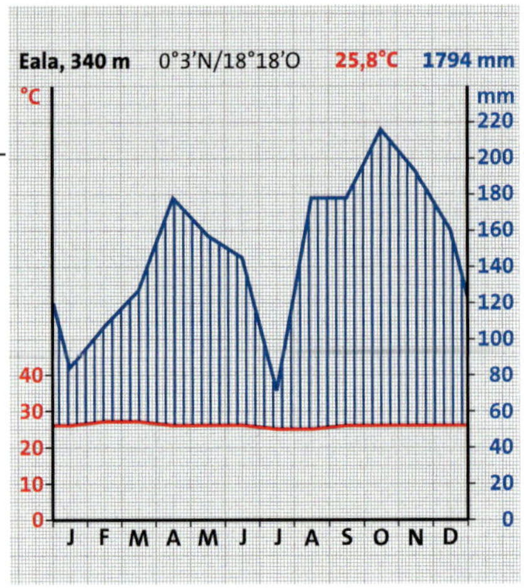

4

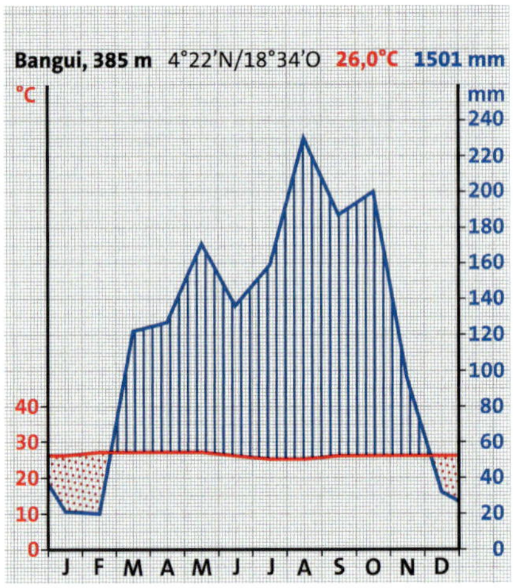

5

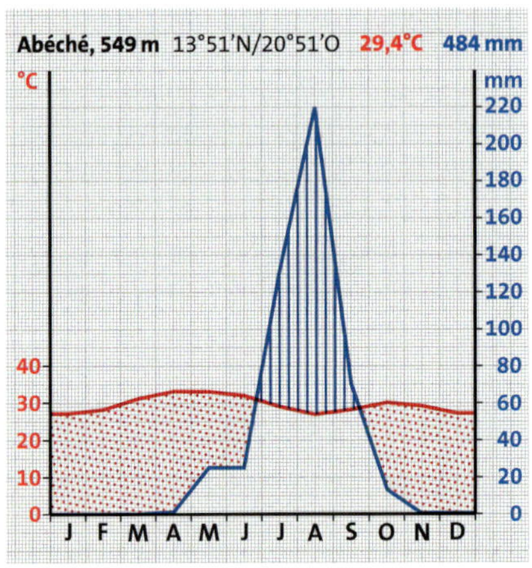

6

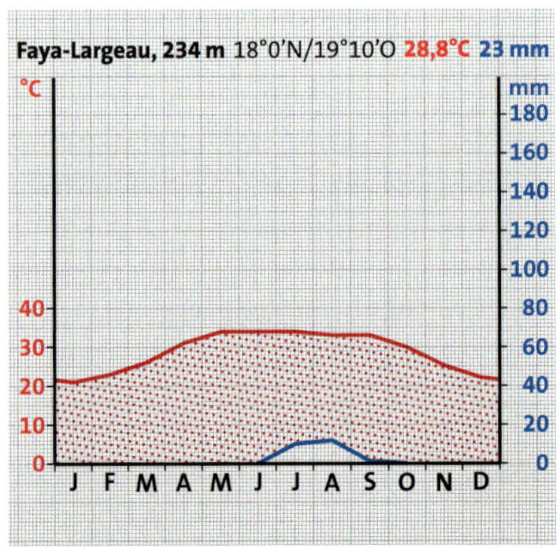

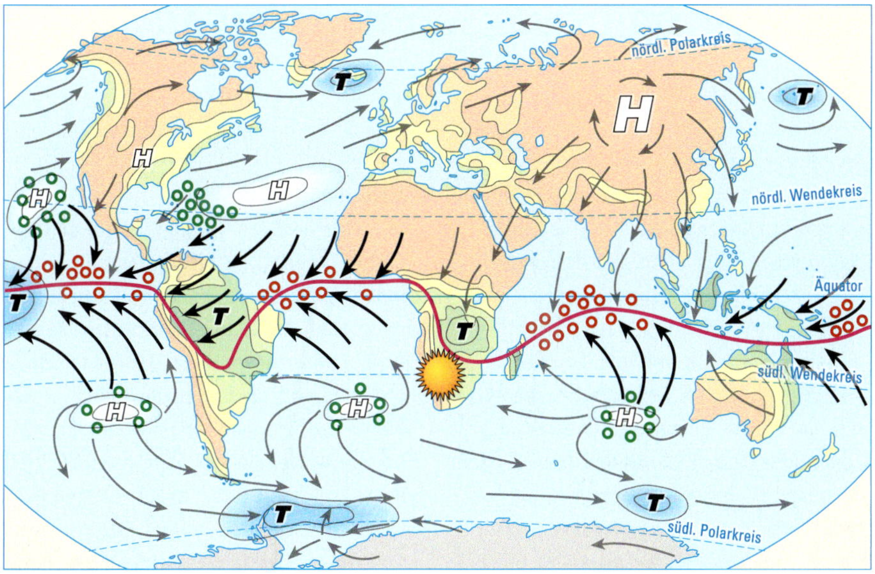

7 *ITC im Januar*

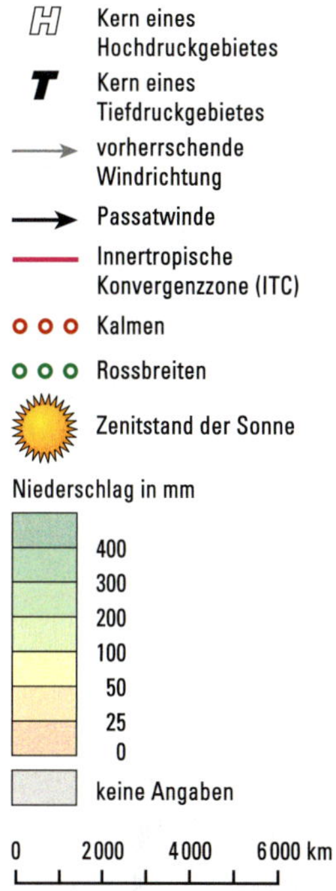

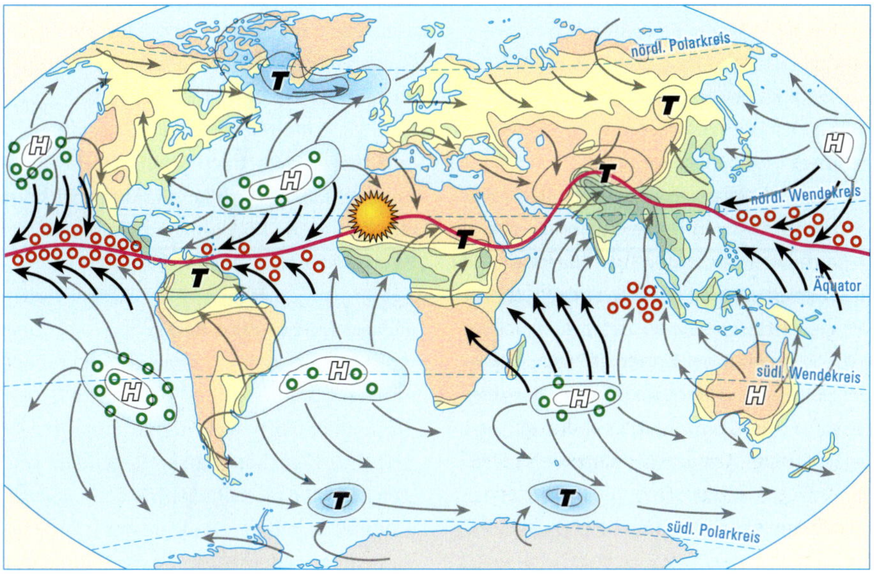

8 *ITC im Juli*

1 *Arbeite mit den Klimadiagrammen 3 bis 6:*

a) Beschreibe den Jahresgang der Niederschläge an den einzelnen Stationen.

b) Erkläre mithilfe einer Atlaskarte sowie den Karten 7 und 8 diesen Jahresgang der Niederschläge.

c) Begründe, warum meist während der Regenspitzen die Temperatur absinkt.

2 *Arbeite mit Karte 8 und dem Atlas:*
Die weltweit niederschlagsreichste indische Station Cherrapunji liegt mit 25° n. Br. außerhalb der Tropen. Erläutere, warum gerade hier die weltweit höchsten Niederschläge gemessen werden.

Faszination tropischer Regenwald

❶ ***Brettwurzeln***

❷ ***Ara***

❸ ***Totenkopfaffen***

❹ ***Blauer Pfeilgiftfrosch***

❺ „Fäulnis- und Modergeruch hängt zwischen den Kräutern, Moosen und Farnen, die sich im Schatten der mächtigen, auf breiten Brettwurzeln verankerten Baumriesen ausbreiten. Die Füße versinken im weichen Boden. An den Baumstämmen winden sich Lianen in armdicken Strängen hinauf. Auf den mächtigen Ästen gedeihen nicht nur Aufsitzerpflanzen (Epiphyten), die sich von abgestorbenen Pflanzenteilen ernähren, sondern auch zahlreiche Parasiten, die mit ihren Wurzeln das Versorgungssystem ihrer Wirtspflanze anzapfen. Dieser Wald kennt keine Jahreszeiten. Hier sprosst, grünt, blüht und fruchtet jede Pflanze ohne Unterbrechung. Fortwährend fällt und erneuert sich das Laub, nie steht der Wald völlig kahl da." – so beschreibt ein Reisender den **tropischen Regenwald**.

Artenreichtum

Die Fülle an Pflanzen und Tieren ist beeindruckend. Fast ein halbe Million verschiedener Pflanzen wachsen hier, abertausende Baumarten wurden gezählt, einige Hundert verschiedene auf einem Hektar. 80 % aller Insektenarten – so vermuten die Forscher – leben im Regenwald. Allein in der Krone eines Urwaldriesen können es mehrere tausend verschiedene Arten sein. Blutegel, Eidechsen, Frösche, Vögel, Schlangen, Affen ... – sie alle finden hier ihren speziellen Lebensraum.

Stockwerkbau

Eine Schicht von etwa 30 bis 40 Meter hohen Bäumen bildet mit ihren dicht belaubten Kronen ein geschlossenes Blätterdach. Darüber ragen einzelne Baumriesen manchmal bis zu 90 Meter hoch auf. Unterhalb des Kronendaches fasst man junge Bäume und Sträucher zur nächsten, oftmals wenig strukturierten Schicht zusammen. Die Krautschicht am Boden, wie wir sie in unseren Wäldern der gemäßigten Breiten kennen, fehlt häufig ganz, denn bis hierher dringt nur noch wenig Tageslicht vor. Der tropische Regenwald ist also nicht undurchdringlich, aber stets dämmrig.

Wasserhaushalt

Wenn die heftigen Regengüsse auf den tropischen Regenwald niederprasseln, ist am Boden zunächst nur ein feines Rauschen zu hören. Lange dauert es, bis die ersten Regentropfen unten ankommen. Der Niederschlag wird hauptsächlich von den Blättern der Bäume aufgefangen, deren Oberfläche das Zehnfache der Bodenfläche erreicht. Weil die zahlreichen Wirtspflanzen auf den Bäumen einen weiteren Teil des Regenwassers aufsaugen, erreicht nicht einmal die Hälfte des Niederschlags den Boden. Dort versickert das meiste Wasser, so dass nur etwa 5 % des Niederschlags an der Oberfläche abfließen. Wegen der gleich bleibenden hohen Temperaturen ist die Verdunstung groß. Deshalb sind viele Blätter der hohen Urwaldbäume mit einer lederartigen Schutzschicht überzogen. Manche Aufsitzerpflanzen speichern das Wasser in Knollen oder nehmen über zusätzliche Luftwurzeln Feuchtigkeit auf.

Reiches Leben – arme Böden

Aufgrund der hohen Temperaturen und der starken Durchfeuchtung sind die Böden im tropischen Regenwald tiefgründig verwittert. Die täglichen starken Regenfälle sorgen für einen raschen Stofftransport von der Oberfläche in tiefere Bodenregionen. An diese Bedingungen haben sich die Bäume des tropischen Regenwaldes angepasst. Mit ihrem dichten und flachen Wurzelteppich entnehmen sie die Nährstoffe sofort und direkt aus der oberen dünnen Bodenschicht. Dabei gehen sie eine enge Lebensgemeinschaft mit Bodenpilzen ein; diese zersetzen das abgestorbene organische Material und geben die freiwerdenden Nährstoffe schnell an die Saugwurzeln ihrer Wirtspflanze weiter. Ein **kurzgeschlossener Nährstoffkreislauf** ist entstanden, bei dem der Boden selbst nur eine untergeordnete Rolle spielt.

6 ***Stockwerkbau des tropischen Regenwaldes und Lebensbedingungen in den Pflanzenstockwerken***

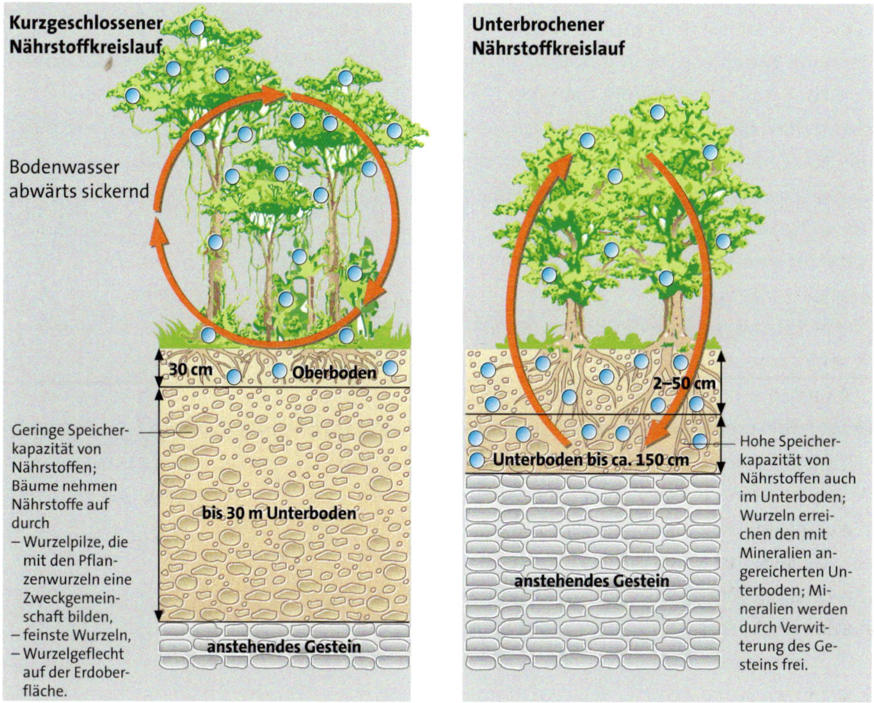

7 ***Nährstoffkreisläufe des tropischen Regenwalds ...***

... und der gemäßigten Breiten

1 *Vergleiche Artenvielfalt, Aufbau und Höhe des tropischen Regenwaldes mit dem in Deutschland heimischen Mischwald.*

2 *Erläutere die unterschiedlichen Lebensbedingungen in den einzelnen Stockwerken des Regenwaldes.*

3 *Erkläre, welche Folgen ein inselartiger Holzeinschlag für diese einzelnen Stockwerke mit sich bringt.*

4 *„Der tropische Regenwald wächst auf, nicht aus seinem Boden". Erkläre diese Feststellung.*

❶ Die ***Schirmakazien*** *in den Trockensavannen besitzen sehr kleine Blätter und Dornen. Damit wird die Verdunstung verringert. Ihre langen Wurzeln erschließen tiefliegende Wasserreserven.*

❷ Der ***Baobab (Affenbrotbaum)*** *in der Dornsavanne speichert zum Überleben in der langen Trockenzeit Wasser im dicken Stamm.*

In den Savannen

Verlässt man die Region des immerfeuchten tropischen Regenwaldes, so stößt man in die **Savannen** vor. Sie sind durch den markanten Wechsel von Regen- und Trockenzeit gekennzeichnet. Mit zunehmender Entfernung vom Äquator wird die Regenzeit immer kürzer, die Trockenzeit immer länger.

Doch nicht nur diese steuern das Aussehen der Savannen. Das dichte, oberflächennahe Wurzelgeflecht verschafft den Gräsern einen Standortvorteil, weil die Niederschläge meist den Boden nur oberflächlich durchfeuchten. Durch ihre langen Wurzeln haben Bäume dann einen Vorteil gegenüber Gräsern, wenn sie an manchen Stellen vorhandene Wasservorräte in größeren Tiefen erreichen können. Auch die häufigen, flächenhaften Brände in der Trockenzeit und das Abfressen junger Triebe überstehen die Gräser besser. Deshalb sind die Savannen überwiegend Grasländer.

Nach Art und Wuchshöhe ihrer Vegetation unterscheidet man:

- die **Feuchtsavanne**; reichliche Niederschläge lassen dort breitblättriges, bis zu fünf Meter hohes Gras („Elefantengras“) und die so genannten regengrünen tropischen Wälder wachsen. Viele Baumarten dieser Wälder werfen in der Trockenzeit ihr Laub ab.
- die **Trockensavanne**; die Gräser wachsen bis eineinhalb Meter hoch, verdorren aber in der langen Trockenzeit. Die deutlich niedrigeren Bäume der Trockenwälder schützen sich durch z. B. dornige Schirmkronen oder fiederblättriges Laub gegen die starke Verdunstung.
- die **Dornsavanne**; maximal einen halben Meter Höhe erreichen hier noch die Gräser. Viele Pflanzen bilden spezielle, Wasser speichernde Organe aus, um die lange Trockenzeit zu überstehen. Dorngewächse verdrängen solche mit Blattwuchs.

❸

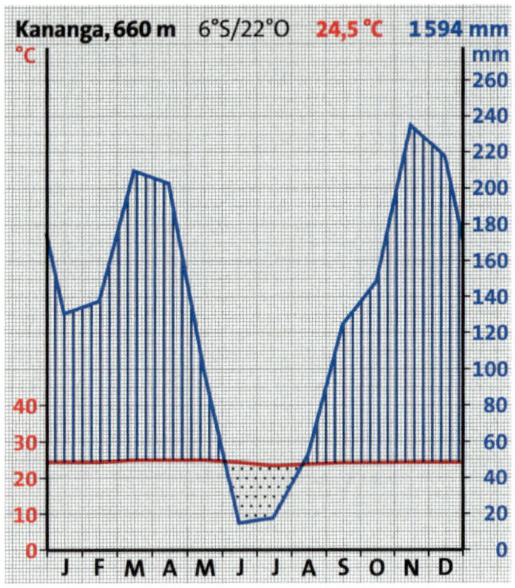

❹ ***Feuchtsavanne***
9½ – 7 Monate feucht
Niederschlag 1 000 – 2 000 mm

Die offenen Landschaften der Savannen werden von riesigen Tierherden bevölkert, die über weite Strecken wandern.

5

7

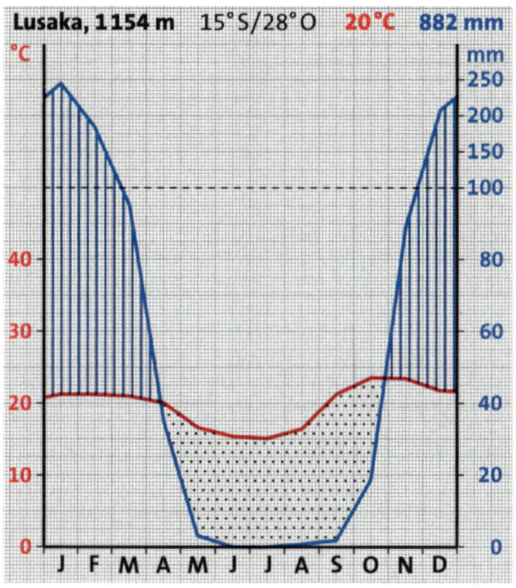

6 ***Trockensavanne***
7–4½ Monate feucht
Niederschlag 500–1000 mm

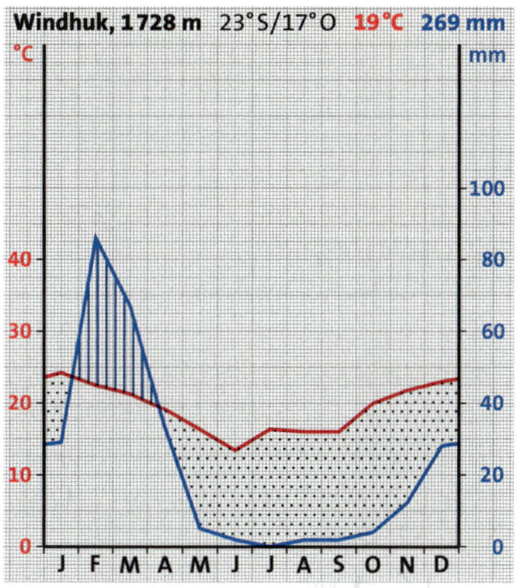

8 ***Dornsavanne***
4½–2 Monate feucht
Niederschlag 200–500 mm

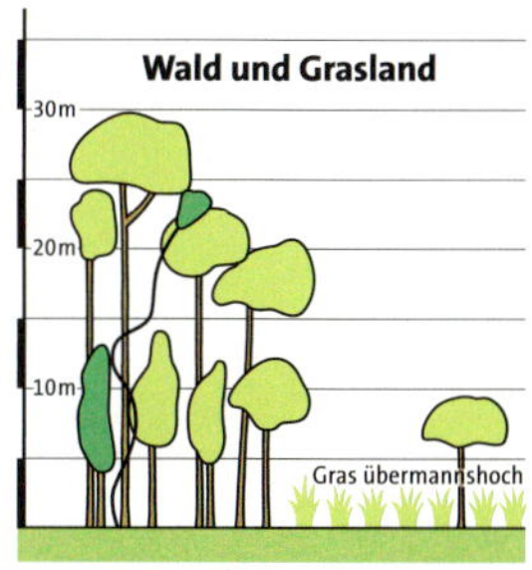

9 ***Feuchtsavanne***

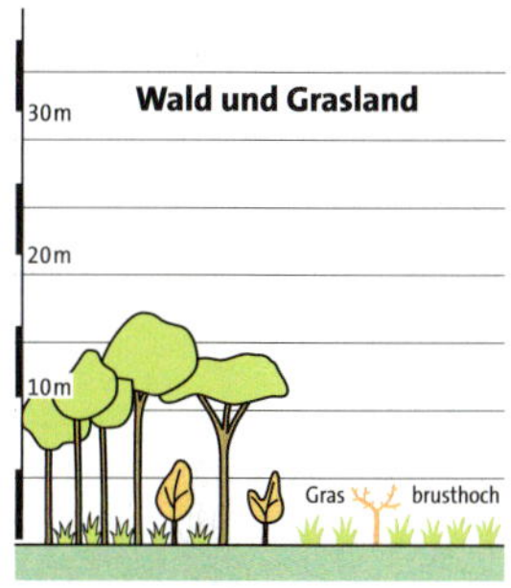

10 ***Trockensavanne***

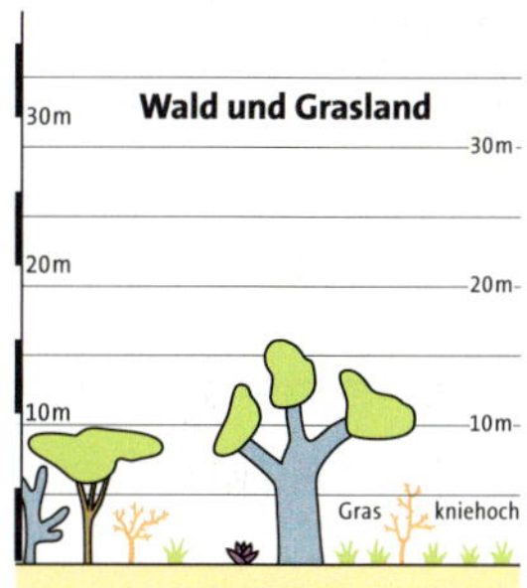

11 ***Dornsavanne***

1 *Beschreibe die unterschiedlichen Merkmale und die Gemeinsamkeiten der drei Savannentypen.*

2 *Gräser und Bäume dürften eigentlich nicht gemeinsam vorkommen, denn sie schließen sich in ihren ökologischen Bedürfnissen gegenseitig aus. Erkläre, wie sich dies in den Savannen verhält.*

3 *Erläutere, warum in den Savannen die meisten Tiere in Herden (z. B. Zebras) leben, in Rudeln jagen (z. B. Löwen) oder in großen Schwärmen ziehen (z. B. Wanderheuschrecken).*

4 *Arbeite mithilfe von Atlaskarten heraus, welche Formen der Landnutzung die Menschen in den drei Savannentypen betreiben.*

1

3

2 ***Entstehung der Wüstenformen***

Kaum zu glauben
Im Ort El Asisija in der Libyschen Wüste wurde mit 57,3 °C (im Schatten!) die höchste Lufttemperatur auf der Erde gemessen.

In der Wüste

Es ist noch vor Sonnenaufgang, als wir aus den Schlafsäcken in unseren Zelten kriechen. Das Thermometer zeigt knapp über 0 °C an. Es ist bitterkalt, und wir sind froh über unsere Fleece-Jacken. Bei Sonnenaufgang fahren wir los in das endlos scheinende Meer aus Sand. Die Sonne steigt höher und höher – und mit ihr auch die Temperatur. Zur Mittagspause sind es bereits 40 °C, und die Sonne brennt gnadenlos vom strahlend blauen Himmel, der völlig wolkenlos ist. Nur unsere Autos spenden ein wenig Schatten. In der Ferne flimmert die Luft am Horizont. Ein See mit Palmenhain? Oder doch nur eine trügerische Fata Morgana?

Große Temperaturunterschiede zwischen Tag und Nacht sind ein typisches, gemeinsames Merkmal aller **Wüsten**. Die fehlende Wolkendecke begünstigt dort die hohe Ein- und Ausstrahlung. Das Erscheinungsbild der Wüsten aber ist sehr mannigfaltig.

In der weltweit größten Wüste, der Sahara, gibt es nur auf einem Fünftel der Fläche Sandwüste mit Dünenfeldern, von den Arabern **Erg** genannt. Der weitaus größte Teil der Sahara ist Stein- und Felswüste. Diese **Hamada** ist mit grobem, scharfkantigem Gesteinsschutt übersät. Feinerer Kies ist in der **Serir**, der Kieswüste, zu finden. Die Entstehung dieser Wüstenformen hängt eng mit den Strahlungsverhältnissen zusammen.

Tagsüber heizt die Sonne das Gestein so stark auf, dass es sich ausdehnt. Nachts kühlt es ab und zieht sich dabei derart zusammen, dass schalenförmig Bruchstücke von der Gesteinsoberfläche abplatzen. Oft zerspringen deutlich hörbar sogar ganze Felsblöcke. Durch diese physikalische Verwitterung wird das Gestein ständig weiter zerkleinert und durch Wind und episodisch fließendes Wasser verfrachtet und dabei sortiert.

4

5

Regen: Mangelware

Niederschlag fällt nur in geringen Mengen. In Kernwüsten sind es meist weniger als 150 mm im Jahr; oft regnet es jahrelang gar nicht.

Die sporadischen Niederschläge fallen in der Wüste meist als Starkregen. Innerhalb weniger Stunden stürzt dann mehr Wasser vom Himmel, als sonst in einem Jahr. Die gewaltigen Wassermassen kann der ausgetrocknete Boden nicht aufnehmen. In Tälern, die fast immer trocken liegen, fließt der Regen als mächtige Wasserwalze ab. In diesen **Wadis** sind schon unvorsichtige Reisende ertrunken, die in ihren Lagern vom heranbrausenden Wasser überrascht worden sind.

Die Wüste lebt

Trotz widriger Verhältnisse haben sich einige Pflanzen und Tiere, aber auch Menschen an den extremen Lebensraum angepasst. Manche Pflanzen speichern Wasser, andere haben ihre Blätter zum Verdunstungsschutz zu Dornen verkleinert. Pflanzensamen können oft jahrelang im Wüstenboden ohne Wasser überstehen, erblühen und fruchten dann bei Regen innerhalb sehr kurzer Zeit. Tiere sind meist nachtaktiv und suchen tagsüber Schutz vor der Hitze in unterirdischen Behausungen.

Nur in den wenigen Oasen der Wüste können Menschen sesshaft werden, wo ihnen Wasserquellen Ackerbau ermöglichen. In den Übergangszonen von der Wüste zur Savanne ziehen Nomaden als Wanderhirten mit ihren Herden von einem Weidegebiet zum anderen.

→ *Oasen, siehe Seite 44/45*

1 *Arbeite mit dem Atlas: Eine Karawane der Tuareg aus dem Air-Gebirge möchte Salz von Bilma nach Arlit transportieren. Beschreibe den Weg dieser Karawane und benenne jeweils die Wüstenformen, die durchquert werden müssen.*

2 *Erkläre die Entstehung der Sahara mithilfe des Modells der Passatzirkulation.*

→ *Passate, siehe Seite 16/17*

3 *Erläutere anhand der Grafik 2 die Entstehung der Wüstenformen: Hamada, Serir und Erg.*

Mit geographischen Informations-sytemen arbeiten – eine Klimakarte erstellen

Hochwasserschutz, Raumplanung, Verkehrsleitsystem, Marketingforschung – es gibt fast kein Aufgabenfeld und Forschungsgebiet mehr, in dem nicht geographische Informationssysteme – kurz: GIS – eingesetzt werden. Was sich dahinter verbirgt und wie man in der Geographie damit arbeiten kann, lernst du hier an einem Beispiel kennen.

Mit Geographischen Informationssystemen (GIS) lassen sich raumbezogene Daten elektronisch erfassen, verarbeiten und präsentieren. Dazu werden in einer Datenbank jedem erfassten Objekt drei Grundinformationen zugewiesen:

- die Topographie, also die Lage des Objekts in einem Koordinatensystem (z. B. die Lage einer Klimastation als Punkt im Gradnetz der Erde),
- spezielle Merkmale (z. B. die zahlreichen Messwerte der Klimastation in Tabellenform) und
- der Name (Ortsangabe zur Klimastation).

Diese Datenbank-Informationen werden bei der Arbeit mit GIS als sog. Layer grafisch dargestellt. Jeder Layer zeigt dabei ein bestimmtes Thema. Dies kann auf zwei Arten geschehen. Der Layer „Satellitenbilder" etwa bildet eine Weltkarte ab, die aus einzelnen Bildpunkten (Pixel) aufgebaut ist. Weil diese Pixel hier nur unterschiedliche Farbstufen abbilden, sonst aber in keiner logischen Verbindung miteinander stehen, kann eine solche Pixel-Karte nur wie eine Farbfolie z. B. als Hintergrund eingesetzt, aber nicht weiter bearbeitet werden.

Die Layer „Gradnetz" oder „Klimakarte" sind als Vektorgrafiken angelegt, also als Flächen, Linien oder Punkte. Mit ihnen kann weiter gearbeitet werden, indem z. B. ihre Datenbankinhalte beliebig miteinander verschnitten und verknüpft werden Durch solche logischen Kombinationen und Operationen können neue Themenkarten erzeugt werden. Wie eine einfache Klimakarte erstellt werden kann, zeigt dir das Programm „Klett-GIS", das im Internet zur Verfügung steht.

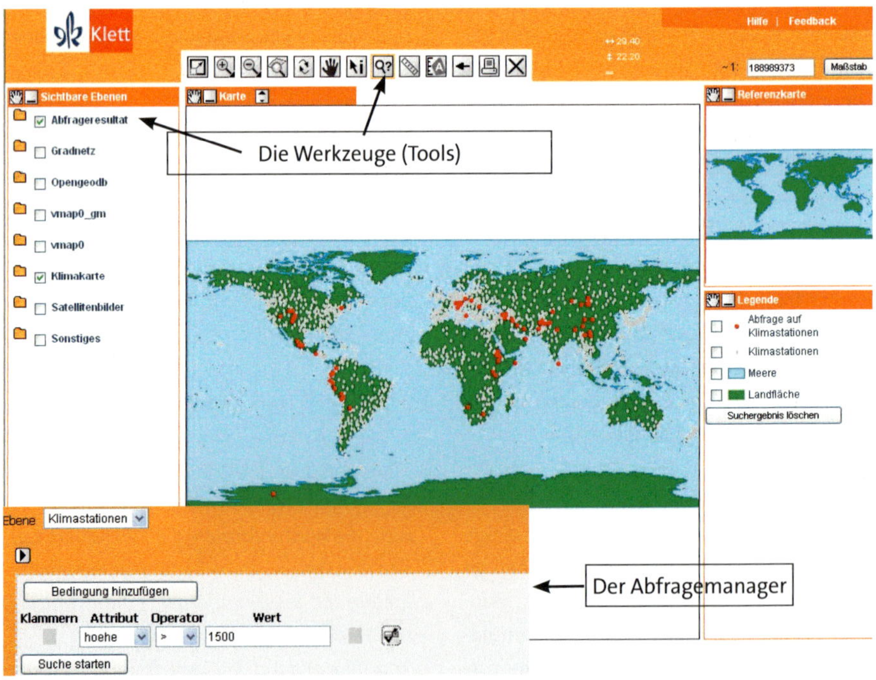

❶ ***Wichtige Bestandteile eines GIS-Programms (screenshot von www.klett-gis.de)***

❷ **Auswahl von Klimatypen der einzelnen Klimazonen nach Troll/Pfaffen**

Klimatyp	Klimatische Kennzeichen				Vegetationstyp
	Mitteltemperatur des kältesten Monats (°C)	Mitteltemperatur des wärmsten Monats (°C)	Jahresschwankug der Lufttemperatur (°C)	Niederschlag/ Feuchteangebot	
polares Klima (Eisregion) der kalten Zone	–	unter 6	–	–	–
ozeanisches Waldklima der gemäßigten Zone	über 2	unter 20	10–16	Herbst- bzw. Wintermaximum	Mischwälder
winterfeucht-sommer-trockenes Klima der Subtropen	Nordhalbkugel: 2 bis 13; Südhalbkugel: 6 bis 13	–	–	mindestens 5 humide Monate	subtropische Hartlaubgehölze
Regenklima der Tropen	über 18	–	–	12 bis 9,5 humide Monate	immergrüner tropischer Regenwald

1. Schritt: Mit Layer arbeiten

- *Starte das gewählte GIS-Programm und warte, bis die aktuelle Ansicht geladen ist.*
- *Wähle selbst neue Layer aus. Beachte: „Sichtbare Ebenen" bedeutet, dass sie grafisch dargestellt werden und gegebenenfalls auch für logische Operationen verfügbar sind.*
- *Aktualisiere nach deiner Wahl jeweils die Kartendarstellung mit dem Button „Neuzeichnen der Karte".*

2. Schritt: Mit Werkzeugen (Tools) umgehen

- *Vergrößere und verkleinere die Kartenausschnitte, verschiebe sie usw.*
- *Informiere dich über „Hilfe" zu Arbeitsweise und Wirkung der einzelnen Werkzeuge.*
- *Wechsele die Layer und überprüfe, wie sich damit die Arbeit mit den Werkzeugen verändert.*

3. Schritt: Einfache thematische Karten mit dem Abfragemanager erstellen

- *Führe zunächst einfache Operationen mit dem Abfragemanager durch (z. B. alle Klimastationen der Erde suchen, die höher als 1 500 m sind – vergleiche Abbildung 1).*
- *Beachte: Zuerst die gewünschte „Ebene" auswählen.*
- *Führe komplexere Abfragen mit den Erweiterungen „Bedingungen hinzufügen" durch.*
- *Entwickle Rechenoperationen, mit denen sich einzelne Klimazonen auf der Karte darstellen lassen.*

1 *Arbeite mit der Tabelle 2:*
a) Bilde die Stationen mit polarem Klima mithilfe des Abfragemanagers auf der Weltkarte ab.
b) Stelle den Klimatyp „ozeanisches Waldklima der gemäßigten Zone" auf einer Karte Europas dar.
c) Erstelle jeweils eine Karte für das Verbreitungsgebiet der subtropischen Hartlaub- und Nadelgehölze für die Nord- und die Südhalbkugel und vergleiche sie.
d) Erstelle die Karte der tropischen Regenklimate. Erörtere, warum deine Karte von der Klimazonenkarte im Buch S. 9 abweicht.

2 *Die Klimastation Bogotá in Diagramm 3 ist typisch für die so genannten Kalttropen. Erstelle eine GIS-Karte zu diesem Klimatyp.*

Surftipp
www.klett-gis.de

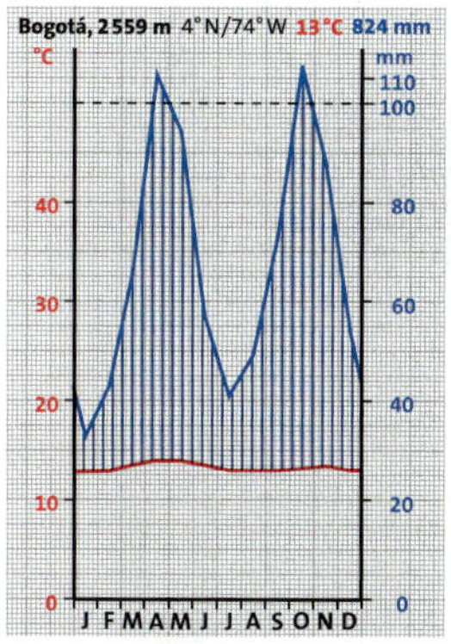

❸ ***Klimadiagramm von Bogotá/ Kolumbien***

Wichtige Begriffe

effektives Klimasystem
genetisches Klimasystem
immerfeuchte Tropen
innertropische Konvergenzzone (ITC)
Jahreszeitenklima
Klimazone
Passatzirkulation
Regenzeit
Savanne
Sonneneinstrahlung
Tageszeitenklima
Temperaturzone
Trockenzeit
Tropen
tropischer Regenwald
Vegetationszone
wechselfeuchte Tropen
Wüste
Zenitalregen

Klima- und Vegetationszonen

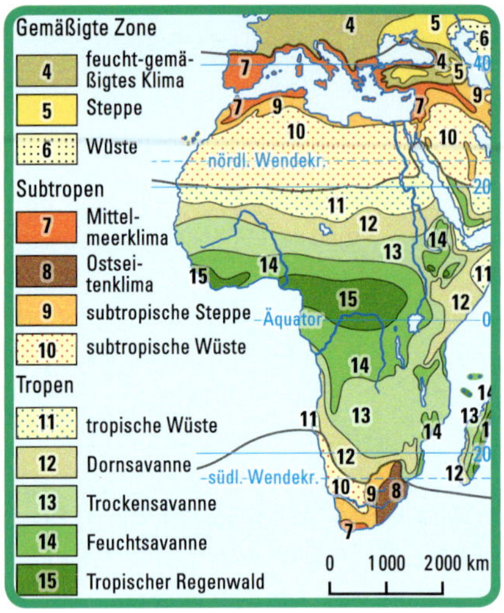

1

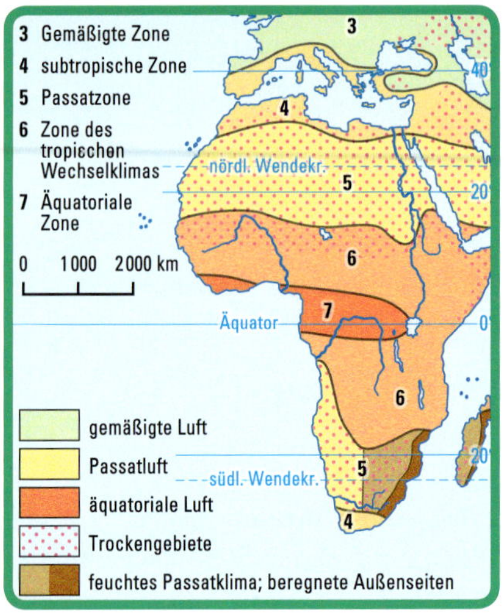

3

Klimazonen

effektives Klimasystem	genetisches Klimasystem
– Gliederung nach erfassbaren Naturerscheinungen, z. B. natürliche Vegetation, und nach den messbaren Klimaelementen Temperatur und Niederschlag	– Gliederung nach den Ursachen des Klimas, also z. B. Luftmassen, Druck- und Windsysteme
– z. B. Troll/Paffen: grobe Einteilung in • Kalte Zone (polar, subpolar) • Gemäßigte Zone (kaltgemäßigt-boreal, kühlgemäßigt) • Subtropen • Tropen – weitere Feingliederung dieser Zonen in zahlreiche Subzonen – Ausgliederung der Gebirgsklimate	– z. B. Neef: grobe Einteilung in stetiges Klima und Wechselklima • Polare Zone • Subpolare Zone • Gemäßigte Zone • Zone des subtropischen Wechselklimas • Zone des Passatklimas • Zone des tropischen Wechselklimas • Äquatoriale Klimazone – Ausgliederung der Gebirgsklimate

bilden den geographischen Formenwandel ab
(zonales, zentral-peripheres, west-östliches und hypsometrisches Prinzip)

2 entsprechen weitgehend den Vegetationszonen

Sichere dein Grundwissen

1 *Zeige am Beispiel des Kontinents Afrika auf, wodurch sich das effektive Klimasystem (z. B. Troll / Paffen) vom genetischen Klimasystem (z. B. Neef) unterscheidet.*

2 *Stelle an jeweils einem geeigneten Beispiel vor, inwiefern beide Klimazonenkarten den geographischen Formenwandel abbilden.*

3 *Erläutere, warum auf dieser Grundwissenseite auf die Abbildung einer Karte der Vegetationszonen verzichtet werden konnte.*

Klima und Ökosysteme der Tropen

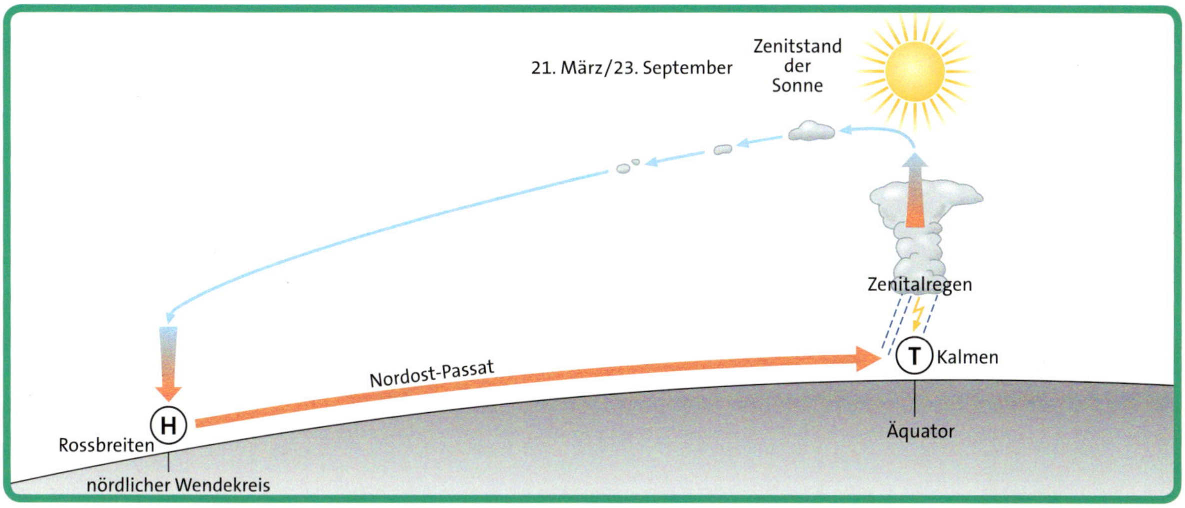

4

Randtropen/aride Subtropen		äußere Tropen			innere Tropen
trocken (arid) episodische Niederschläge (Starkregen)		wechselfeucht (semiarid/semihumid) Regen- und Trockenzeit (oft stark schwankende Niederschläge)			immerfeucht (vollhumid) durchgehende Regenzeit (zwei Regenspitzen)
Subtropen: Jahreszeitenklima	← Tageszeitenklima →				
↓		↓			↓
Wüste	Halbwüste	Dornsavanne	Trockensavanne	Feuchtsavanne	tropischer Regenwald
alle Monate arid	1 – 2 humide Monate	7½ – 10 aride Monate	5 – 7½ aride Monate	2½ – 5 aride Monate	12 humide Monate
spärlicher Pflanzenbewuchs		Grasland mit Wald/Gehölz/Gebüsch			immergrüner dichter Wald
– besondere Anpassungsformen der Pflanzen (z. B. Speicherorgane für Wasser, Überdauern im Samenstadium)		– kniehohes Gras – Dornbüsche	– mannshohes Gras – Verdunstungsschutz	– Elefantengras – Laubabwurf vieler Bäume	– Artenreichtum – Stockwerkbau – kurzgeschlossener Nährstoffkreislauf
Ökosystem der Wüsten und Halbwüsten		**Ökosystem der Savannen**			**Ökosystem des tropischen Regenwaldes**

5

4 *Erkläre, wieso man die Tropen in die inneren Tropen, die äußeren Tropen und die Randtropen gliedern kann.*

5 *Die Grafik 4 zeigt dir den Ausschnitt der Tropenzone für die Nordhalbkugel. Beschreibe, wie die Zeichnung für die Südhalbkugel fortgesetzt werden müsste.*

6 *Zeige auf, wie die Passatzirkulation der Nordhalbkugel abläuft.*

7 *Erläutere, wie die Grafik 4 für den 21. Juni aussehen müsste.*

8 *Vergleiche die drei großen Ökosysteme der Tropen miteinander und arbeite die wesentlichen Unterschiede heraus.*

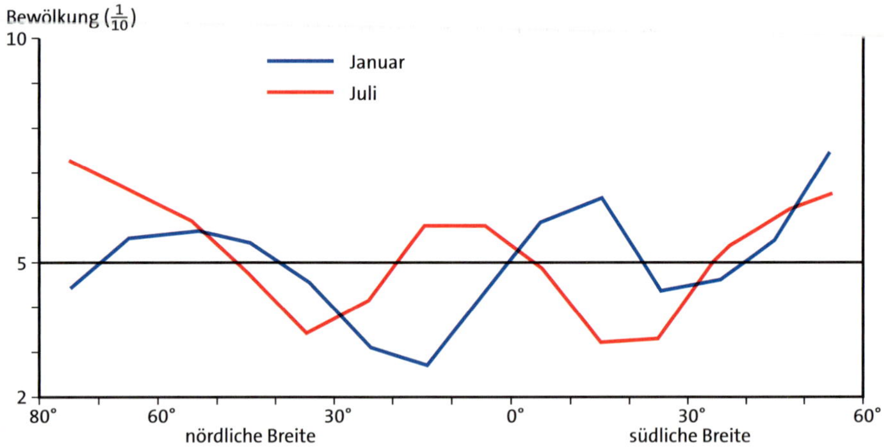

1

1 Arbeite mit dem Bewölkungsdiagramm

a) Mache dir den Aufbau des Diagramms klar.

b) Beschreibe und erkläre die Bewölkungsverhältnisse am Äquator im Januar und im Juli.

c) Begründe die unterschiedliche Ausprägung der Bewölkung im Januar und im Juli bei ca. 15° nördlicher bzw. südlicher Breite.

d) Erläutere die Auswirkungen der Bewölkung auf das Wetter.

e) Erkläre den unterschiedlichen Verlauf der beiden Kurven.

2 Richtig oder falsch?

Verbessere die falschen Aussagen und schreibe sie richtig auf:

a) Die Sonne steht am 21. März genau über dem nördlichen Wendekreis senkrecht.

b) Auf 5° südlicher Breite steht die Sonne während eines Jahres zweimal senkrecht.

c) Über allen Gebieten zwischen den beiden Wendekreisen steht die Sonne im Verlauf eines Jahres zweimal senkrecht.

d) Wenn die Europäer das Sommersonnwendfest feiern, beginnt in Australien gerade der Winter.

e) Die Tageslängen nehmen zu, je näher man zum Äquator kommt.

f) Die Polarnacht dauert am nördlichen Polarkreis ein halbes Jahr.

g) Im Gegensatz zum Nordpol steht am Südpol die Sonne im Sommer höher am Himmel.

3 Arbeite mit dem Regenzeit-Diagramm

a) Erkläre den Zusammenhang von Regenzeit und Zenitstand der Sonne.

b) Erkläre die ganzjährige Regenzeit am Äquator, obwohl die Sonne dort nur zweimal im Zenit steht.

c) Vergleiche den Jahresablauf von Regen- und Trockenzeit bei 12° nördlicher und 12° südlicher Breite.

d) Skizziere ein Klimadiagramm für einen Ort auf 20° nördlicher Breite.

e) Beschreibe den Kurvenverlauf des Zenitstandes der Sonne, wenn man das Diagramm 2 jeweils bis 23,5° nördlicher und südlicher Breite verlängern würde.

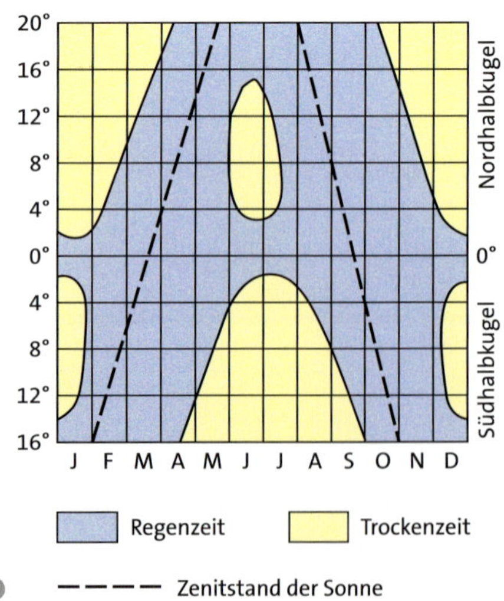

2

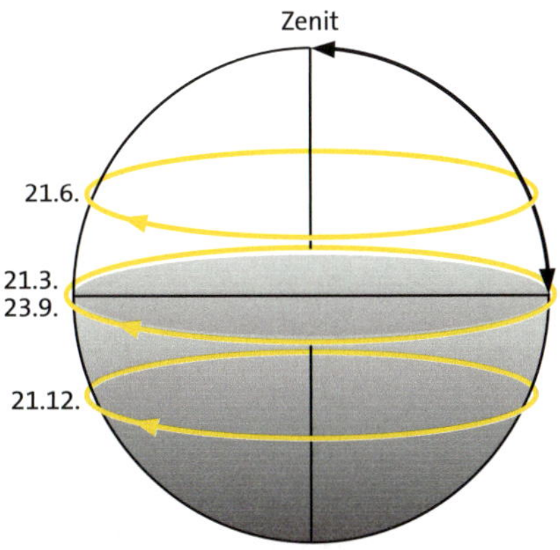

3

4 **Das Tagkreisdiagramm für den Nordpol**

a) *Begründe, warum dies das Tagkreisdiagramm des Nordpols und nicht des Südpols sein muss.*

b) *Beschreibe anhand des Tagkreisdiagramms die Beleuchtungsverhältnisse am Nordpol für den 21. März und den 23. September.*

c) *Zeichne nach dieser Vorlage ein Tagkreisdiagramm für den Äquator.*

5 **Klimazonen der Erde**

Der Kartenausschnitt 4 zeigt dir die Klimazonen von Afrika nach dem genetischen Verfahren (E. Neef).

a) *Begründe, dass es sich hier um die Abbildung eines genetischen Klimasystems handelt.*

b) *Stelle fest, wodurch sich die äquatoriale Klimazone von der Zone des tropischen Wechselklimas unterscheidet und diese wiederum von der Passatklimazone.*

c) *Triff eine allgemeine Aussage über die Abfolge der einzelnen Zonen zwischen Äquator und Wendekreisen.*

d) *Stelle die Gemeinsamkeiten und Unterschiede zwischen dieser genetischen Klimazonenkarte und der effektiven Klimazonenkarte von Seite 9 heraus.*

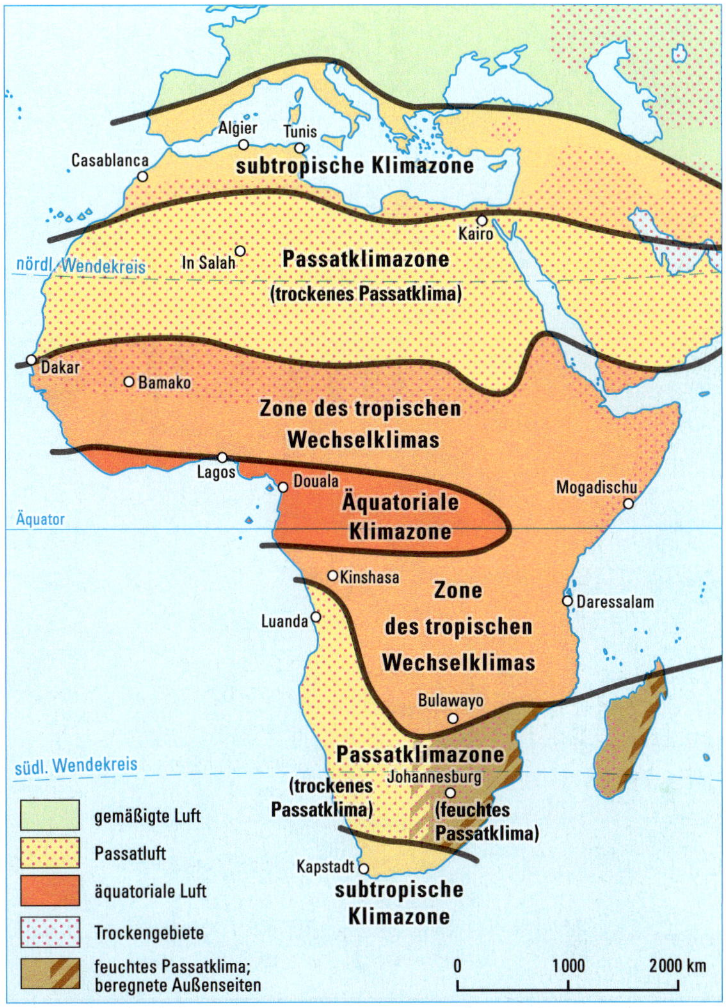

4

5 **Bulawayo/Zimbabwe (20° 9'S / 28° 37'O; 1334 m ü. NN)**

	Jan.	Feb.	März	April	Mai	Juni	Juli	Aug.	Sep.	Okt.	Nov.	Dez.	Jahr
°C	21,8	21,2	20,4	19,0	16,3	14,0	13,8	16,0	19,6	22,4	22,4	21,9	19,1
mm	138	110	78	20	9	2	1	1	5	21	92	128	595

6 **Klimadiagramm für Kenner**

Zeichne nach den Angaben der Tabelle das Klimadiagramm von Bulawayo und werte es aus.

7 **Durch die Sahara**

Deine Familie plant eine Safari durch die Sahara. Welche Ferien eignen sich hierfür am besten? Begründe deine Entscheidung.

Teste dich selbst

Kannst du die Aufgabe 2 ohne Hilfe lösen?

Leben und Wirtschaften im Orient

Arabischer Raum, Arabische Welt, Orient oder Islamische Welt – das sind Begriffe, die uns in den Medien häufig begegnen. Aber handelt es sich dabei immer um den gleichen Raum oder sind damit verschiedene Regionen gemeint? Welche Staaten werden unter diesen Begriffen zusammengefasst? Die Vielfalt und der schnelle Wandel in diesem Teil der Welt erschweren trotz aller auffindbaren Gemeinsamkeiten eine räumliche Abgrenzung.

2

Orientierung im Orient

Hohe Durchschnittstemperaturen von bis zu 30° C, extreme Tagesschwankungen der Temperatur und geringe, jedoch im Jahresverlauf stark schwankende Niederschläge kennzeichnen den Naturraum des Orients. Durch sie werden Oberflächenformen, Böden und Wachstumsbedingungen der Vegetation bestimmt und der natürliche Lebensraum der Menschen begrenzt.

Im Norden schließen Gebirgsketten, die meist in westöstlicher Richtung verlaufen, hoch liegende niederschlagsarme Becken ein. Täler und Flächen am Fuß der Gebirge können oft als Ackerland genutzt werden, die Hochlagen meist nur als Weideland.

Im Süden, im Bereich der nördlichen Sahara und der Arabischen Halbinsel, prägen weit ausgreifende Wüsten die Landschaft.

Seit jeher waren die bevorzugten Lebensräume der Bevölkerung die Gebirgsränder, Küstenbereiche und Täler der großen Flüsse, die ihr Wasser aus niederschlagsreicheren Regionen in die trockenen Ebenen führen.

Obwohl es unmöglich ist, eine naturräumliche Grenzlinie des Orients zu ziehen, können drei Teilräume des Orients folgendermaßen abgegrenzt werden:

Nordafrika

Ägypten, Algerien, Libyen, Marokko, Sudan, Tunesien, Westsahara.

Naher Osten

Bahrain, Kuwait, Oman, Katar, Saudi-Arabien, Vereinigte Arabische Emirate (UAE), Jemen, Syrien, Libanon, Israel, Palästina, Jordanien, Irak.

Mittlerer Osten

Afghanistan, Pakistan, Iran.

Teilweise werden auch die ehemaligen Sowjetrepubliken in Mittelasien, z. B. Turkmenistan und Usbekistan zum Orient gezählt.

*Der **Orient**:*
- *besteht traditionell aus Nordafrika, dem Nahen Osten und dem Mittleren Osten,*
- *ist ein naturräumlich nicht eindeutig abgrenzbarer Raum mit Steppen und Wüsten,*
- *ist zum großen Teil ein subtropischer Trockenraum,*
- *wird vom Nil, dem mit fast 6 700 km längsten Fluss der Erde, durchflossen.*

1 Algerien: Dünen im Westlichen Großen Erg

2 Die Stadt Tinerhir in Marokko

3 Am Nil in Ägypten

4 Im östlichen Syrien

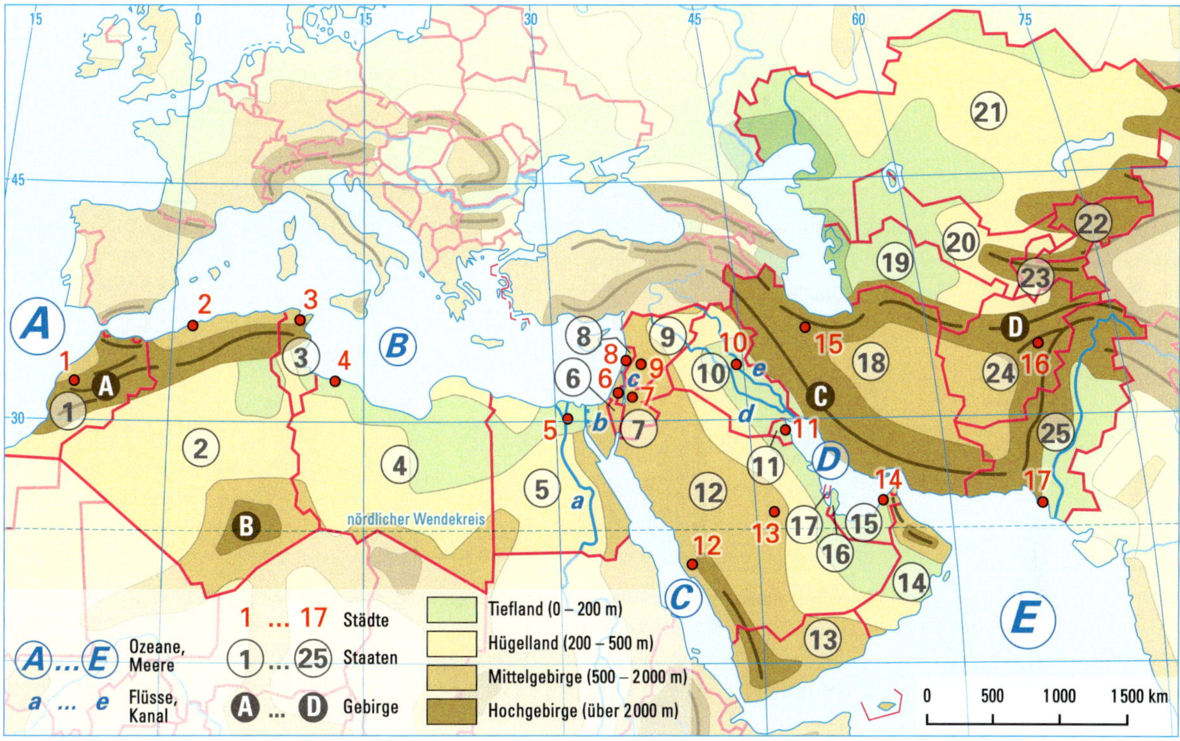

5

1 *Ordne die Fotos 1–4 den verschiedenen Naturräumen und Lebensräumen der Menschen im Orient zu. Begründe deine Entscheidung.*

2 *Arbeite mit Karte 5 und dem Atlas.*

a) Benenne die geographischen Objekte.

b) Fasse jeweils die Mittelmeeranrainer, die Staaten am Roten Meer und die Staaten am Persischen Golf zusammen.

c) Beschreibe das Relief der Teilräume Nordafrika und Arabische Halbinsel.

d) Beschreibe die Verteilung der Siedlungen im Arabischen Raum und suche Gründe dafür.

e) Bestimme Räume, die günstige Bedingungen für eine landwirtschaftliche Nutzung aufweisen.

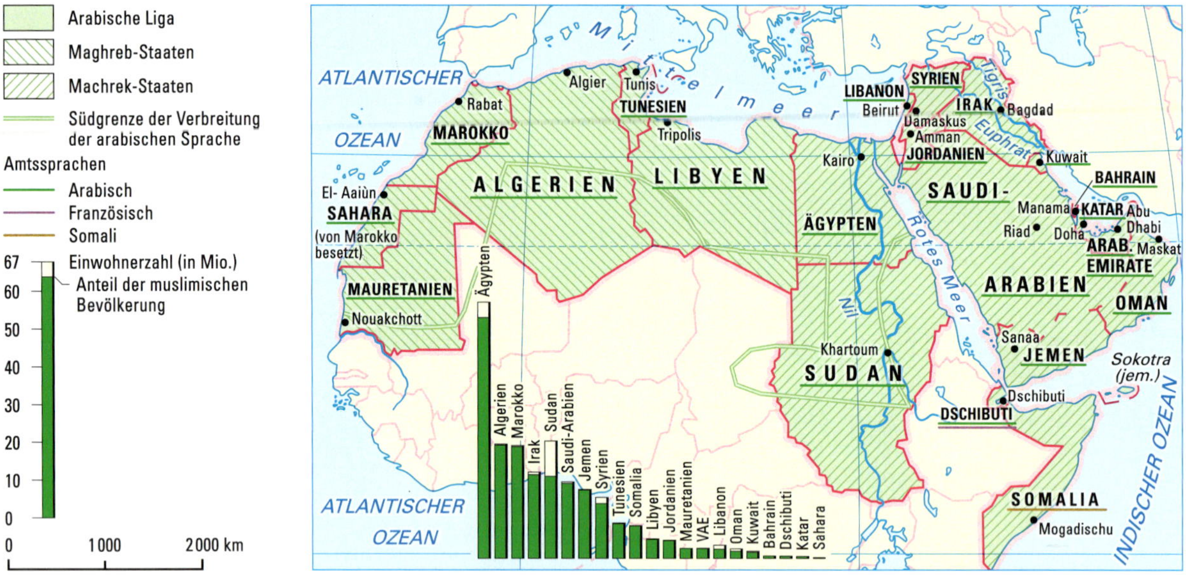

Anteil der moslemischen Bevölkerung und Amtssprachen in den Staaten der Arabischen Liga

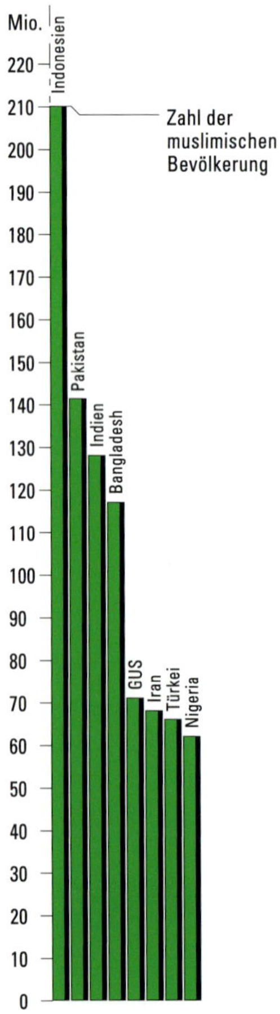

Wo die meisten Moslems leben
(in Mio.)

Orient, Arabischer Raum oder Islamische Welt?

Mit „**Orient**“ verbinden wir zum Beispiel die „Märchen aus 1001er Nacht“ oder die Minarette – Türme, von denen laut zum Gebet gerufen wird. Wir denken an Pilger in Mekka, Oasen in menschenleeren Wüsten, aber auch an blutige Konflikte in den islamisch geprägten Ländern.

Der „Orient“ – eine Erfindung?

Der Begriff „Orient“ bezeichnet seit Jahrhunderten einen Raum, der jedoch von seinen Bewohnern selbst nie so bezeichnet worden ist. Auch gibt es keine offizielle Staatenkarte dieser Erde, auf der man die Bezeichnung „Orient“ findet. Als Erfindung von Europäern wird der „Orient“ auch häufig dem „**Okzident**“ (Europa) gegenübergestellt, um die Unterschiede zwischen den beiden Räumen zu betonen. Die Araber selbst sprechen dagegen zum Beispiel von „Al-Maghreb“ („Westen“) und „Al-Machrek“ („Osten“). Damit teilen sie die „Arabische Welt“ in zwei Teile, lediglich getrennt von der Libyschen Wüste.

Aus diesen Gründen erscheint es sinnvoll, neben dem „Orient“ auch Bezeichnungen wie „**Arabischer Raum**“ oder „**Islamische Welt**“ gelten zu lassen. Die Vielfalt des Raumes lässt keine klaren und eindeutigen Abgrenzungen zu, auch wenn die Länder Nordafrikas, des Nahen und Mittleren Ostens, sowie die ehemaligen Sowjetrepubliken Mittelasiens von gemeinsamen Merkmalen geprägt werden.

Einheit durch Kultur und Religion?

Die Länder Nordafrikas und Vorder- und Mittelasiens spielten für die kulturelle Entwicklung der Menschheit eine bedeutende Rolle. Hier gingen Menschen erstmals zu Ackerbau und Viehzucht über und wurden sesshaft. Vor etwa 6000 Jahren entwickelten sich in Mesopotamien und im Niltal bedeutende Hochkulturen. Hier haben die Menschen als Nomaden und Oasenbauern gelernt, mit der

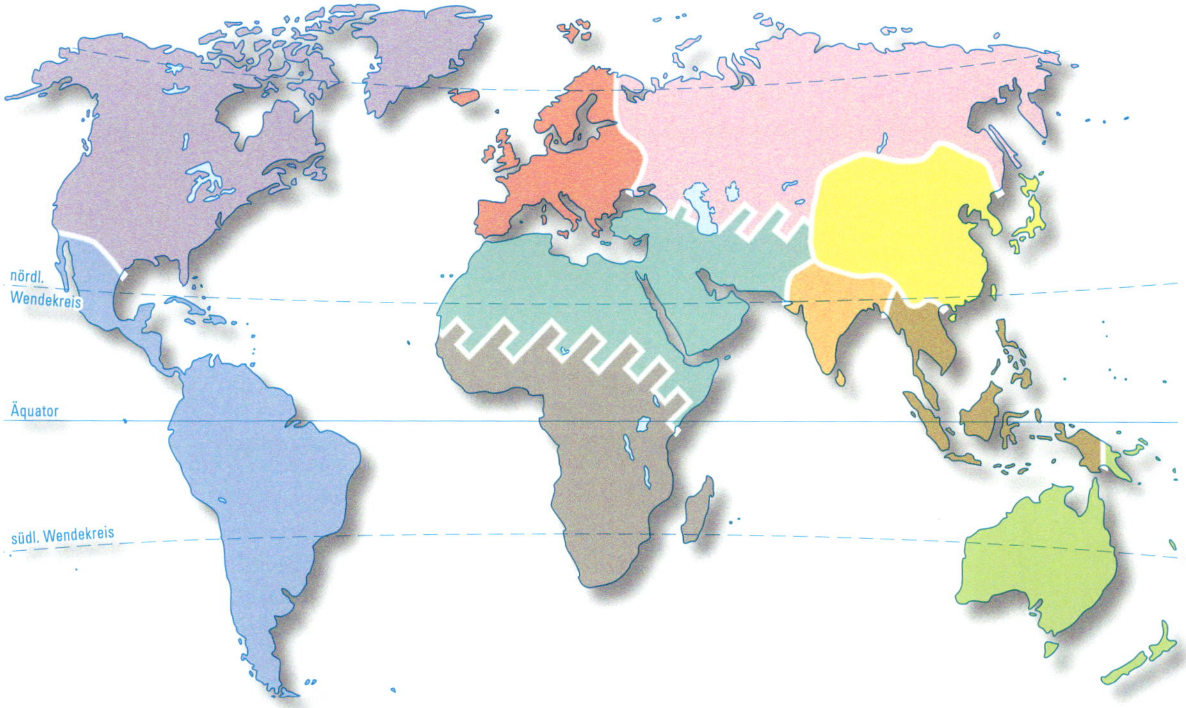

3 Kulturerdteile nach Newig

Trockenheit zu leben. Dieser Raum ist die Wiege der drei Weltreligionen Judentum, Christentum und Islam. Er war und ist die Brücke zwischen Europa, Afrika und Asien. Zahlreich sind die Einflüsse der arabischen Kultur auf Europa, so zum Beispiel die Zahlen und das Papier.

Die arabische Sprache wird in verschiedenen, deutlich unterscheidbaren Dialekten gesprochen.

Die Völker des Raumes eint vor allem die Religion des Islam, der das Leben des Einzelnen und der ganzen Gemeinschaft bestimmt.

Einheit durch Zusammenarbeit?

Die „arabischen Staaten" haben sich seit 1945 zur **Arabischen Liga** zusammengeschlossen. Sie wollen in den Bereichen Wirtschaft, Transport, Kultur und Gesundheitswesen eng zusammenarbeiten. Ziel ist die Einheit der arabischen Staaten als arabische Nation mit einer Sprache und einer gemeinsamen Geschichte. Bis heute sind alle Einigungsversuche aber ohne großen Erfolg geblieben. Zu groß sind die wirtschaftlichen Unterschiede und Interessen, zu zahlreich die Auseinandersetzungen um wertvolle Ressourcen wie Erdöl und Wasser, zu kompromisslos die Ansprüche verschiedener Staaten und Völker auf die gleichen Gebiete.

1 *Vergleiche die Ausdehnung des in Karte 3 dargestellten Kulturerdteils Orient mit der der Arabischen Liga (Karte 1) sowie der Verbreitung des Islam auf der Erde (Atlas).*
2 *Setze dich kritisch mit der Frage auseinander, ob eine Abgrenzung des Orients nach kulturellen und geographischen Merkmalen möglich bzw. sinnvoll ist (Karte 3, Atlas).*
3 *Erstelle eine Liste mit Gemeinsamkeiten und Unterschieden der Staaten der Arabischen Liga. Nutze dazu auch die Strukturdaten im Anhang und das Internet.*

***Orient** (oder: Morgenland): von lat. oriens = Osten, d. h. Sonnenaufgang*

***Okzident** (oder: christliches Abendland): von lat. occidens = Westen; oder lat. occidere = untergehen, d. h. Sonnenuntergang*

Lernen an Stationen: Leben und Wirtschaften im Orient			
Station	Erledigt am:	Zeitbedarf	Bemerkungen
1 Ohne Wasser läuft nichts	2.11.2006	22 Minuten	Ohne Schwierigkeiten erledigt, spannendes Experiment!
2 Oasen im Wandel	2.11.2006	16 Minuten	...
3 Bei den Tuareg	5.11.2006	...	...

1 *Kontrollzettel (Ausschnitt)*

Die Lernstationen bieten vorbereitete Aufgaben und Materialien an, die du in beliebiger Reihenfolge und selbsttätig bearbeiten kannst.
Jede Station umfasst zwei Seiten im Buch.
Auf der Stationsseite erhältst du zunächst eine Kurzinformation zum jeweiligen Thema und die genauen Aufgabenstellungen.
Beide Seiten enthalten Arbeitsmaterialien wie Bilder, Texte und Grafiken.
Mit den Lösungen zu den einzelnen Lernstationen im Anhang kannst du überprüfen, ob du richtig gearbeitet hast.

Lernen an Stationen – Leben und Wirtschaften im Orient

Das Thema „Leben und Wirtschaften im Orient" wird in einem Lernzirkel erarbeitet. Dabei ermöglichen dir Lernstationen interessante Einblicke in den sich schnell wandelnden Raum. Du wirst folgende Themen bearbeiten:
Der Mangelfaktor Wasser erfordert verschiedene Anpassungs- und Nutzungsformen. So wird in Oasen inmitten von Wüsten intensive Landwirtschaft betrieben oder das Land von Wanderhirten und Händlern, den Nomaden, durchzogen.
Die größeren Siedlungen dagegen sind die wirtschaftlichen, politischen und religiösen Zentren des Trockenraumes. Sie weisen ganz bestimmte Grundrisse auf, die diese Funktionen widerspiegeln.
Das nur begrenzt verfügbare Wasser und die ungleich verteilten Erdölvorkommen waren Ursachen zahlreicher Konflikte. Doch auch religiöse und ethnische Auseinandersetzungen haben immer wieder zu Kriegen und Flüchtlingsbewegungen geführt.

1. Schritt: Arbeitsregeln erstellen

Vereinbart zunächst Regeln, die einen reibungslosen und effektiven Ablauf der Arbeit an den Stationen ermöglichen, z. B.:
- *Aufgabe vollständig und zügig bearbeiten,*
- *Ruhige Arbeitsatmosphäre einhalten,*
- *Selbstständig Notizen erstellen und Aufzeichnungen z. B. in einem Schnellhefter sammeln,*
- *Stationen ordentlich hinterlassen,*
- *Ergebnisse erst nach vollständiger Aufgabenerfüllung mit den Lösungen vergleichen,*
- *Mithilfe des Schulbuchs einen Überblick über die Stationen verschaffen (Thema, Methoden, benötigte Materialien, usw.).*

2. Schritt: Kontrollzettel anfertigen

Erstelle deinen persönlichen Kontrollzettel nach dem angegebenen Muster. Er dient der späteren Kontrolle, welche Stationen schon bearbeitet worden sind. Außerdem kannst du durch eigene Bemerkungen die Stationen bewerten (persönliches Arbeitstempo, Schwierigkeitsgrad der gestellten Aufgaben, Eignung der Materialien für die Erarbeitung des Themas, usw.).

❷ ***Aufbau der Stationen***

3. Schritt: Stationen gestalten

- *Stühle und Tische so arrangieren, dass acht Pflichtstationen und zwei Parkstationen möglich sind.*
- *Legt an jeder Station ein bis zwei Schulbücher aus. Die aufgeschlagene Doppelseite markiert die Station des Lernzirkels. Zusätzlich könnt ihr Tischkarten mit der Nummer und dem Thema der Station anfertigen.*
- *Bereitet die Experimente vor.*
- *Jede Pflichtstation wird je nach Klassenstärke mit drei bis vier Schülern besetzt.*

4. Schritt: An den Stationen arbeiten

- *Jede Gruppe durchläuft die acht Pflichtstationen.*
- *Löst die Aufgaben und überprüft eure Ergebnisse mit den Lösungen im Anhang.*
- *Die Parkstationen dienen als Zusatzaufgabe für besonders schnelle Gruppen nach Erledigung der Pflichtstationen. Beachtet dabei, dass Parkstation 1 vor Parkstation 2 bearbeitet werden muss.*
- *Bearbeitet die Stationen in vier Unterrichtsstunden.*

5. Schritt: Lernen an Stationen nachbereiten

- *Wiederholt und überarbeitet gegebenenfalls die Aufgaben, die ihr in einer Unterrichtsstunde an den Stationen bearbeitet habt.*
- *Fasst eure Ergebnisse, z.B. in einem gemeinsamen Unterrichtsgespräch, zusammen, nachdem die gesamte Klasse alle Stationen bearbeitet hat.*
- *Betrachtet kritisch eure eigene Arbeit. Nehmt dazu euren Kontrollzettel zu Hilfe: Was ist mir schwer gefallen? Was fand ich interessant? Was könnte ich an meinem persönlichen Arbeitsstil noch verbessern bzw. verändern?*

Ohne Wasser läuft nichts

In ariden Räumen ist Wasser ein Mangelfaktor. Die natürliche Vegetation hat sich diesen Umständen angepasst, indem sie z. B. Wasser speichert, ihre Verdunstung herabsetzt oder sehr tief reichende Wurzeln ausbildet. Die Kulturpflanzen in der Landwirtschaft weisen diese Anpassungen nicht auf. Deshalb greift der Mensch häufig auf **Bewässerung** zurück, um seinen Nutzpflanzen das notwendige Wasser zur Verfügung zu stellen. Gegen das Problem der **Versalzung** werden verschiedene Maßnahmen wie Entwässerung ergriffen.

Material:
Schreibstifte, Blatt Papier, Informationstexte, Abbildungen und Materialien für das Experiment.

Aufgaben:

1 *Führe das Experiment durch und halte deine Beobachtungen in einem Protokoll fest. Erläutere den Prozess der Bodenversalzung anhand des Experiments und mithilfe Blockbild 4.*

2 *Beschreibe und erkläre mithilfe von Blockbild 2 und Foto 7 Maßnahmen gegen die Versalzung.*

3 *Werte Text 5 aus. Stelle die Aussagen des Textes stichpunktartig in einer Übersicht, z. B. in einem Schaubild, dar.*

1 ***Salzkrusten auf einem Feld***

3 ***Experiment: Bodenversalzung***

Material: *drei flache Schalen, Bodenproben (z. B. Blumenerde), Ziegelstein (Alternative: Toilettenpapierrolle), Kochsalz, Wasser, Föhn*

Durchführung: *Schale 1 und 2 mit Bodenproben füllen. Den Boden in Schale 1 mit Regenwasser, den Boden in Schale 2 mit salzhaltigem Wasser begießen. In Schale 3 salzhaltiges Wasser einfüllen und einen Ziegelstein hineinstellen. Dieser dient als Bodenersatz, damit der kapillare Wasseraufstieg besser beobachtet werden kann. Mit einem Föhn warme Luft über die Schalen blasen.*

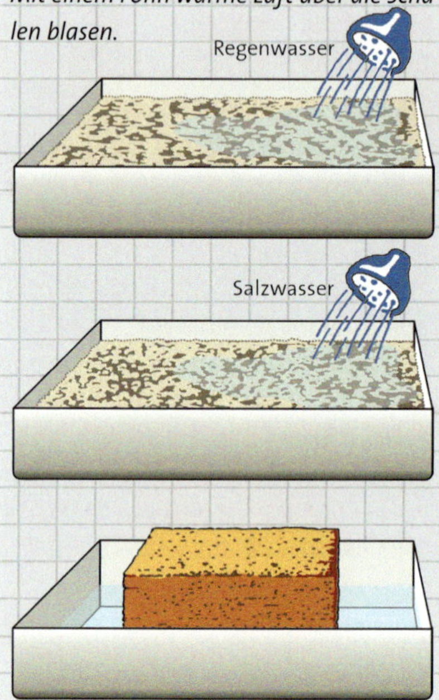

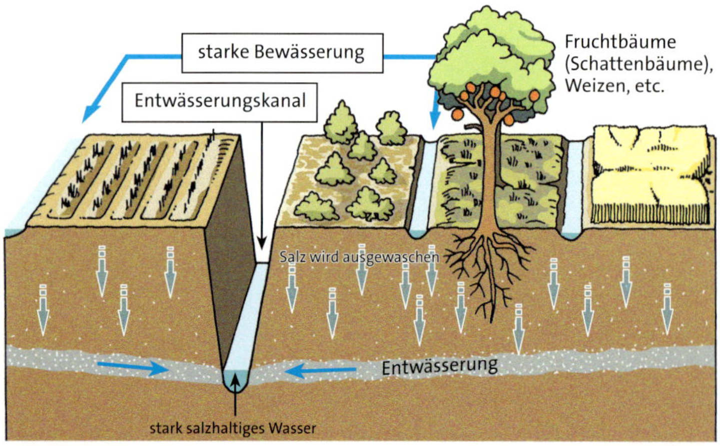

2 ***Eine Maßnahme gegen Versalzung***

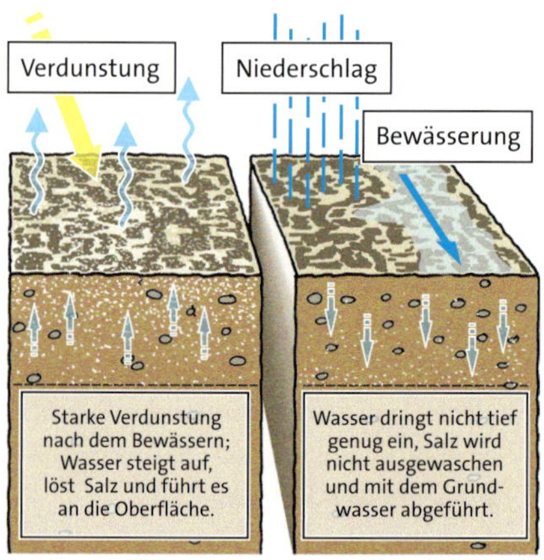

4 ***Wasserhaushalt in Bewässerungsgebieten***

5 **Motorpumpen – Segen oder Fluch?**

Früher kontrollierten Wasserwächter die gerechte, sparsame Verteilung des Wassers und deren Bezahlung.

Die meisten Oasenbauern waren an einem gemeinschaftlichen Wasserverteilungssystem beteiligt, bei welchem über viele offene Kanäle und Gräben das Wasser zu den Feldern geführt wurde. Dabei war der Wasserverlust infolge der hohen Verdunstung sehr hoch. Auch konnte das Wasser immer nur auf tiefer gelegene Flächen fließen.

Der Einsatz der Dieselpumpe brachte für die Oasenbauern die Befreiung von diesen Zwängen. Voraussetzungen sind heute: genügend Geld für den Erwerb einer Pumpe und Ackerflächen, auf denen sich das Grundwasser relativ oberflächennah befindet. Dann ist es möglich, ständig große Wassermengen zu fördern.

Die Bauern sind dadurch in der Lage, ihren Anbau auch auf bislang ackerbaulich ungenutzten Flächen zu erweitern und über den Eigenbedarf hinaus für den Markt zu produzieren. Durch den Einsatz der Motorpumpe kommt es zum Wandel des bisherigen Regenfeldbaus. Es entstehen grüne Inseln am Rande der Wüste. Altes Kulturland wird aufgegeben und neue Flächen werden in unmittelbar räumlicher Nachbarschaft angelegt. Je mehr Motorpumpen in der Umgebung Wasser aus immer größeren Tiefen fördern, um so mehr wird verbraucht. Der Grundwasserspiegel sinkt. Bereits heute liegen dadurch neu angelegte Flächen wieder brach, Pflanzen und Bäume vertrocknen und sterben ab.

6 ***Grabenbewässerung***

7 ***Tropfbewässerung***

8 ***Bewässerung mit der Motorpumpe***

Oasen im Wandel

Menschen, Tiere und Pflanzen können auf Dauer nur dort überleben, wo es ausreichend Wasser gibt. In Trockengebieten konzentriert sich das Leben auf **Oasen**, die wie grüne Inseln inmitten der Wüste wirken. Neben der Nutzung von Flusswasser (Überleitung aus weit entfernten Gebieten), Quellwasser oder Grundwasser (Pumpförderung) stellen **artesische Brunnen** eine besondere Form der Wassergewinnung in Oasen dar. Oasen unterliegen einem ständigen Wandel: Einige werden aufgegeben, andere wachsen und verändern ihr traditionelles Gesicht.

Material:

Schreibstifte, Blatt Papier, Abbildungen, Fotos, Informationstexte und Materialien für das Experiment.

Aufgaben:

1 *Führe das Experiment durch und halte deine Beobachtungen in einem Protokoll fest. Erkläre die Wirkungsweise und die Voraussetzungen eines artesischen Brunnens anhand des Experiments und Blockbild 2.*

2 *Zeichne auf der Grundlage des Textes eine Skizze (Profil), die den Stockwerkbau eines Oasengartens und die herrschenden Besitzverhältnisse veranschaulicht.*

3 *Ergänze die Grafik 5, indem du die fehlende Beschriftung des Schemas (A–D) und der Legende (1–3) notierst.*

4 *Notiere die mit dem fortschreitenden Wachstum der Oasenstädte einhergehenden Probleme.*

1 ***Arbeit im Oasengarten***

3 ***Experiment: artesischer Brunnen***

Vorbereitung des Experimentes

Material: *zwei Kunststofftrichter, Nagel, Kunststoffwanne, Labor-Wasserschlauch von ca. 80 cm Länge, zwei Stative mit Trichterhalterungen, kleine Gießkanne, Wasser*

Durchführung: *Trichterhalterungen an die Stative montieren, Trichter einsetzen, die Schlauchenden über die Trichterenden ziehen, Nagel in der Mitte des Schlauches durch eine Schlauchwand bohren, Wasser mit der Gießkanne in die Trichter einfüllen; den Nagel herausziehen und den Weg des Wassers beobachten.*

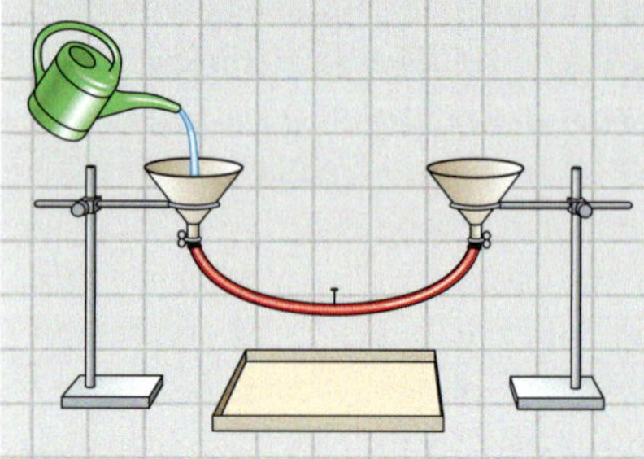

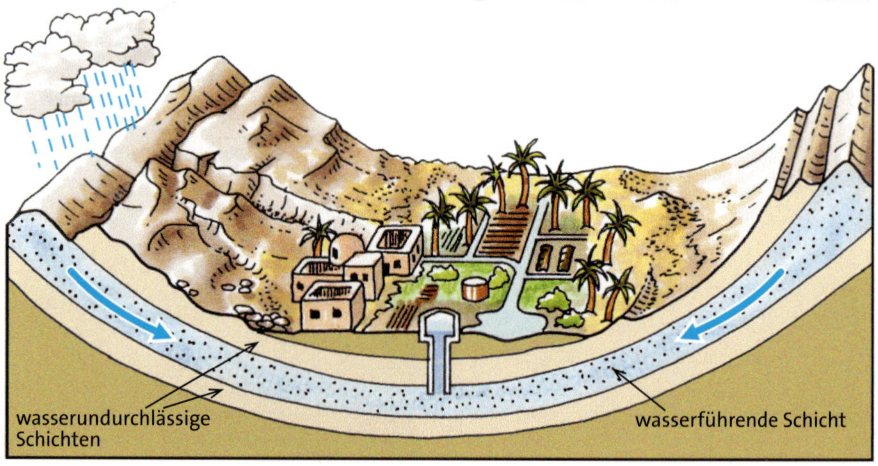

2 ***Schematische Darstellung eines artesischen Brunnens***

Oasen früher

Die Gärten in den traditionellen Oasen wurden häufig stockwerkartig angelegt. Dattelpalmen spendeten Schatten für Obstbäume wie Granatäpfel und Feigen. Darunter wurden Gemüse- und Futterpflanzen angebaut. Der **Stockwerkbau** in den Oasengärten war nicht mit dem Ziel intensiver Nutzung entstanden. Seine Anwendung erfolgte aufgrund der Besitzverhältnisse. Der Besitzer reservierte den Großteil der Dattelernte im begünstigten oberen Stockwerk für sich, während die Unterkulturen von den Teilpächtern oder Tagelöhnern bebaut wurden. Die Datteln waren schon früher ein Grundnahrungsmittel der Oasenbewohner und wurden auch den Händlern zum Verkauf angeboten. Gab es in den Oasengärten genügend Wasser, wurden sie intensiv genutzt. Zur Bewässerung der Gärten, Felder und Dattelpalmenhaine wurde das Wasser über viele kleine Kanäle geleitet.

Oasen im Wandel

Inzwischen hat sich das Leben in den Oasen sehr verändert. Asphaltierte Straßen werden gebaut, die die Oasen untereinander und mit den Küstenstädten verbinden. Busse und Lkws ersetzen immer mehr die Kamelkarawanen. So gelangen viele neue Güter in die Oasenstädte, zum Beispiel Nahrungsmittel. Damit ändern sich auch die Essgewohnheiten. Datteln werden kaum noch zur Selbstversorgung angebaut, sondern meist nur noch für den Export. Sie werden mit großem Aufwand und meist mit hitzebeständigen Materialien verpackt, die den langen Transporten in die ganze Welt standhalten.

Viele Bewohner, die wenig oder kein Land besitzen, finden außerhalb der Oasen oft besser bezahlte Beschäftigungen. Sie arbeiten auf Erdölfeldern oder gehen als Gastarbeiter nach Europa. Mit dem Geld bauen sie in den Oasen größere Häuser für ihre Familie, gründen Gewerbebetriebe und Fabriken. Die Oasenstädte sind so stark angewachsen.

Immer mehr Touristen wollen das Leben in den Oasenstädten kennen lernen. Diese sind durch die modernen Straßen für jeden nun leicht erreichbar. Durch den Bau großer Hotelanlagen werden einerseits viele Arbeitsplätze geschaffen. Andererseits wächst damit auch der Bedarf an Flächen für Gärten, Sport- und Freizeitanlagen. Das größte Problem ist dabei der nicht abschätzbare Wasserbedarf.

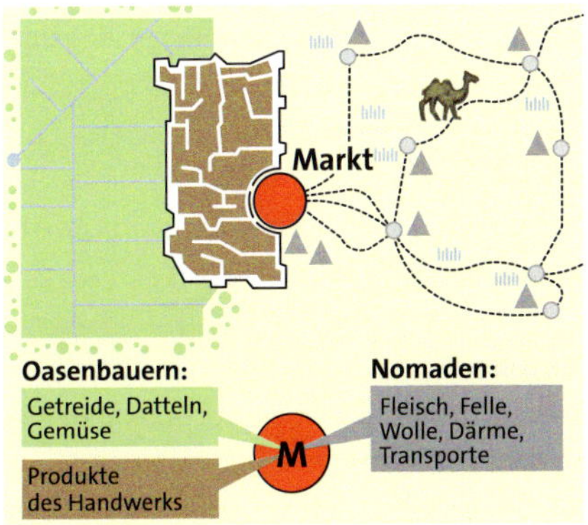

④ *Oasenwirtschaft früher*

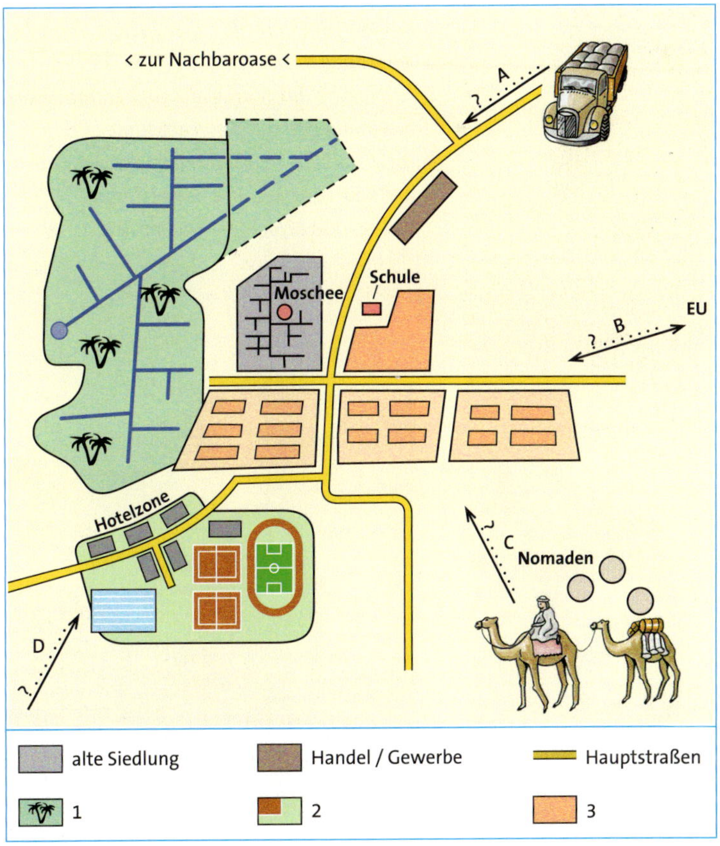

⑤ *Schema einer Oase im Wandel*

Bei den Tuareg

Man nannte sie ehrfurchtsvoll die „Blauen Ritter der Wüste". Niemand kennt die Wüste und deren Gesetze besser als die Tuareg. Jahrhunderte hindurch war die südliche Sahara zwischen Ahaggar- und Air-Gebirge, heute zu Mali, Niger und Algerien gehörend, ihr Lebensraum. Dieses Gebiet nutzten und beherrschten sie als Nomaden, das sind Wanderhirten, und als Händler.

Material:
Schreibstift, Blatt Papier, Informationstexte, Abbildungen, Lexikon.

Aufgaben:

1 *Beschreibe mit wenigen Stichpunkten die Merkmale des Nomadismus.*

2 *Zeichne anhand Karte 5 eine Skizze, mit den Eckpunkten Timia, Bilma und Maradi. Zeichne Karawanenwege und transportierte Waren ein und berechne die Distanz einer Tagesetappe.*

3 *Beschreibe das Blockbild 3 und erläutere die Auswirkungen auf die Vegetation.*

4 *Diskutiert im Team, ob der Nomadismus in der heutigen Zeit überlebensfähig ist. Erörtert Vor- und Nachteile und notiert diese.*

Transporteure und Händler

Haupthandelsgut war und ist auch heute noch Salz. Es ist das Salz von Meeren, die vor Jahrmillionen Nordafrika bedeckten. Die Tuareg tauschen oder kaufen es dort, wo es abgebaut wird, für den Eigenverbrauch und den Handel günstig ein. Drei bis vier Monate im Jahr sind die Tuareg mit ihren **Karawanen** auf ihren Handelsrouten unterwegs. In Timia startet z. B. eine Tour mit 80 Dromedaren, die Hirse und Weizen nach Bilma bringen soll. Sie führt 500 km durch die Ténéré-Wüste, die extrem heiß und trocken ist. Ihren Weg finden die 12 begleitenden Tuareg mithilfe der Sonne, den Sternen und den Sanddünen, die vom Wind ständig neu gestaltet werden. Nach acht Tagen erreicht die Karawane Bilma. Nachdem sich die Kamele erholt haben, ziehen die Tuareg über Timia in den Süden, bis in die Gebiete der Hirsebauern, z. B. nach Maradi. Dort verkaufen sie das Salz aus Bilma in Form von Lecksteinen für das Vieh und als Speisesalz für die Bevölkerung oder tauschen es gegen Hirse für den Eigenbedarf ein. Von Maradi aus tritt die Karawane wieder den Rückweg nach Timia an. Dürrekatastrophen, politische Ereignisse und die Karawanenkonkurrenz der Lastwagen führen dazu, dass heute nur noch wenige Tuareg als Händler leben.

① *Tuareg in Festkleidung*

② *Lederzelt, das „Wohnhaus" der Tuareg*

Nomadismus – angepasste Lebensweise
Dürren sind in dieser Region eine normale Erscheinung, denn die Niederschlagssummen schwanken von Jahr zu Jahr drastisch. Hier herrschte die Wirtschaftsweise des **Nomadismus** vor, die optimal an die vorhandenen Verhältnisse angepasst war. Die Nomaden zogen von Weideplatz zu Weideplatz, den Regenfällen mit einer gewissen zeitlichen Verzögerung hinterher. Ihre Herden sind ihr wertvollster Besitz. Dieses System funktionierte unter der Bedingung, dass die Zahl und Größe der Herden klein gehalten wurde. Nur dann standen genug Futter und ausreichend Trinkwasser zur Verfügung.

Ansiedlungsprogramme
Die starke Bevölkerungszunahme ließ die Zahl der Herden anwachsen. Dem Durst der vielen Tiere waren die Brunnen nicht gewachsen. Als Lösung bohrte man tiefere Grundwasserschichten an. Die neuen Tiefbrunnen wurden mit Motorpumpen betrieben, lieferten mehr als genug Wasser und verführten viele Nomaden dazu, sesshaft zu werden und zugleich die Herden weiter zu vergrößern. Als Folge sank der Grundwasserspiegel und es bildeten sich Absenkungstrichter. Rings um verdorrt die Vegetation in weitem Umkreis.

4

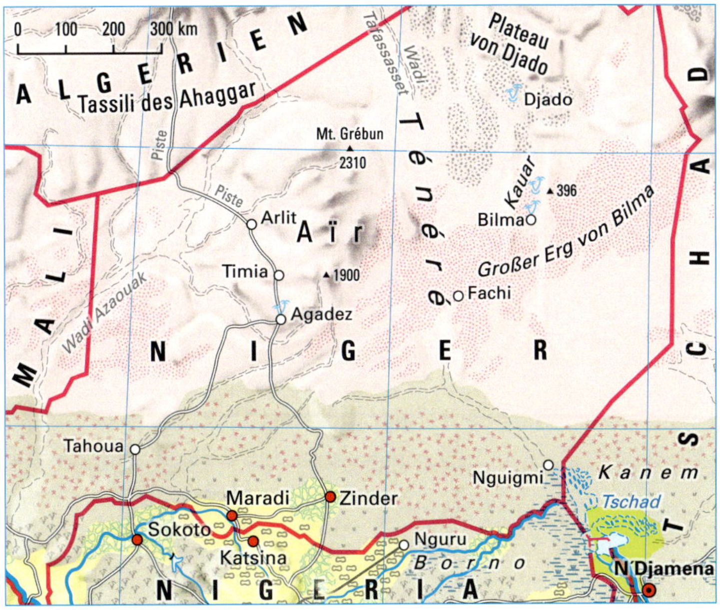

5

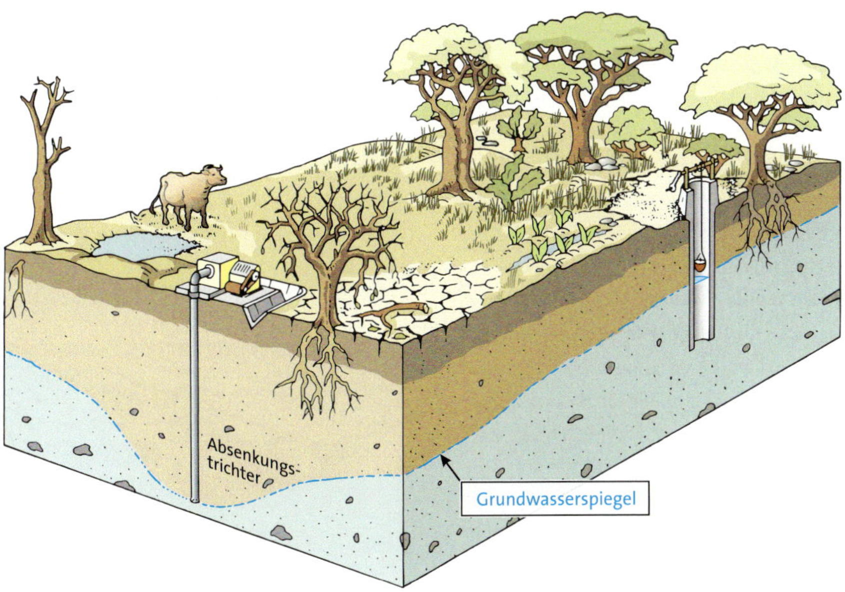

3 *Grundwasserabsenkung durch Tiefbrunnen*

Kaum zu glauben
Kamele laufen täglich bis zu 16 Stunden ununterbrochen und legen dabei etwa 70 km zurück. Um die Kamele nicht anhalten zu müssen, kochen Tuareg Tee in tragbaren Holzkohleöfchen (Foto 4) während des Gehens.

→ *Nomadismus, siehe auch Seite 78/79*

Israel – Kampf um Wasser

Die Wasserversorgung ist im ariden Nahen Osten ein gravierendes Problem. Dies gilt vor allem für Israel. Der Jordan und der von ihm durchflossene See Genezareth sind die Grundlagen der israelischen Wasserversorgung. Die Quellflüsse des Jordan entspringen aber nicht in Israel. So besetzt Israel seit 1967 die syrischen Golanhöhen, um den Jordanquellfluss Banias zu kontrollieren. Durch die intensive Nutzung des Jordanwassers in Israel gibt es Probleme der Wasserversorgung im Nachbarstaat Jordanien. Die Zusicherung Israels, Jordanien mit Wasser zu versorgen, war eine der wichtigsten Voraussetzungen des Friedensvertrages von 1994 zwischen beiden Staaten. Dieser Vertrag – unterzeichnet vom israelischen Ministerpräsidenten Rabin und dem jordanischen König Hussein – wurde so zur Grundlage für den Frieden.

Material:
Schreibstifte, Blatt Papier, Karte, Abbildungen, Diagramme und Tabellen.

Aufgaben:

1 *Beschreibe mithilfe der Karte 6, aus welchen Quellen Israel sein Wasser bezieht und wie es das verfügbare Wasser über das Land verteilt.*

2 *Setze die Werte aus Tabelle 3 für die Staaten Israel, Jordanien und Syrien in ein anschauliches Säulendiagramm um.*

3 *Beschreibe die Entwicklungen in Tabelle 4 und nenne mögliche Ursachen. Versuche, die unterschiedlichen Werte in Tabelle 5 zu begründen. Nimm dabei auch Tabelle 3 zu Hilfe.*

4 *Stelle Vor- und Nachteile der unterschiedlichen Formen des Wasserimports (Text 1) übersichtlich in Form einer Tabelle gegenüber.*

5 *„Der nächste Krieg im Nahen Osten wird nicht um Land oder Öl geführt werden, sondern um Wasser!" – Beurteile diese Aussage des ehemaligen UN-Generalsekretärs Boutros Ghali.*

(1) **Angesichts des sich verschärfenden Wassermangels gibt es Überlegungen vieler israelischer Politiker für den Import von Wasser:**

Szenario 1: Wassertanker bringen Süßwasser aus der Türkei nach Israel. Pro Jahr könnten 250 Mio. m³ geliefert werden.

Szenario 2: Anschluss Israels an die geplante Friedens-Pipeline.

Szenario 3: Wassertransport mit riesigen, 600 m langen Nylon-Taschen („MedusaBags") vom südtürkischen Fluss Manavgat zur israelischen Küste. Die 1–2 Mio. m³ fassenden „Taschen" sollten im Meer von Schleppern gezogen werden.

Szenario 4: Nilwasser für Palästina. Seit 1987 gibt es Pläne, mittels eines unter dem Suezkanal hindurchführenden Kanals Nilwasser in die nördliche Sinai-Halbinsel, den Gazastreifen, zu transportieren. Vom Nil bis zum Suezkanal existiert der Kanal schon.

Szenario 5: Vom Litani-Fluss im Libanon soll ein Kanal zum Jordan gebaut werden und so bislang in diesem Gebiet noch nicht benötigtes Wasser der Jordanregion zugeführt werden.

Szenario 6: Meerwasserentsalzung:
In Kanälen soll Meerwasser vom Roten Meer und vom Mittelmeer ins Tote Meer eingeleitet werden. Durch den Höhenunterschied von etwa 400 m kann hydroelektrische Energie erzeugt werden. Diese kann dann unter anderem zum Betrieb von Wasserentsalzungsanlagen genutzt werden.

(2) ***Meerwasserentsalzungsanlage in Israel***

③ Wasserverfügbarkeit pro Kopf der Bevölkerung

(in 1000 m³ pro Kopf und Jahr)

	1960	1990	2025 (Schätzung)
Israel	1,0	0,5	0,3
Jordanien	0,5	0,2	0,1
Syrien	1,2	0,4	0,2
Libanon	2,0	1,4	0,8
Ägypten	2,3	1,1	0,6

Zum Vergleich:
Deutschland: langjähriges Mittel: 2,2

④ Entwicklung des Wasserverbrauches für Bewässerungsland in Israel

Jahr	Bewässerungsfläche / ha	Wasserverbrauch gesamt in Mio. m³	m³ / ha
1948/49	30 000	257	8 670
1964/65	151 000	1 087	7 190
1978/79	189 000	1 327	7 020
1989	214 210	1 238	5 730
2002	194 000	1 200	6 186

⑤ Durchschnittlicher Wasserverbrauch für Bewässerungsland 1999 (m³ / ha)

Israel	6 000
Jordanien	11 000
Syrien	13 400
Irak	13 300 – 15 900
Ägypten	17 000

⑥ *Das Wasser und der israelisch-arabische Konflikt*

Marrakech – Stadt mit zwei Gesichtern

Mitten in der fruchtbaren Haouz-Ebene, umgeben von einem Dattelpalmengürtel im Norden und den Bergen des Hohen Atlas im Süden liegt die Stadt Marrakech (arab. „Mraksh“ = die Stadt). Mit etwa 600 000 Einwohnern ist sie die viertgrößte Stadt Marokkos.

Die Stadt im Orient hat sich vor allem durch den Einfluss der westlichen Welt erheblich verändert. Sie verbindet moderne und traditionelle Lebensweisen. In der **Medina**, der Altstadt innerhalb der Stadtmauer, konzentriert sich noch immer das religiöse Leben in den zahlreichen Moscheen. Die **Souks** (**Basare**) mit ihren vielen kleinen Sackgassen sind die Wirtschaftszentren arabischer Städte. Sie stehen jedoch heute in Konkurrenz zu den modernen Geschäftsvierteln und Geschäftsstraßen der Neustadt. Die Neustadt von Marrakech unterscheidet sich nur wenig von den Zentren europäischer Großstädte und bildet damit einen auffälligen Gegensatz zur orientalisch-islamisch geprägten Medina.

Materialien:
Schreibstifte, Blatt Papier, Foto, Stadtplan, Stadtmodell.

Aufgaben:

1 *Benenne mithilfe des Stadtplans 4 und des Modells 3 die Merkmale einer islamisch orientalischen Stadt unter westlichem Einfluss und beschreibe dabei deren räumliche Lage.*

2 *Vergleiche das Stadtmodell 3 mit dem Luftbild 2 und dem Stadtplan 4 und überprüfe die Gültigkeit des Modells für Marrakech.*

3 *Vergleiche Marrakech mit einer größeren Stadt in deiner Umgebung. Erstelle dazu eine Liste mit Unterschieden und Gemeinsamkeiten.*

1 ***Souk von Marrakech***

2 ***Blick über die Medina von Marrakech von Norden aus gesehen***

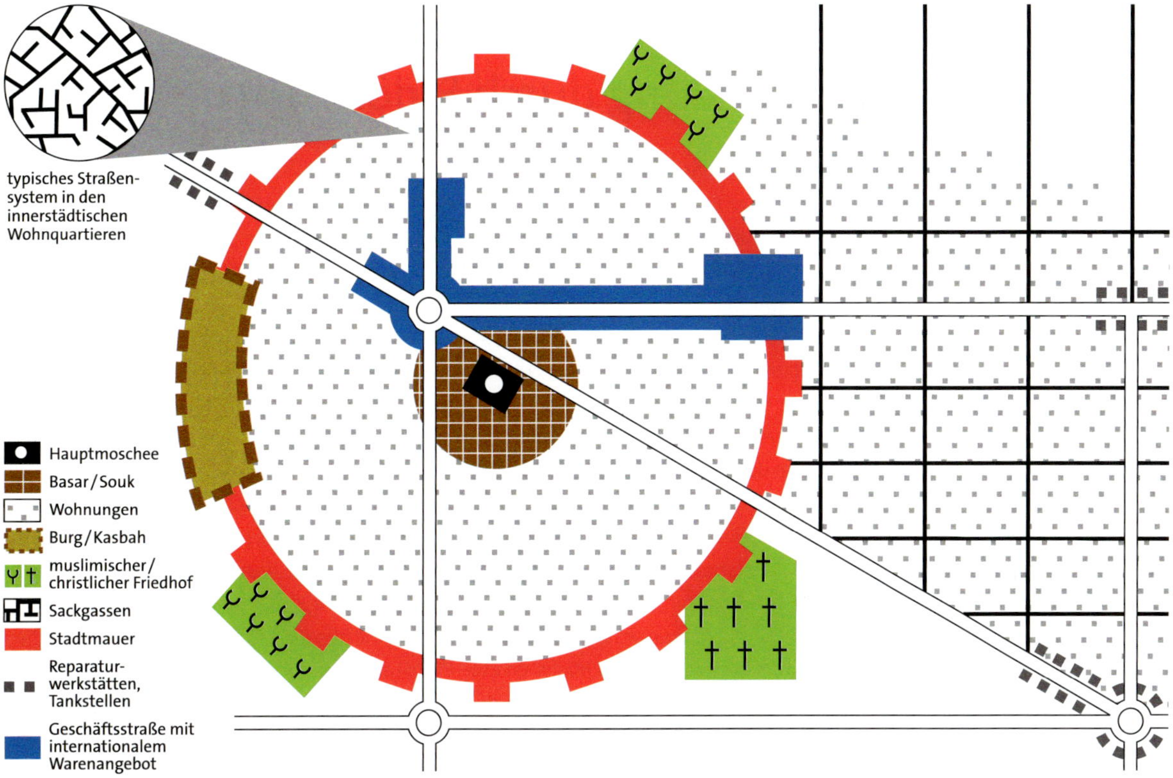

3 ***Modell einer islamisch-orientalischen Stadt (nach Ehlers 1991)***

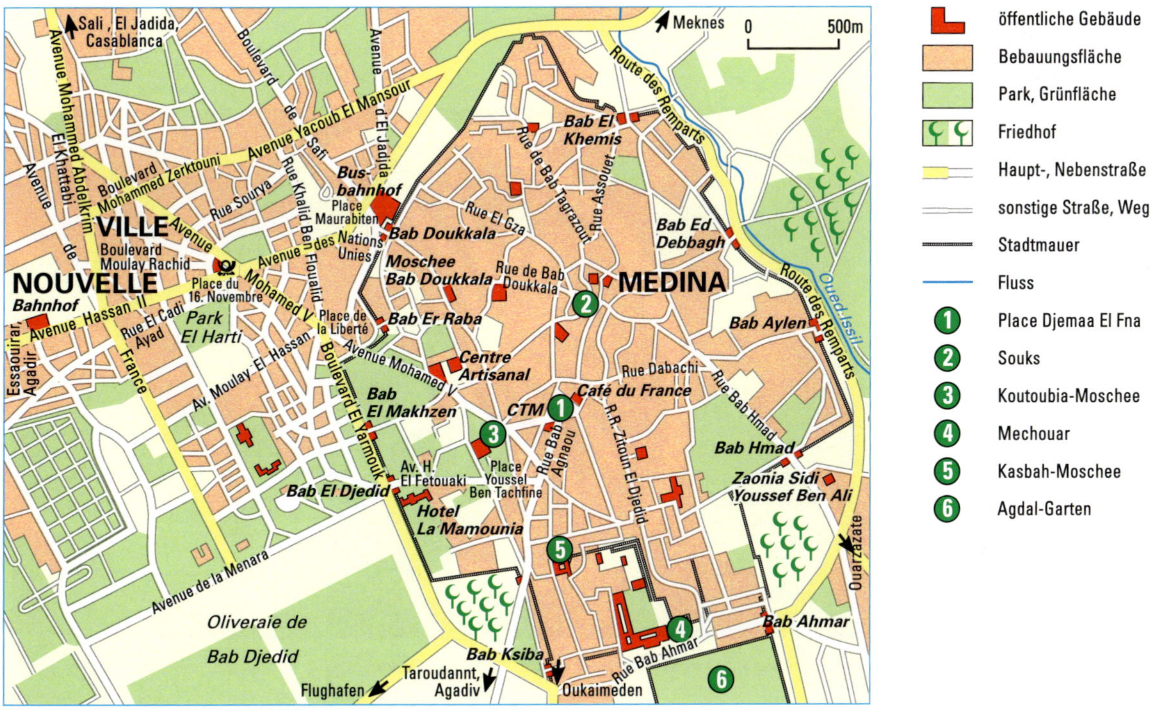

4 ***Stadtplan von Marrakech***

Die Golfregion – Entwicklung durch Erdöl

Erdöl ist zum wichtigsten Welthandelsgut geworden. Wer Erdöl besitzt, besitzt Reichtum. Die Staaten am Persisch-Arabischen Golf verfügen über zwei Drittel der Erdölvorräte der Erde. Sie lagern in 1500 bis 3000 m Tiefe unter der Wüste oder dem Meeresboden. Ist eine Lagerstätte erbohrt und die Föderanlage in Betrieb, so fließt das Erdöl in Pipelines von der Bohrstelle zum Verladehafen. Von dort aus tritt es in Riesentankern seine Reise in die Hauptverbraucherregionen der Welt an. Mit dem Erdöl kam Reichtum, nicht für alle, aber für viele. Dazu gehören auch die Gastarbeiter, die hier ihr Brot verdienen. Die Erdölstaaten am Golf gehören zu den Staaten der Erde mit dem höchsten Pro-Kopf-Einkommen. Aber die Industrie in den arabischen Staaten hat bis heute nur zwei entscheidende Standortfaktoren: Kapital und Energierohstoffe. Die Technologie, fast alle Produktionsmittel, Arbeitskräfte und andere Rohstoffe müssen für den Aufbau der eigenen Industrie teuer importiert werden.

Material:
Schreibstift, Blatt Papier, Abbildungen, Fotos, Informationstexte, Taschenrechner.

Aufgaben:
1 *Arbeite mit Karte 4 und den Tabellen 1 und 2. Notiere die Namen der Erdölstaaten der Golfregion und vier Hauptabnehmerländer des Erdöls.*
2 *Zeichne ein Säulendiagramm, das den Anteil des Erdöl- und Erdgasexports am Gesamtexport der Erdölmonarchien (Tabelle 6) deutlich macht. Werte anschließend dein Diagramm aus, indem du die Hauptaussage formulierst.*
3 *Vergleiche die Strukturdaten der arabischen Staaten mit denen Deutschlands und notiere Gemeinsamkeiten und Unterschiede.*
4 *Diskutiert im Team mithilfe von Text 5 den wirtschaftlichen Weg, den Dubai neben dem Erdölgeschäft eingeschlagen hat. Notiert Vorteile und Nachteile.*

1 ***Rohölexporte 2000 in Mio. t***

Saudi Arabien	*320,0*
Russische Föderation	*144,4*
Norwegen	*143,8*
Iran	*115,7*
Venezuela	*107,9*
Nigeria	*103,5*
Irak	*102,1*
Mexiko	*91,6*
Großbritannien	*86,3*
VAE	*84,2*
Libyen	*48,4*
Welt	*1894,3*

2 ***Rohölimporte 2000 in Mio. t***

USA	*484,1*
Japan	*210,2*
Republik Korea	*122,1*
Deutschland	*103,7*
Frankreich	*85,5*
Italien	*83,7*
VR China	*70,3*
Spanien	*57,5*
Niederlande	*54,7*

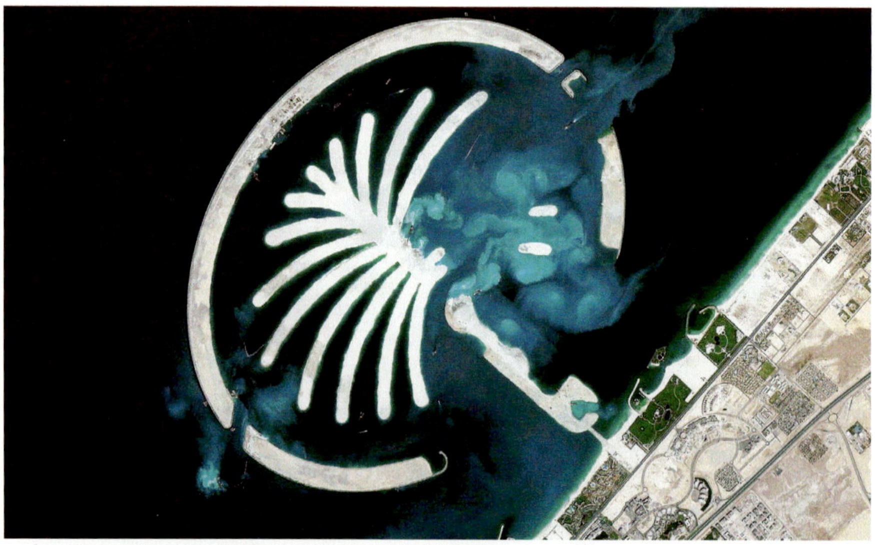

3 ***„The Palm Project" – künstliche Insel vor der Küste von Dubai***

4 ***Erdölförderung im Nahen Osten***

5 **Wenn das Öl versiegt**

Dubai macht von sich reden durch gigantische Hotelbauten und eine geplante künstliche Luxusinsel. Weitere Superhotels sollen gebaut werden. Denn neben dem Erdölexport ist der Tourismus ein bedeutender Wirtschaftszweig geworden. Dazu lockt das Emirat mit Steuerfreiheit und Handelsvorteilen ausländische Investoren an.
Mancher Politiker fragt sich: „Kann dieser Luxus auf Dauer finanziert werden?“ Denn schon heute sind die Einnahmen aus dem Erdölexport schwankend oder sinkend. „Was ist, wenn die Erdölvorräte zur Neige gehen oder der Rohstoff Erdöl einen Bedeutungsverlust erfährt?“
Momentan wird „The Palm Project“ verwirklicht. Auf künstlichen Inseln mit einem Durchmesser von fünf Kilometern entstehen vor der Küste von Dubai Luxusvillen für 10 000 Menschen der internationalen „High-Society“.

OPEC (Organization of Petroleum Exporting Countries, gegründet 1960)

Organisation, um Fördermengen und Verkaufspreise von Erdöl abzusprechen. Zur OPEC gehören: Saudi-Arabien, Iran, Vereinigte Arabische Emirate (VAE), Nigeria, Indonesien, Libyen, Algerien, Venezuela, Kuwait, Katar, Irak, und Gabun.

6 **Strukturdaten der Erdölmonarchien 2003**

	Fläche km²	Einw. in 1000	Ausländeranteil in %	städtische Bevölkerung in %	BSP/Einw. Mio. $	Import Mio. $	Export Mio. $	Anteil Öl/Gas am Export in Mio $
Bahrain	694	678	37	90	11 164	5 126	6 490	3 894
Katar	11 400	840	60	94	9 076	5 711	12 360	10 506
Kuwait	17 800	2 257	55	98	16 853	9 606	22 290	21 176
Oman	309 500	2 903	12	80	13 100	5 659	11 700	9 360
Saudi-Arabien	2 250 000	25 795	21	88	6 847	30 380	86 530	77 877
VAE	83 600	2 523	63	86	k.A.	37 160	56 730	24 961
Zum Vergleich: Deutschland	357 000	82 400	9	88	25 299	585 000	696 900	3 255

Krisenherd Naher Osten

Der Irak galt als eines der weltoffensten arabischen Länder und hat eine lange und wechselvolle Geschichte aufzuweisen: Mesopotamien, die Region von Euphrat und Tigris, wird als Wiege der Hochkulturen bezeichnet. Heute ist der Irak ein Entwicklungsland mit niedriger ökonomischer Entwicklung, so dass die Mehrheit der Bevölkerung unterhalb oder an der Armutsgrenze lebt. Unter der Regierung von Saddam Hussein führten verlustreiche Kriege mit dem Nachbarland Iran, wirtschaftliche Sanktionen und zwei so genannte „Golfkriege" mit den US-geführten Koalitionstruppen im Jahre 1991 und 2003 zu großer Not für die Bevölkerung des Irak und stürzten die gesamte Region in eine dauerhafte wirtschaftliche und politische Krise.
Auch ethnische Konflikte spielen im Irak eine große Rolle, da die Bevölkerungsgruppen der Schiiten, Sunniten und Kurden in der Vergangenheit meist nicht friedlich miteinander zusammengelebt haben.

Material:
Schreibstift, Blatt Papier, Abbildungen, Fotos, Informationstexte.

Aufgaben:

1 *Liste mit wenigen Stichpunkten die Informationen über die verschiedenen ethnischen Gruppen im Irak auf.*

2 *Notiere für jede Bevölkerungsgruppe zwei Problemfelder, die du bei der Gründung eines neuen Staates siehst.*

3 *Zeichne ein Kreissektorendiagramm mit den Zahlen der Ausgaben für den Wiederaufbau des Irak nach Tabelle 4.*

→ *Kreissektorendiagramm, siehe auch Seite 126/127*

1 **Blutiger Selbstmordanschlag im Irak**
Attentäter reißt 45 Menschen in den Tod.
Bagdad – Bei einem verheerenden Bombenanschlag sind am Mittwoch, den 04.05.2005 mindestens 45 Menschen getötet worden. Unter den Opfern befinden sich viele Jugendliche ohne Arbeit, die in einem Land mit hoher Armut und Arbeitslosigkeit gerade in einer Schlange standen, um sich für den Polizeidienst zu bewerben. Blutlachen waren auf dem Bürgersteig zu sehen, in den Straßen herrschte Chaos, Rettungswagen rasten durch die Stadt. Gouverneur Nausad Hadi verkündete ein unnachgiebiges Vorgehen gegen die Gewalttäter.

Bevölkerung des Irak
Die irakische Bevölkerung gruppiert sich entlang ethnischer und religiöser Trennlinien. Von den 24 Millionen Bewohnern lassen sich 80 Prozent als Moslems in die religiösen Gemeinden der Schiiten und Sunniten unterteilen. Die Schiiten folgen einem religiösen und weltlichen Führer, dem Imam, während die Sunniten einen Vertreter Gottes auf Erden ablehnen. Knapp 20 Prozent der Iraker gehören zur Volksgruppe der Kurden, die auch der islamischen Religion angehören.

Die Schiiten
Die vor allem im Südirak lebenden Schiiten machen zwei Drittel der arabischen Bevölkerung des Irak aus. Sie sind zwar Muslime, besitzen jedoch eine eigene Kultur. Obwohl sie die Bevölkerungsmehrheit bilden, waren sie in Saddam Husseins Regierung und Verwaltung unterrepräsentiert. Die Ursachen sind vielfältig. Saddam Hussein entstammt einer sunnitischen Familie. Die Schiiten pflegten gute Kontakte zum verfeindeten Nachbarn Iran. Durch Boykott des sunnitisch ausgeprägten Bildungssystems haben sie oft nur einen niedrigeren Bildungsstand. Die Worte

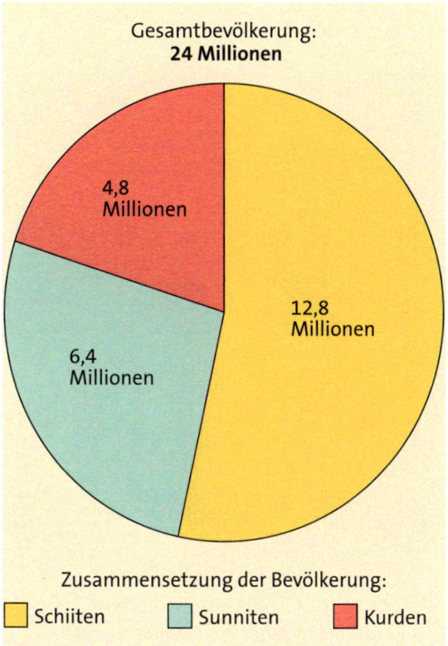

2 *Bevölkerungsgruppen im Irak*

3 *Kurdische Flüchtlinge im irakisch-türkischen Grenzgebiet im Jahre 1991*

ihres höchsten Würdenträgers (Großajatollah) haben für sie Gesetzescharakter.

Die Sunniten

Die Gemeinde der Sunniten ist die zahlenmäßig größte Glaubensrichtung im Islam. Im Irak umfasst sie allerdings nur ein Drittel der arabischen Bevölkerung. Diese Volksgruppe ist stark in Familienclans organisiert und bewohnt neben dem Zentralirak auch den Norden des Landes. Sunniten hatten in Staat und Partei traditionell eine privilegierte Stellung. Diese starke Position werden sie vermutlich nicht halten können, da seit dem Einmarsch der US-geführten Koalitionstruppen Schiitenführer eine stärkere Einbindung der Schiiten in Staat und Verwaltung fordern.

Die Kurden

Die Kurden sind die am häufigsten in Konflikte verwickelte Bevölkerungsgruppe im Irak. Seit Gründung des Staates Irak durch die britische Kolonialverwaltung nach dem Ersten Weltkrieg setzen sie sich – manchmal bewaffnet – für einen eigenen Staat ein. Dieser soll von Kurden bewohnte Teile des Iraks und der Türkei umfassen. Die Beziehung zu Bagdad war immer belastet, einen traurigen Höhepunkt erreichten die Konflikte am 16. März 1988, als die irakische Luftwaffe die kurdische Stadt Halabscha angriff. Die Sprengköpfe waren mit Giftgas bestückt, ca. 4 000 Menschen starben. Nach dem Golfkrieg von 1991 erwirkten die irakischen Kurden ein Flugverbot für irakisches Militär über dem Nordirak. Weiterhin erlangten sie eine weitgehende Autonomie im Norden und unterhielten eine eigene politische Vertretung sowie Sicherheitskräfte.

Wiederaufbau und Perspektiven

UNO, Weltbank und Internationaler Währungsfonds (IWF) veranschlagen für den Wiederaufbau des Irak (nach dem Ende des Golfkrieges 2003) immense Summen:

4 **Ausgaben in Milliarden US$**

Infrastruktur	24
Ölindustrie	8
Gesundheit, Bildung, Arbeit	7
Sicherheit, Polizei	5
Umweltschutz	3,5
Landwirtschaft, Wasserversorgung	3
Insgesamt	50,5

Zuwanderung in die Golfstaaten

Man schätzt, dass auf der Erde jährlich etwa 50 Millionen Menschen ihre Heimat verlassen. Manche tun dies freiwillig, andere werden dazu gezwungen. Sie würden gerne in ihrer Heimat bleiben, aber Not, Krieg, oder Verfolgung zwingen sie zum Auswandern oder zur Flucht. **Migration** bezeichnet den Vorgang, wenn Menschen ihre Heimat für immer oder für sehr lange Zeit verlassen, um in einem anderen Land zu leben. Meist geschieht dies mit der Hoffnung auf eine bessere Zukunft. So „wandern" Jahr für Jahr z. B. viele Menschen aus Indien und Afrika in die Golfstaaten, weil dort Arbeitskräfte sowohl in qualifizierten als auch in gering qualifizierten Bereichen benötigt werden. Die wirtschaftliche und gesellschaftliche Dimension der Migration ist enorm. Für viele Herkunftsländer sind die Geldüberweisungen der Auswanderer eine wichtige Einnahmequelle und die wichtigste Devisenquelle. Migrationsströme sind ein untrügliches Zeichen für Ungleichheiten auf der Welt.

Das Wort Migration kommt vom lateinischen Wort migrare = wandern. Vergleiche auch den englischen Begriff immigrants = Einwanderer.

Asyl stammt von griechisch „asylon" = Heim. In Deutschland haben politisch Verfolgte Asylrecht.

Material:
Schreibstift, Blatt Papier, Karten, Informationstexte.

Aufgaben:

1. *Erstelle eine Tabelle, die Herkunfts- und Zielgebiete der qualifizierten und unqualifizierten Wirtschaftsflüchtlinge gegenüberstellt.*
2. *Fertige eine Mindmap zum Thema „Migration" an.*
3. *Notiere jeweils drei Folgen, die bei starker Migration für Abwanderungsländer und Zuwanderungsländer entstehen können.*

❶ ***Indische Gastarbeiter in Abu Dhabi***

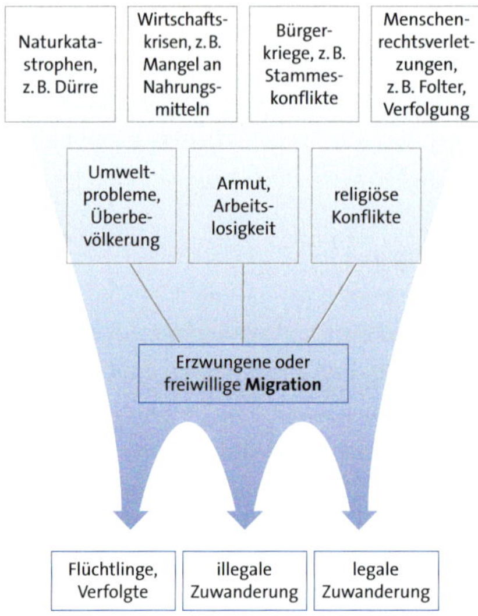

❷ ***Migration***

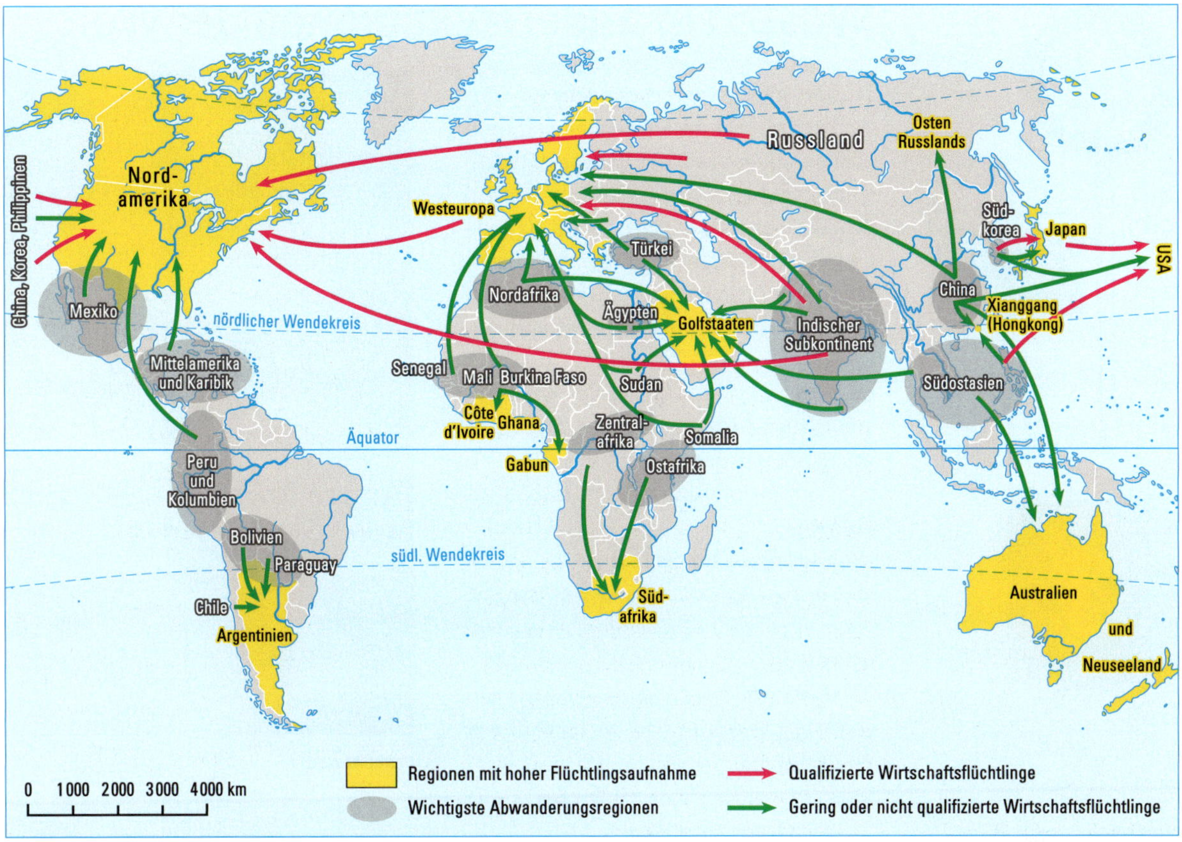

3 Wirtschaftsmigranten 1990–2003

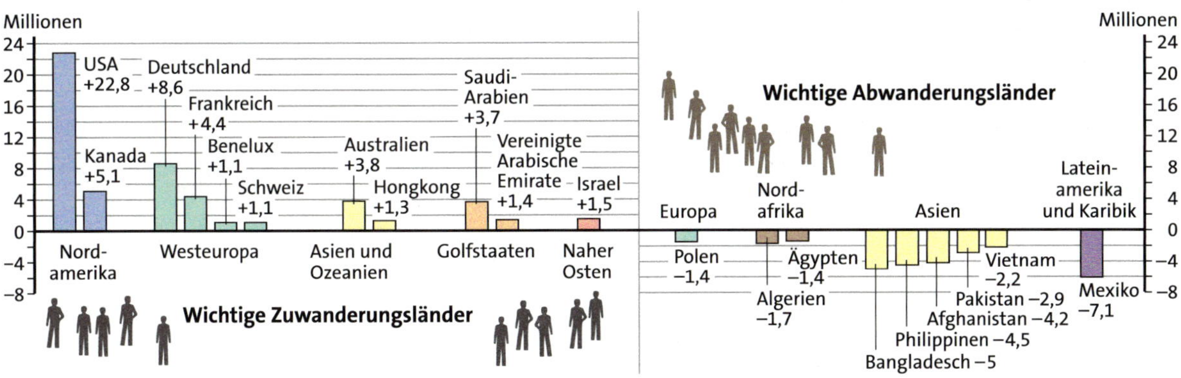

4 Wichtige Zuwanderungs-/Abwanderungsländer 1950–2000

Wüsten in anderen Regionen der Welt

Wüsten gibt es in verschiedenen Gebieten der Erde. Für die Entstehung und Form können unterschiedliche Gründe entscheidend sein. Lage, Windverhältnisse und andere Bedingungen tragen dazu bei, dass ein bestimmter Wüstentyp vorliegt. Man unterscheidet: Passat- oder **Wendekreiswüsten**, Relief- oder **Binnenwüsten**, **Küstenwüsten**.

Material:
Informationstexte, Abbildungen, Atlas, Blatt Papier, Schreib- und Zeichenstifte.

Aufgaben:

1 *Informiere dich über die Lage der auf den Fotos 2 und 3 dargestellten Wüsten im Atlas und ordne sie jeweils einem bestimmten Wüstentyp zu.*

2 *Benenne mithilfe des Atlas die in Karte 1 eingezeichneten Wüsten und kläre jeweils den Wüstentyp.*

2 *In der Atacama*

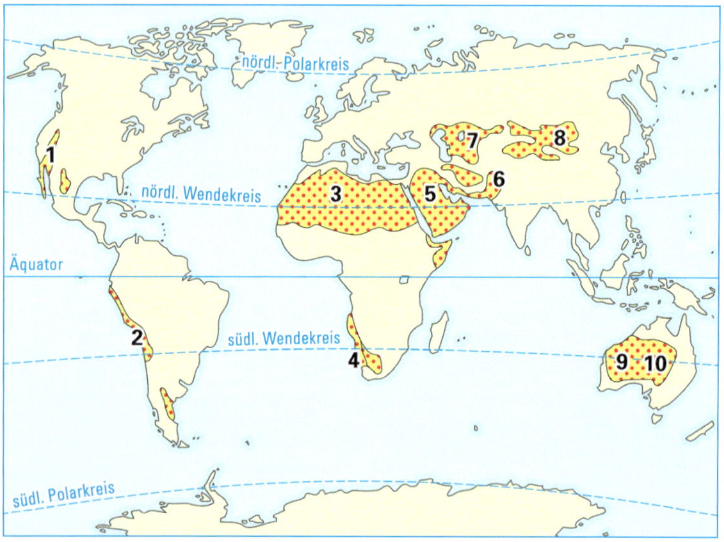

1 *Verbreitung der Wüsten*

3 *In der Gobi*

④ **Wüsten an den Wendekreisen**

Die größten Wüstengebiete der Erde liegen im Bereich der Wendekreise. Die abströmenden Winde der Passatzirkulation (vergleiche hierzu auch die Seiten 16/17) haben das ganze Jahr über in Bodennähe sonniges und trockenes Wetter zur Folge und verhindern somit die Bildung von Regenwolken. Zu diesem Wüstentyp der **Passat- und Wendekreiswüsten** gehören die Sahara, die Arabische Wüste, die Wüste Tharr und die australischen Wüsten.

⑤ **Wüsten im Innern der Kontinente**

Weit im Innern der Kontinente oder hinter hohen Gebirgsketten befinden sich ebenfalls ausgedehnte Wüstengebiete, die Relief- oder Binnenwüsten. In diesen Gebieten fällt geringer Niederschlag, weil sie in zu großer Meeresferne oder im Regenschatten von Randgebirgen liegen. Die feuchten Luftmassen werden schon vorher an Gebirgen zum Aufsteigen und durch die Abkühlung zum Abregnen gezwungen. Insbesondere im Binnenland des asiatischen Kontinents liegen ausgedehnte Wüstengebiete wie die Wüste Gobi und Takla Makan. Auch die Wüsten im Westen der USA sind Binnenwüsten. Wie die Mojave-Wüste liegen sie zwischen der Küstenkette und den Rocky Mountains. Das Tal des Todes gehört zu den heißesten Gegenden der Erde überhaupt. Dieses tiefe Tal liegt im Regenschatten der Sierra Nevada und bis zu 85 Meter unter dem Meeresspiegel. Hier wurden schon Temperaturen von über 57 °C gemessen.

⑥ **Küstenwüsten**

Wir finden an den Westküsten von Kontinenten relativ schmale Küstenstreifen, die extrem niederschlagsarm sind. Zu diesen Küstenwüsten zählen die Atacama-Wüste an der südamerikanischen Pazifikküste und die Namib an der Atlantikküste im Südwesten Afrikas.

An diesen Küsten kommt kaltes Wasser aus der Tiefe des Meeres nach oben. Die kalte Meeresströmung entlang der Küste kühlt die warmen Luftmassen ab, die in diesen Breiten absinken. Dadurch bilden sich Hochnebel, aber keine Regenwolken. Das Land an der Küste bleibt im Angesicht der Hochnebelschwaden trocken. „So nah am Wasser und doch so arm an Wasser", hatte der berühmte Forscher Alexander vom Humboldt einmal die Küstenwüste der Atacama beschrieben.

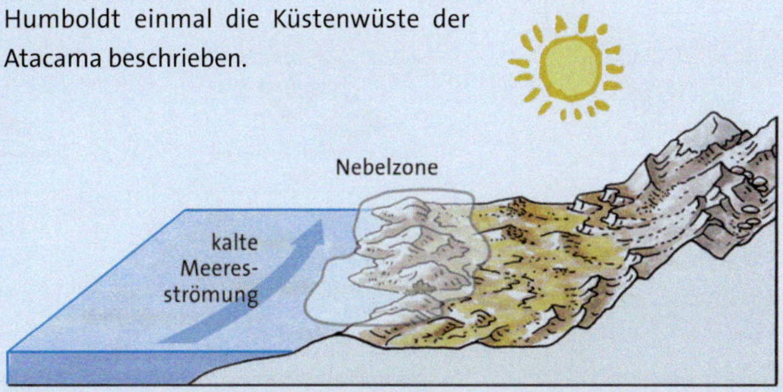

Wüstenfit?

Teste dein Wissen über die Wüsten der Erde. Tipp: Du solltest vorher bereits die Parkstation 1 bearbeitet haben und möglichst viele andere Stationen.

Material:
Spielplan

Aufgabe:

1 *Wähle die richtige Antwort und der entsprechende Pfeil weist dir die Richtung. Sammle auf deinem Weg die Großbuchstaben. Der Lösungssatz, von hinten nach vorne gelesen, zeigt dir, ob du richtig gearbeitet hast.*

Reihe 1

- Oben: – | Links: – | **Gefahr bei falscher Bewässerung** | Rechts: Bodenversalzung | Unten: Rutschungen — Pfeile: V / N; Z / E
- Oben: – | Links: Zucker | **Haupthandelsgut der Tuareg** | Rechts: Salz | Unten: Pfeffer — Pfeile: D / M; R / A
- Oben: – | Links: Orkan | **Starker, trockener Wind in der Wüste** | Rechts: Sandsturm | Unten: Hurrican — Pfeile: N / C; E / M
- Oben: – | Links: Quelloase | **Oase mit artesischem Brunnen** | Unten: Grundwasseroase — Pfeile: I / P

Reihe 2

- Oben: Dattelpalme | **Wichtige Pflanze in Oasen** | Rechts: Ölpalme | Unten: Kokospalme — Pfeile: L / G; K / Z
- Oben: Wendekreiswüste | Links: Binnenwüste | Rechts: Küstenwüste | Unten: Randwüste — Pfeile: Q / U; M / E

- Oben: Gobi | Links: Nefud | **Wüste an der Pazifikküste Südamerikas** | Rechts: Tharr | Unten: Atacama — Pfeile: M / S; N / O
- Oben: Fata Morgana | Links: Fremdlingsfluss | **Fluss, der arides Gebiet durchfließt** | Unten: Wadi — Pfeile: J / G

Reihe 3

- Pfeil: Ä | Oben: Namib | Links: Simpson-Wüste | **Wüste im Innern Asiens** | Rechts: Gobi | Unten: Große Sandwüste — Pfeile: T / A; K / A
- Oben: fossiles Wasser | Links: antikes Wasser | **Sehr altes Grundwasser** | Rechts: Kanalwasser | Unten: Schlauchwasser — Pfeile: V / Y; J / F
- Oben: Wüste Lut | Links: Kalahari | **Küstenwüste** | Rechts: Atacama | Unten: Gobi — Pfeile: E / D; S
- Oben: Libyen | Links: Tunesien | **Flussoase des Nils liegt in** | Unten: Ägypten — Pfeile: T / M

Reihe 4

- Pfeil: L | Oben: Sahara | Links: Gilawüste | **Wendekreiswüste** | Rechts: Karakum | Unten: Taklimakan — Pfeile: I / T; S
- Oben: Luft | Links: Wind | **Formende Kraft in der Wüste** | Rechts: Schlag | Unten: Stein — Pfeile: K / ?; L / T
- Links: 2. Buchstabe — Pfeile: U; O

- Oben: nival | Links: humid | **Klima in den Trockenwüsten** | Unten: arid — Pfeile: S / Z

Reihe 5

- Unten: 11. Buchstabe — Pfeile: O; ? / R
- Oben: Inder | Links: Somalier | **Volk in der Zentralsahara** | Rechts: Tuareg | Unten: Koreaner — Pfeile: N / E; S / S
- Oben: Simpson-Wüste | Links: Tharr | **Wüste in Australien** | Rechts: Namib | Unten: Mojave-Wüste — Pfeile: P / G; W / A
- Oben: Arabische Wüste | Links: Tharr | **Wüste in Turkmenistan** | Unten: Karakum — Pfeile: Ü / A

Reihe 6

- Pfeil: K | Oben: Sahara | Links: Atacuma | **Binnenwüste** | Rechts: Gobi — Pfeile: A / P
- Oben: Kaktus | Links: Trüffel | **Pflanze in Trockengebieten der USA** | Rechts: Pampus — Pfeile: F / G
- Oben: JA | Links: JA | Rechts: JA — Pfeile: E / W

- Oben: Meereswüste | Links: Küstenwüste | **Wüstentyp**

TERRAGrundwissen

Leben und Wirtschaften im Orient

Mangelfaktor Wasser

angepasste Nutzung

Nomadismus

Wanderhirten und Händler

Oasenwirtschaft

Bewässerung
(Fluss-/Quell-/Grundwasser)

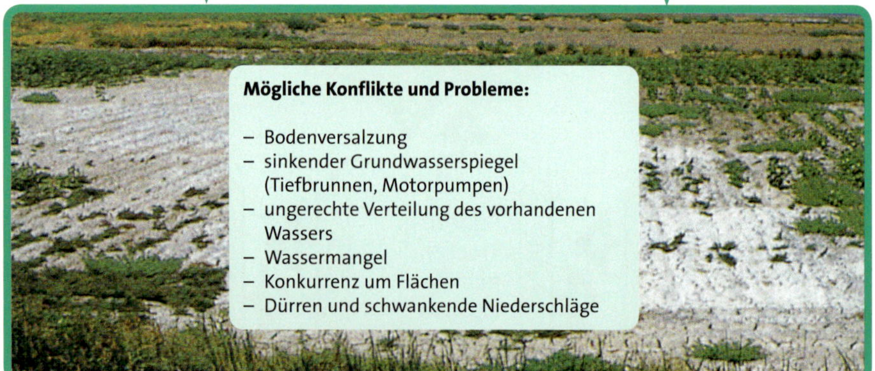

Mögliche Konflikte und Probleme:

- Bodenversalzung
- sinkender Grundwasserspiegel (Tiefbrunnen, Motorpumpen)
- ungerechte Verteilung des vorhandenen Wassers
- Wassermangel
- Konkurrenz um Flächen
- Dürren und schwankende Niederschläge

Wichtige Begriffe

Arabischer Raum
Bewässerung
Islamische Welt
Karawane
Medina
Migration
Nomadismus
Oase
Orient
Souk/Basar
Versalzung

Erdöl in der Golfregion

Ausbeutung der Ressource

- Reichtum für die Golfstaaten
- Arbeitsplätze für Fremdarbeiter

aber:
Zeitliche Begrenzung der Ölvorräte

Nachhaltige Entwicklung

- Investitionen in Tourismus
- Ausländische Investoren
- Auf-/Ausbau von Industrie

Sichere dein Grundwissen

1 *Beschreibe die Funktionsweisen der Oasenwirtschaft und des Nomadismus.*

2 *Stelle jeweils positive und negative Auswirkungen dieser beiden Nutzungsformen gegenüber.*

3 *Erläutere, warum ein verantwortungsvoller Umgang mit der Ressource Erdöl notwendig ist.*

4 *Erläutere die Ansätze, den Wohlstand der OPEC-Staaten trotz der Begrenztheit der Ressource Erdöl nachhaltig zu sichern.*

❶

1 Findest du die Begriffe?

a) *Wirtschafts- und Lebensweise, bei der die Menschen mit ihren Tieren von Weideplatz zu Weideplatz ziehen.*

b) *1945 gegründete Organisation arabischer Staaten zur Zusammenarbeit in den Bereichen Wirtschaft, Finanzen, Transport, Kultur und Gesundheitswesen.*

c) *Anbaumethode, bei der man die fehlenden Niederschläge durch Fluss- oder Grundwasser ersetzt.*

d) *Eine Gruppe von Händlern, die ihre Waren mit Tragtieren durch die Wüste transportieren.*

e) *Salzanreicherung im Boden durch unzweckmäßige Bewässerung der Ackerflächen.*

2 Künstliche Bewässerung so oder so?

Beschreibe anhand des Fotos 1 diese Bewässerungsart und erläutere die Vor- und Nachteile gegenüber anderen Bewässerungsarten.

3 Flussoase Nil

Erstelle zur Grafik 2 eine Merkskizze und ordne den Ziffern 1 bis 6 folgende Begriffe zu: Bewässerungskanäle, Motorpumpen, Oasengarten, Oasensiedlung, Wasserquelle, Wüste.

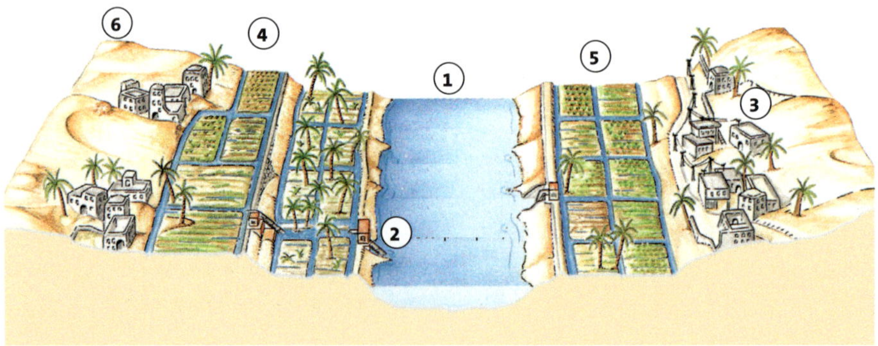

❷ ***Flussoase Nil***

3

Teste dich selbst

Kannst du die Aufgaben 1 und 3 ohne Hilfe lösen?

4 Richtig oder falsch?

Verbessere die falschen Aussagen und schreibe sie richtig auf:

- *Aus artesischen Brunnen kann Wasser nur durch den Einsatz leistungsfähiger Motorpumpen gewonnen werden.*
- *Nomadismus ist eine Form der Weidewirtschaft.*
- *Erdöl ist eine zeitlich begrenzte Ressource.*
- *Dubai gehört zu den Vereinigten Arabischen Emiraten.*

5 Wörter aus dem Arabischen

Folgende Lehnwörter aus dem Arabischen zeigen, wie viel Europa dem Arabischen Raum verdankt. Gib an, für welche Bereiche im Leben sie stehen. Erkundige dich gegebenenfalls in einem Lexikon:

Algebra, Aprikose, Damast, Kaffee, Karawane, Kuppel, Marzipan, Massage, Matratze, Mosaik, Zenit ...

6 Eine alte Legende im Orient erzählt:

„Als Allah den Menschen erschaffen hatte, blieben ihm zwei Tonklumpen übrig. Aus diesen formte er die Dattelpalme und das Kamel." Erläutere die Bedeutung dieser Aussage.

7 Ein unlösbarer Konflikt?

Israelische und palästinensische Jugendliche in deinem Alter leiden oft unter der Gewaltbereitschaft in ihren Ländern. Auf dem Foto 3 siehst du sie gemeinsam für Frieden demonstrieren.

a) Hole Erkundigungen ein über den Konflikt zwischen Israel und Palästina. Überlege dir mögliche Lösungsversuche.

b) Sicher bist auch du schon in deiner Umwelt (z. B. Schule, Freizeit) mit verschiedenen Formen von Gewalt konfrontiert worden. Beschreibe anhand von drei Beispielen unterschiedliche Ursachen und Formen von Gewalt. Entwickle hierfür passende Strategien zum Umgang mit Gewalt.

Afrika südlich der Sahara

Obwohl Afrika der zweitgrößte Kontinent der Erde ist, wissen wir doch erstaunlich wenig über ihn. Dabei hat vor allem das Afrika südlich der Sahara die Europäer schon immer fasziniert. Die folgenden Seiten sollen dir einen Einblick geben in die Vielfalt der Völker und Kulturen, die Schönheit der Landschaften, den Reichtum an Rohstoffen, die wechselhafte Geschichte und die aktuellen Probleme in diesem Erdteil.

3

Afrika scheint recht weit weg zu sein – zu weit um mal eben kurz dorthin zu fahren. Doch auch bei uns in Europa kann man den afrikanischen Kontinent erkunden, wenn man einen so genannten Eine-Welt-Laden besucht. Dort findet man zahlreiche Produkte aus afrikanischen Ländern, die Vieles über die Landschaften, die Leute und ihre Lebensweise in Afrika verraten.

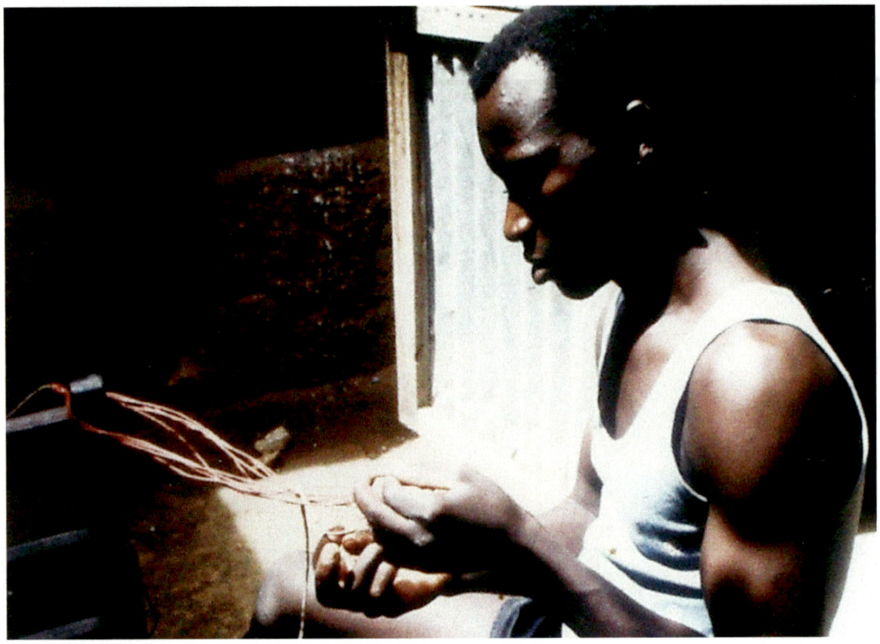

1 Herstellung von Grasschmuck für Eine-Welt-Läden in Benin

Eine themenorientierte Erkundung durchführen: Im Eine-Welt-Laden

Jede Erkundung besteht aus drei Schritten: Zuerst steht die Vorbereitung, damit man auch weiß, was man auf seiner Erkundung lernen und herausfinden will. Danach kommt die Durchführung, also die eigentliche Hauptphase; und am Schluss bedarf es einer Nachbereitung, welche die Ergebnisse der Erkundung zusammenträgt, ordnet, aufbereitet und möglicherweise präsentiert.

1. Schritt: Erkundung vorbereiten

Bestimmt zunächst das Thema der Erkundung, z. B. „Wir erkunden Afrika".
Legt danach den Erkundungsort fest, in diesem Fall also einen Eine-Welt-Laden in euerer Stadt.
Bildet anschließend Gruppen von maximal vier Mitgliedern. Jede Gruppe erkundet gemeinsam einen ausgewählten Eine-Welt-Laden.
Überlegt euch, was ihr im Laden über Afrika herausfinden wollt und macht euch dazu Notizen.

2. Schritt: Erkundung durchführen

Im Laden selbst sollt ihr detektivisch erkunden, was die ausgestellten Produkte über Afrika verraten. Untersucht die Erzeugnisse genau durch Betrachten, Befühlen, durch das Lesen der Beipackzettel und schließt daraus auf Merkmale Afrikas:
- *Was verraten sie über Rohstoffe, Landwirtschaft, Industrie, Kultur und Klima des Landes?*

Um euere Vermutungen zu überprüfen und zusätzliche Informationen einzuholen, könnt ihr bei dem Verkäufer im Laden nachfragen. Notiert euch alle Hinweise.

3. Schritt: Erkundung nachbereiten und auswerten

Stellt die Erkundungsergebnisse zusammen. Holt euch weitere Informationen ein, z. B. im Internet, in Lexika oder Fachliteratur. Gestaltet eine Präsentation, z. B. in Form einer Ausstellung.

④

② **Im Eine-Welt-Laden**

③ Was ist ein **Eine-Welt-Laden?**

Ein Eine-Welt-Laden oder auch Weltladen ist in der Regel ein ehrenamtlich betriebenes Einzelhandelsgeschäft, in welchem Erzeugnisse aus Entwicklungsländern verkauft werden. Meist kaufen die Läden ihre Produkte direkt von Selbsthilfegruppen in Entwicklungsländern. Auf diese Weise wird der Zwischenhandel ausgeschaltet und ein hoher Teil der Verkaufserlöse kommt den Produzenten oder Entwicklungsprojekten zugute. Somit hofft man diesen Ländern einen fairen Handel zu ermöglichen und sie bei der Bewältigung ihrer Probleme zu unterstützen.

Früher waren diese Geschäfte als Dritte-Welt-Läden bekannt. Sie änderten ihren Namen jedoch um zu betonen, dass die Welt nicht aus verschieden wertvollen Teilen besteht, sondern alle Menschen in einer gemeinsamen Welt leben.

1 Führt eine Erkundung in einem nahe gelegenen Eine-Welt-Laden durch. Haltet euch dabei an die hier vorgestellten Schritte.

2 Betrachtet die Fundstücke aus dem Eine-Welt-Laden auf dieser Seite. Findet heraus, was sie über Rohstoffe, Landwirtschaft, Industrie, Kultur und Klima des Landes verraten.

3 Informiert euch im Internet über Eine-Welt-Läden und den so genannten fairen Handel. Berichtet in der Klasse darüber, wie dieser Handel funktioniert.

4 Bereitet euere Ergebnisse für eine Präsentation auf. Dies kann in Form einer Wandzeitung, einer Ausstellung, einer Power-Point-Präsentation oder einer Internetseite geschehen.

⑤

⑥

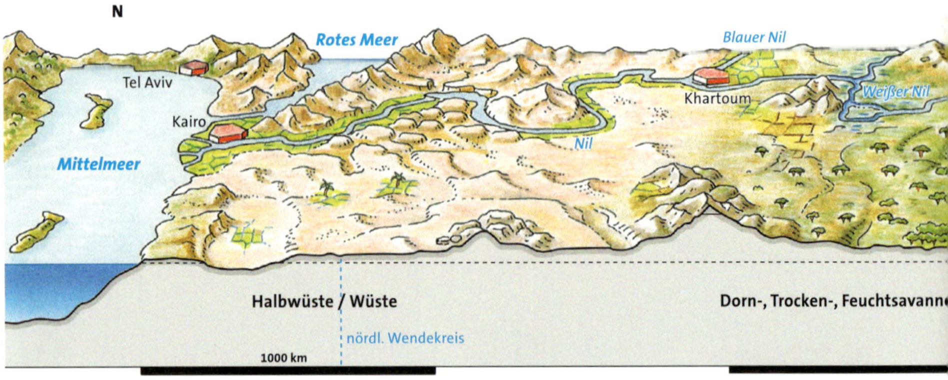

1

Der Kontinent Afrika lässt sich in zwei Teile gliedern:
Nordafrika *umfasst die afrikanischen Länder nördlich der Sahara. Das Gebiet südlich der Sahara nennt man Schwarzafrika, neuerdings auch* ***Subsahara-Afrika****.*

Afrika
- *ist der zweitgrößte Kontinent,*
- *umfasst die größte Wüste der Welt,*
- *wird vom längsten Fluss der Welt durchflossen,*
- *besitzt den längsten See der Welt,*
- *hat rund 794 Mio. Einwohner,*
- *ist politisch in 53 Staaten gegliedert.*

Orientierung in Afrika

Mit rund 30 Millionen km² ist Afrika nach Asien der zweitgrößte Kontinent der Erde. Auffallend ist seine Ausdehnung beiderseits des Äquators bis 35° nördlicher und 35° südlicher Breite. Die Klimazonen verlaufen dabei in fast idealtypischer Anordnung von den Tropen bis zu den Subtropen.
In Äquatornähe finden sich auch schneebedeckte Hochgebirge von fast 6 000 m Höhe. Mit Ausnahme des Atlasgebirges fehlen dem Kontinent jedoch große zusammenhängende Gebirgssysteme wie die Faltengebirge Europas, Asiens oder Amerikas. Das liegt daran, dass Afrika in geologischer Hinsicht sehr alt ist. Von jüngeren tektonischen Aktivitäten zeugen Vulkane und Gräben in der ostafrikanischen **Riftzone**. In ferner Zukunft wird sich Ostafrika hier vom Kontinent abtrennen.
Das Landesinnere ist eher eintönig. Es wird von weiträumigen Becken beherrscht, die von großen Strömen wie dem Kongo entwässert werden – falls die Flüsse je das Meer erreichen und nicht vorher verdunsten.

1 *Arbeite mit dem Atlas. Ordne die auf den Fotos 2–5 gezeigten Landschaften von Norden nach Süden.*
2 *Arbeite mit der Karte 6 und dem Atlas:*
a) Benenne die geographischen Objekte.
b) Benenne die Vegetationszonen in der Kartenskizze 8 richtig.

2 ***Viktoriafälle des Sambesi***

3 ***Zentralafrikanischer Graben***

4 ***Kilimandscharo***

5 ***Okavangodelta im Kalaharibecken***

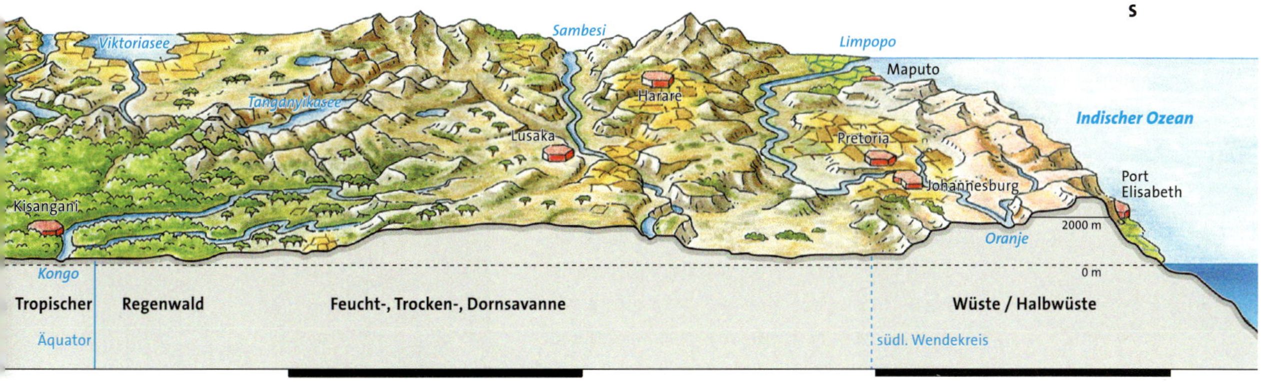

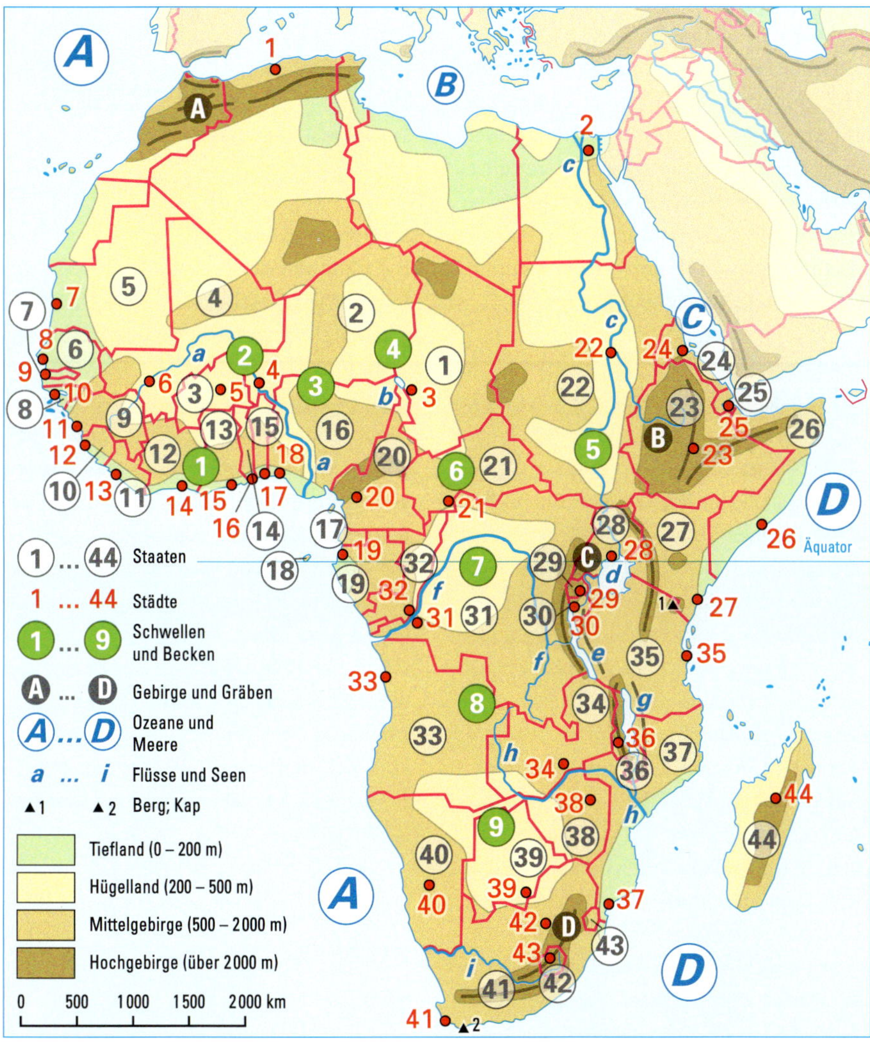

6

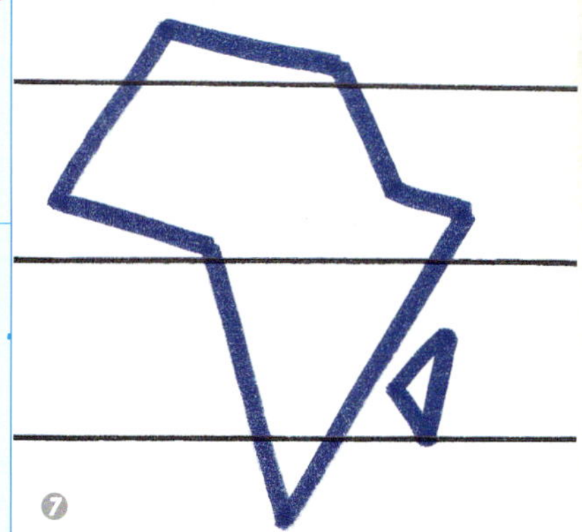
7

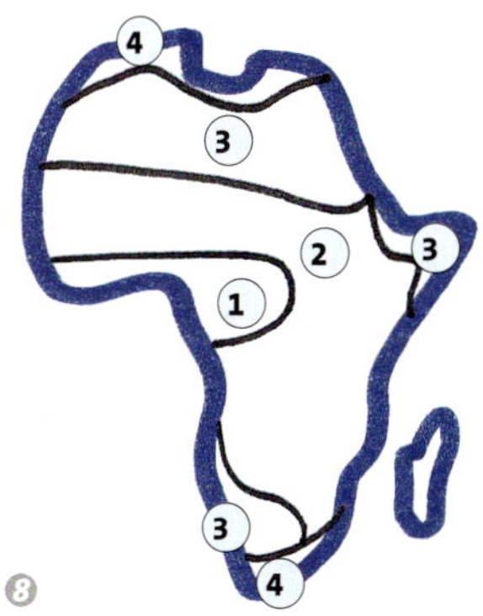
8

c) *Bestimme die Lage von Profil 1 im Gradnetz und benenne die einzelnen Landschaftseinheiten (z. B. Kongobecken).*

d) *Zeichne ein Höhenprofil durch Afrika entlang des Äquators in dein Heft. Verwende dazu die Methode von Seite 166.*

Geschichte Afrikas

Wir Europäer sprechen oft von der „Entdeckung“ des Kontinents, wenn es um die Geschichte Afrikas geht. Doch die ersten „Weißen“ entdeckten lediglich das, was den Afrikanern bereits Jahrtausende lang bekannt war. Denn Afrika gilt als die Wiege der Menschheit. Von hier aus verbreitete sich der Mensch im Laufe von fast zwei Millionen Jahren über die Erde. Dabei erlebten die Menschen dort ebenso glanzvolle Zeiten wie dunkle Kapitel in ihrer Entwicklung.
Lange Zeit bevor die Europäer den Kontinent erforschten, gab es in Afrika Königreiche und Stammesstaaten mit wohlhabenden Städten, einem hoch entwickelten Kunsthandwerk und einem regen Fernhandel von Nord- bis nach Südafrika. In allen Teilen Afrikas entstanden hoch entwickelte Kulturen, wie die Nok-Kultur im heutigen Nigeria.

1 ***Daten zur Geschichte Afrikas***

Vor rund 2 Mio. Jahren
Der Vormensch (homo erectus) entwickelt sich in Afrika.

Vor 1,75 Mio. Jahren
Erste von Menschenhand errichtete Schutzbehausung in Tansania.

Um 4000 vor Christus
Bemalte Keramik in Nubien und erste Menschen und Tierfiguren aus Ton und Elfenbein.

Um 1500 vor Christus
Zähmung von Rindern und Ziegen in Westafrika.

Um 500 vor Christus
Nok-Kultur in Nigeria
In Westafrika wird zum ersten Mal Eisen geschmolzen.

2 **Die Nok-Kultur**

Als Nok-Kultur bezeichnet man die Überreste der eisenzeitlichen Kultur im heutigen Nigeria. Sie begann etwa 500 v. Chr. und erreichte ihre Blütezeit um 300 n. Chr. Sie ist die älteste bekannte Kultur Schwarzafrikas. Die Ton-Skulpturen wurden von Hand modelliert und sind bis 1,20 Meter hoch. Bei der Zusammensetzung entstanden Tiere und Menschenköpfe mit vereinfachten Gesichtern. Die Fundstellen lassen darauf schließen, dass die Statuen Herrschern mit ins Grab gelegt wurden. Neben den typischen Tonfiguren wurden auch Gebrauchskeramiken, eiserne Messer, Pfeilspitzen und Armreifen gefunden. Dies zeigt, dass in den Dörfern Eisen geschmolzen und geschmiedet wurde. Es handelt sich um eine der ältesten Eisen verarbeitenden Kulturen der Welt. Die Menschen waren Ackerbauern und lebten in festen Siedlungen. Das Gebiet der Nok-Kultur ist auch Ausgangspunkt der Bantu-Sprachen.

nach: Ilifte, J.: Geschichte Afrikas, 2003

3 ***Skulpturen der Nok-Kultur***

Traditionelles Erbe

Die traditionelle Gesellschaftsform in Afrika ist die Dorfgesellschaft, der ein Häuptling vorsteht. In einem Dorf sind mehrere Clans vertreten, dessen Mitglieder alle vom gleichen Urahn abstammen und den gleichen Familiennamen tragen; sie dürfen untereinander nicht heiraten. Jeder Clan besteht aus mehreren Sippen oder Großfamilien, denen jeweils der Älteste vorsteht.
Die Arbeit auf den Feldern, die Ahnenverehrung und die Feierlichkeiten zu Festen erfolgen gemeinsam. Auch sorgt die Gemeinschaft für Alte und Kranke, für Kinder und deren Erziehung. In manchen Teilen Afrikas sind diese Dorf- und Familiengemeinschaften noch heute von überragender Bedeutung, da sie Versicherungen und Krankenkassen ersetzen.

Sklavenhandel

Seit der Antike hatten die Europäer mit Afrika einen blühenden Handel aufgebaut. Gehandelt wurde mit Gold, Elfenbein, Gewürzen und – mit Menschen. Afrikanische Stammesfürsten verkauften ihre Untertanen für Waren aus Europa und Übersee. Millionen von Afrikanern wurden im Landesinneren gefangen, an die Atlantikküste verschleppt und dort an europäische Händler verkauft. Diese verluden die Sklaven auf Schiffe und transportierten sie unter unmenschlichen Bedingungen über den Atlantik. In Amerika arbeiteten sie als rechtlose Arbeiter auf Zuckerrohr-, Tabak- und Baumwollplantagen. Mehrere Millionen Menschen überlebten die Überfahrt nach Amerika nicht und erlitten einen qualvollen Tod. 1802 erklärte Dänemark als erstes Land den **Sklavenhandel** für illegal. Großbritannien folgte 1807 und Brasilien erst im Jahr 1888.

Dreieckshandel

In Europa, dem Ausgangspunkt des Dreieckshandels, wurden Schiffe gebaut, um Sklaven nach Nordamerika zu transportieren. Beladen mit Tauschmitteln starteten diese nach Afrika. An den Atlantikküsten des Kontinents wurden die Handelswaren gegen die Ware Mensch eingetauscht und die Schiffe fuhren nach Amerika. Wer die strapaziöse Überfahrt überlebt hatte, wurde an die Besitzer von Bergwerken und Baumwollplantagen verkauft. Das leere Schiff wurde anschließend dazu benutzt, um Rohstoffe, wie Tabak, Baumwolle oder Zucker wieder nach Europa zu transportieren.

5 ***Sklavenkarawane***

6 ***Sklavenexporte aus Afrika***

Zeitraum	*Anzahl*
1450–1600	*367 000*
1601–1700	*1 868 000*
1701–1800	*6 133 000*
1801–1900	*3 330 000*

1 *Zeichne anhand des Textes ein Schema des Dreieckshandels.*

2 *Erkläre, warum die geschichtliche Entwicklung ein unbeschwertes Verhältnis zwischen Europäern und Afrikanern schwierig macht.*

3 *Bereitet zum Thema „Geschichte Afrikas“ eine Präsentation vor. Dies kann z. B. in Form einer Wandzeitung, einer Ausstellung oder einer Internetseite geschehen.*

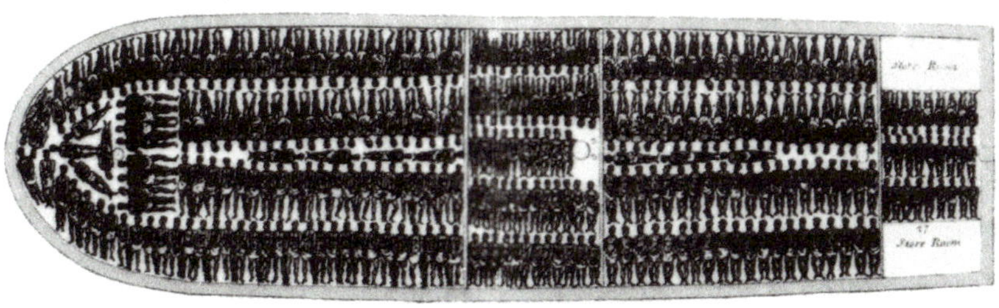

4 ***Sklavenschiff „Brookes“ um 1800 (aus einem Flugblatt, London 1808)***

Amtssprachen afrikanischer Staaten

Französisch:
Benin, Burkina Faso, Dschibuti, Elfenbeinküste, Gabun, Guinea, Kamerun, Kongo, Madagaskar*, Mali, Niger, Ruanda*, Senegal, Togo*, Tschad*, Zentralafrikanische Republik*.*
Englisch:
Botswana, Gambia, Ghana, Kamerun, Lesotho, Liberia, Malawi*, Namibia, Nigeria, Ruanda*, Sambia, Sierra Leone, Simbabwe, Südafrika*, Tansania*, Uganda*.*
Portugiesisch:
Guinea-Bissau, Mosambik.
**= neben anderen Amtssprachen*

1 ***Straßenschild in Namibia mit kolonialer Herkunft***

Afrikas koloniales Erbe

In vielen Ländern Afrikas findet man als Amtssprache nicht afrikanische, sondern auch europäische Sprachen. Oft stößt man dabei auf Englisch, Französisch oder Portugiesisch. Dies ist Teil des Erbes, das die Kolonialmächte in Afrika hinterlassen haben.
Die Europäer waren im 15./16. Jahrhundert begierig, die Kostbarkeiten Indiens nach Europa zu holen. Dazu war der weite Seeweg um Afrika zu überwinden. Um während der langen Reise Wasser und Nahrungsmittel aufnehmen zu können, wurden entlang der afrikanischen Küste Handelsstationen errichtet. Führend dabei waren die Seefahrernationen Großbritannien, Frankreich, Spanien, Portugal und die Niederlande, die erste Kolonien errichteten. Damit begann die koloniale Eroberung. Um 1800 war die gesamte afrikanische Küste in europäischem Besitz. Über das Innere des Kontinents hatten die Europäer bis dahin nur seltsame Geschichten gehört.

Im Jahr 1850 wagten sich die ersten Europäer in das Innere Afrikas vor. Dabei trafen sie auf viele Hindernisse, wie das tropische Klima, fremde Krankheiten, den dichten Regenwald oder die Wüsten. Es waren Wissensdrang der Forscher und Idealismus der Missionare sowie der Auftrag, die wirtschaftlichen und militärischen Interessen der Kolonialmächte zu vertreten, weshalb die Menschen die Mühen auf sich nahmen und oft ihr Leben opferten.

Die Aufteilung eines Kontinents

Bis 1884 teilten die europäischen Kolonialmächte Afrika vollständig unter sich auf. Die Grenzen der Kolonien wurden ohne Beachtung der Stammesgebiete festgelegt. Die Mutterländer holten wichtige Rohstoffe wie Gold, Diamanten, Kupfer oder landwirtschaftliche Produkte wie Kaffee und Kakao nach Europa. Der Abbau erfolgte durch einheimische Arbeitskräfte. Eisenbahnen und

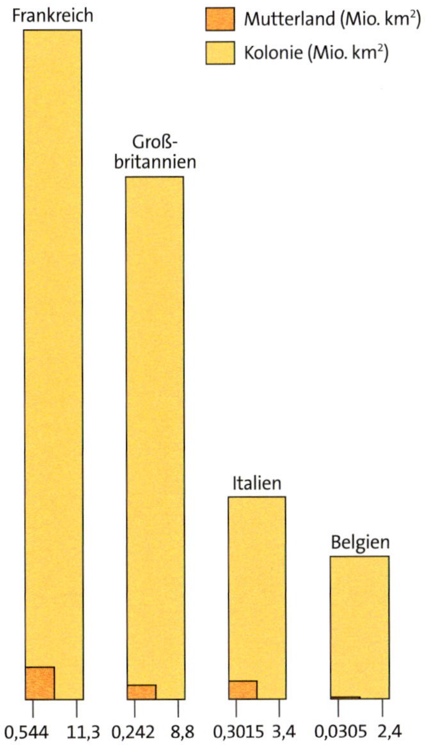

2 Größe der Mutterländer im Vergleich zu ihren Kolonien (zum Zeitpunkt der größten Ausdehnung)

3 Kolonien in Afrika 1914

Straßen baute man nur für den Transport der Rohstoffe vom Landesinneren zur Küste. Die Kolonien dienten den Mutterländern aber auch als Absatzmarkt für ihre Maschinen oder landwirtschaftlichen Geräte.

Das unabhängige Afrika

Die Ausbeutung des Kontinents durch die Kolonialmächte und das Erbe der Sklaverei brachte den Menschen Afrikas Zwangsarbeit, die Vernichtung einst blühender Kulturen und Rassendiskriminierung. Es begann sich unter den Völkern Widerstand zu regen, der seinen Ausdruck in Befreiungskriegen fand. Erst nach 1945 brach das System des **Kolonialismus** zusammen. Die afrikanischen Staaten wurden in die Unabhängigkeit entlassen. Die engen Bindungen, wirtschaftlichen Abhängigkeiten und willkürlichen Grenzziehungen blieben jedoch bis heute erhalten. Gerade durch letztere kommt es immer wieder zu blutigen Auseinandersetzungen zwischen benachbarten Staaten oder Volksgruppen.

1 *Vergleiche die Größe der Mutterländer mit der ihrer Kolonien (Diagramm 2).*

2 *Arbeite mit Karte 3 und dem Atlas:*

a) Vergleiche die Grenzen der Kolonien von 1914 mit den Grenzen der Staaten Afrikas von heute. Was fällt dabei auf?

b) Sieh Dir die heutige Grenzziehung der Staaten in Afrika genau an und untersuche, welche Grenzen „natürliche Grenzen" darstellen und welche Grenzen von den Kolonialmächten willkürlich am Reißbrett gezogen worden sind.

3 *In vielen Fällen bestehen heute noch enge Beziehungen zwischen dem Mutterland und der ehemaligen Kolonie. Suche dafür Beispiele.*

4 *Von mancher Seite wird heute gefordert, dass die ehemaligen Kolonialmächte den Menschen in den Kolonien Entschädigungen zahlen sollen. Nimm dazu Stellung.*

Entlassung in die Unabhängigkeit (Auswahl)

Vor 1960:
Ghana, Guinea, Sudan
1960:
Burkina Faso, Elfenbeinküste, Kamerun, Kongo, Mali, Mauretanien, Niger, Nigeria, Senegal, Somalia, Togo, Tschad, Zaire
Nach 1960:
Algerien, Botswana, Burundi, Kenia, Mosambik, Namibia, Ruanda, Tansania, Uganda

Surftipp

www.deutscher-kolonialismus.de

❶ ***Brandrodung***

Brandrodungswanderfeldbau

❷ ***Stadien des Brandrodungswanderfeldbaus***

Die in den tropischen Regenwäldern lebenden Menschen haben sich seit Jahrtausenden durch Jagd und das Sammeln von Früchten, aber auch durch eine den Naturgegebenheiten angepasste Form der Landnutzung versorgt. In der Nähe der Ansiedlung wird dabei mitten im Regenwald eine kleine Fläche (durchschnittlich 1 ha) gerodet, indem Buschwerk und kleinere Bäume geschlagen werden. Nur die größten Bäume bleiben stehen und können auch das anschließend gelegte Feuer überdauern. Im Schutz der verkohlten Baum- und Strauchreste werden Setzlinge in den mit Hacken bearbeiteten Boden gesteckt und Samen ausgebracht.

Die Asche und die darin enthaltenen Mineralien werden durch den Niederschlag rasch dem ansonsten sehr nährstoffarmen Boden zugeführt. Dies erlaubt dann für einige Jahre Ackerbau. Angebaut werden je nach Standort z. B. Mais, Maniok, Yams oder Bananen zur Eigenversorgung („**Subsistenzwirtschaft**“) – häufig in jährlichem **Fruchtwechsel** und **Mischkultur**, wobei Stauden die darunter wachsenden niedrigeren Pflanzen vor den kräftigen Regenfällen schützen.

Da die Ertragskraft der tropischen Böden bald erschöpft ist und auch ein großer Teil der in der Asche enthaltenen Nährstoffe durch die hohen Niederschläge rasch ausgewaschen wird, stellen sich schon nach wenigen Ernten stark sinkende Erträge ein.

Dem begegnet man dadurch, dass eine neue Fläche gerodet und wiederum für eine begrenzte Zeit genutzt wird („Wanderfeldbau“, engl. „shifting cultivation“). Alte Felder werden aufgegeben, ihre ausgelaugten Böden können sich langsam erholen. Die Brachflächen werden bald wieder von Vegetation überwachsen („Sekundärwald“), die allerdings nicht mehr die gleiche Üppigkeit wie vor der Rodung („Primärwald“) aufweist.

Nach vielen Brachejahren und zwischenzeitlichem Anbau auf mehreren anderen Feldern in Folge kann die ursprüngliche Rodungsinsel erneut vom Bewuchs befreit und ackerbaulich genutzt werden. Die Erträge werden jedoch nie mehr ganz die der ersten Nutzungs-

3 ***Brandrodungsinseln um eine Siedlung im tropischen Regenwald***

periode erreichen. Sind schließlich weite Flächen im Umkreis der Siedlung ertragsarm geworden, kann es zur Verlegung der Ansiedlung in einen bisher unberührten Teil des Waldes kommen.

Wanderfeldbau nur für Wenige?

Der **Brandrodungswanderfeldbau** konnte nur so lange als ökologisch angepasst gelten, wie die hier lebende Bevölkerung zahlenmäßig sehr gering und die zur Verfügung stehende Fläche entsprechend groß war. Nur dann konnten die notwendigen Brachezeiten lang genug gehalten werden. Dem stehen heute ein enormes Bevölkerungswachstum und die Schrumpfung und zunehmende Inbesitznahme der tropischen Wälder für andere Zwecke entgegen. Deshalb sind viele Bauern gezwungen, zu intensiverer Dauernutzung der Felder mit zum Verkauf bestimmten **Dauerkulturen** (Kakao, Kautschuk usw.) überzugehen, was jedoch die Böden äußerst einseitig belastet und rasch erschöpft und nur durch hohe Zugaben chemischer Düngemittel einigermaßen ausgeglichen werden kann.

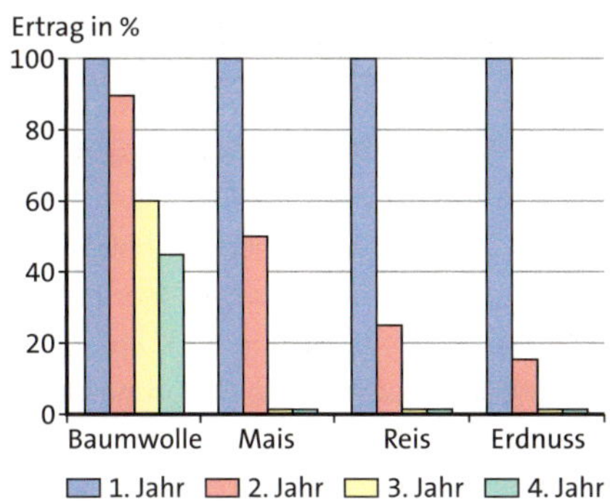

4 ***Erträge und Nutzungsdauer beim Brandrodungswanderfeldbau***

5 ***Hackbau auf gerodeter Fläche***

1 *Ordne den Buchstaben A–D in Foto 3 folgenden Begriffe zu: unberührter tropischer Regenwald / frisch gerodetes Feld / derzeit bebautes Feld / Sekundärwald.*

2 *Erläutere, warum (Brandrodungs-) Wanderfeldbau sich nicht als traditionelle Form des Ackerbaus in unseren Breiten entwickelt hat.*

3 *Nenne Gründe für den Rückgang dieser Form des Ackerbaus in den tropischen Ländern.*

① *Kamele, die Tragtiere der Karawanen, werden auch „Wüstenschiffe" genannt*

② *Wanderbewegungen der Viehhirten in Darfur (Sudan)*

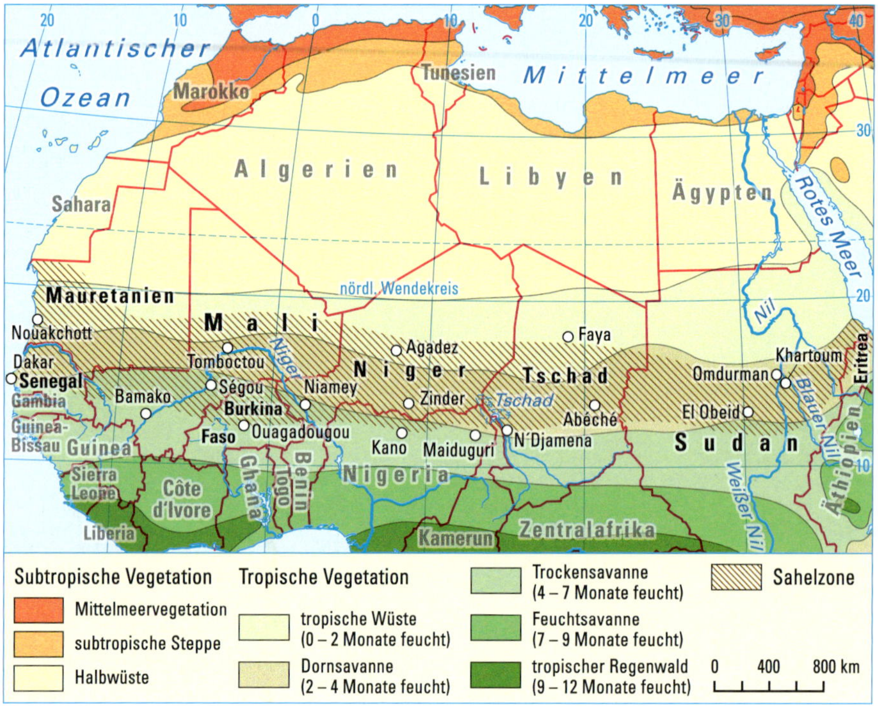

③ *Sahelzone*

Am Rand der Sahara – die Sahelzone

Die großen Ergs der Sahara werden oft als „Meere aus Sand" beschrieben. Ähnlich den Seefahrern, die nach wochenlanger Durchquerung des Ozeans Land erblickten, war es für die Karawanen eine Erlösung, nach Durchquerung der Sahara am Südrand der Wüste endlich wieder auf Vegetation und ausreichend Wasser zu treffen. Die Menschen nannten deshalb diesen Streifen, der zwischen Wüste und Trockensavanne überleitet und den afrikanischen Kontinent von Ost nach West durchzieht, „Sahel" (arabisch = Ufer). Über Jahrhunderte spielte der Sahel eine wichtige Rolle als Bindeglied zwischen den üppigen Tropenwäldern und ihren Produkten im Süden und den Städten an der nordafrikanischen Mittelmeerküste, was zur Entstehung reicher Umschlagplätze für den Karawanenhandel, wie z. B. Tomboctou oder Niamey, führte.

Natürliche Bedingungen

Die **Sahelzone** erstreckt sich über weite Teile der Dornsavanne, ist jedoch gegen Nord und Süd nicht genau abgrenzbar und in ihrer Ausdehnung starken Veränderungen unterworfen. Diese sind hauptsächlich das Ergebnis der großen jährlichen Niederschlagsschwankungen (**Niederschlagsvariabilität**) in dieser Übergangszone zwischen Wüste und Savanne mit möglichen Abweichungen von 30 %, ja bis zu 50 % von der durchschnittlichen Jahresniederschlagsmenge. Eine Reihe von niederschlagsreichen Jahren bedingt eine Verlagerung dieser Zone gegen Norden, so dass auch in den Randbereichen der Wüste Vegetation aufkommen kann; mehrere aufeinander folgende niederschlagsarme Jahre lassen diese Zone wieder deutlich nach Süden zurückweichen. Allerdings herrscht auch in feuchteren Perioden fast das ganze Jahr über Trockenheit. Die Niederschläge sind auf wenige Monate oder gar Wochen im Sommer beschränkt, wenn aufgrund des

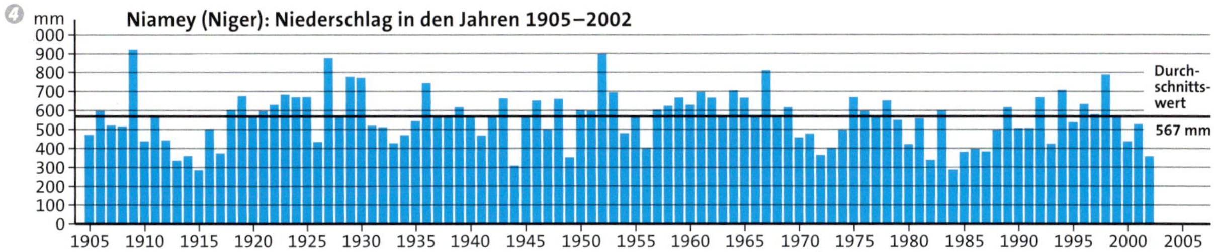

④ **Niamey (Niger): Niederschlag in den Jahren 1905–2002**

⑤ ***Viehherde in der Sahelzone***

⑥ ***Hirseanbau im Sudan***

Nordwärtswanderns der ITC feuchte Luftmassen aus den innertropischen Regionen hierher gelangen. Zudem fallen die Niederschläge oft in Form von Starkregen, wobei die Wassermengen von den ausgetrockneten Böden nicht rasch genug aufgenommen werden können und somit für kräftige Erosion und starken Abtrag des ohnehin spärlichen Bodens sorgen.

Traditionelle Nutzung

Über Jahrhunderte war der Sahel mit Ausnahme der Handelsstädte nur dünn besiedelt. Die Menschen hatten ihre Lebensweise dem empfindlichen Ökosystem dadurch angepasst, dass nur im etwas feuchteren Süden des Sahel wenig intensive Landwirtschaft zur Selbstversorgung betrieben wurde – meist Hirseanbau in **Feldwechselwirtschaft**. Im nördlichen Teil lebten hingegen Nomaden und Halbnomaden, die in feuchteren Jahren und mit Einsetzen der Regenfälle im Sommer mit ihren ebenfalls nur zur Selbstversorgung gehaltenen Rinderherden nordwärts zogen, um die hier sprießende Vegetation zu nutzen; nach Beginn der Trockenzeit wanderten sie nach Süden, wo die Tiere die abgeernteten Felder der Bauern abweideten und somit den Böden zugleich Dung zuführten.

1 *Benenne mithilfe von Karte 3 und dem Atlas die Staaten im Bereich der Sahelzone.*

2 *Erläutere die Gründe für die jahreszeitlichen Wanderungen der Hirten mit ihrem Vieh in Karte 2.*

3 *Begründe, warum die Sahelzone am südlichen Rand der Sahara, nicht jedoch an deren Nordrand ausgebildet ist.*

⑦ ***Hirse:***
Man unterscheidet Rispenhirse und Kolbenhirse (Sorghum). Die Körner werden zu Mehlbrei, Fladen und einem breiartigen Getränk (Braja) verarbeitet.
Anbaubedingungen:
25–30 °C Mindesttemperatur,
180–700 mm Niederschlag im Jahr,
90–120 Tage Wachstumszeit.

→ *Nomaden, siehe Seite 47*
→ *Erg, siehe Seite 26*

① ***Ziegen fressen junge Triebe ab***

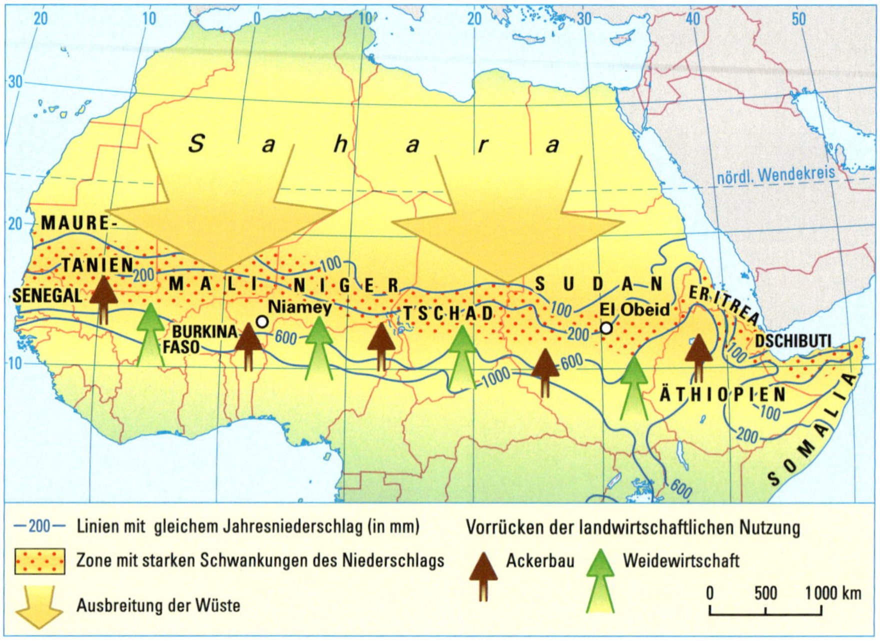

② ***Vorrücken der landwirtschaftlichen Nutzung in der Sahelzone***

Kaum zu glauben

Der durchschnittliche Verbrauch von Feuerholz einer Familie in der Sahelzone entspricht der Menge von über 50 Bäumen bzw. Sträuchern pro Jahr!

Heuschreckenschwärme, von denen der Sahel immer wieder heimgesucht wird, können rund 100 Mio. Tiere umfassen; jedes Tier vertilgt täglich sein Eigengewicht an pflanzlicher Nahrung!

Die Wüste wächst – Desertifikation

In den Jahren um 1970 tauchten in den Medien erschreckende Bilder auf, durch die die Sahelzone bald zum Inbegriff der Elends- und Katastrophenregionen auf der Erde wurde. Sie zeigten völlig ausgetrocknete, wüstenhafte Landstriche, verdurstetes Vieh und ausgemergelte, abgemagerte Menschen, die auf der Flucht in den Südsahel oder in die Städte waren – die Folge einer Reihe von Dürrejahren, die diese Region heimgesucht hatten.

Vor der Katastrophe:

Solche Dürreperioden hat es im Sahel schon früher gegeben. Wenn sich dabei die Vegetationsgrenzen weit nach Süden verlagerten, war immer wieder einmal der Verlust eines Teiles der Herden zu beklagen. Allerdings konnte wirklich katastrophalen Hungersnöten dadurch begegnet werden, dass die nomadisierenden Viehhirten mit ihren Herden weiter in Richtung Süden zogen. Die geringe Bevölkerungsdichte in der Sahelregion erlaubte ein Ausweichen in diese wenig intensiv genutzten Landstriche. Zusätzlich konnte durch Tausch einiger wertvoller Tiere gegen Hirse das Überleben gesichert werden.

Gründe für die Probleme:

Die Bilder des Elends, das die Sahelzone seit Jahrzehnten immer wieder als „Problemregion“ in die Nachrichten gebracht hat, zeigen keine klimabedingte Katastrophe, sondern die Folgen unangepassten Verhaltens des Menschen in einem derart empfindlichen Ökosystem. Hauptursache war ein enormes Bevölkerungswachstum, das die Zahl der

③ **Einwohner der Sahelstaaten (in 1 000)**

	1950	1970	1991	2003
Mauretanien	550	1 160	2 000	2 900
Senegal	2 100	3 930	7 600	10 600
Burkina Faso	3 130	5 390	9 300	13 200
Mali	3 450	5 020	8 700	11 600
Niger	2 370	4 020	7 900	12 000
Tschad	2 250	3 800	5 800	9 300

④ ***Desertifikation***

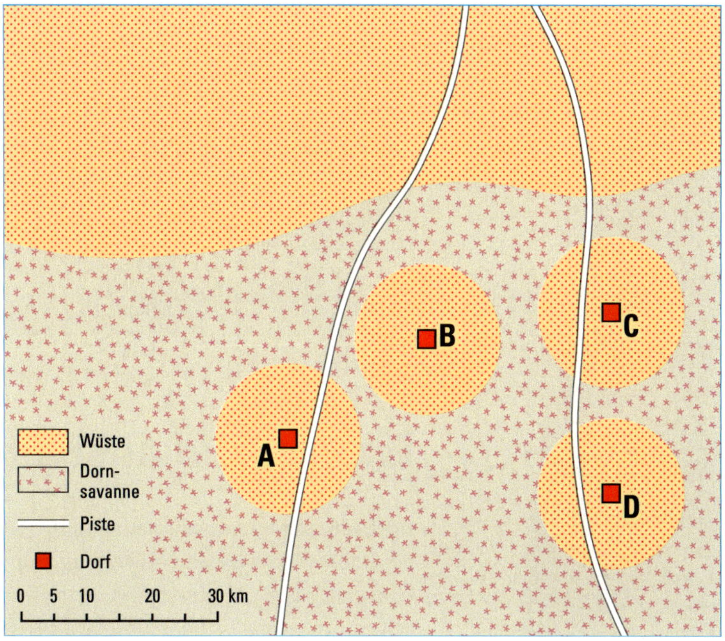

⑥ ***Brennholzringe***

Menschen in den Sahelstaaten in nur zwei Generationen auf etwa das Fünffache hatte anwachsen lassen. Da diese Menschen eine Nahrungsgrundlage benötigten, erhöhte sich auch die Zahl der Weidetiere und die Fläche des Ackerlandes nahm dramatisch zu. Hierdurch kam es zu Überweidung und Übernutzung der Ackerflächen, da die viel intensivere Nutzung keine Erholungszeiten mehr zuließ. Zudem waren die Nutzungsgrenzen im Gefolge einiger niederschlagsreicher Jahre viel zu weit nach Norden in die Wüstenrandgebiete hinein vorgeschoben worden. Um Feuerholz zum Kochen zu haben, hacken die Menschen die wenigen verbliebenen Bäume und Sträucher in der Nähe ihrer Siedlungen um. Auf Satellitenbildern kann man diese so genannten „Brennholzringe“ gut erkennen.

Anstelle der Rinder werden immer mehr anspruchslose Schafe und Ziegen gehalten, die jegliches aufkommende Grün fressen. So wandeln sich ehedem tragfähige Landstriche immer mehr zu unfruchtbaren, wüstenhaften Regionen. Die Sahara konnte sich in den letzten 50 Jahren um etwa 200 km weiter nach Süden ausweiten! Diesen Prozess, bei dem durch negative Einwirkungen des Menschen auf den Naturhaushalt fruchtbares Land verloren geht und in Wüsten umgewandelt wird, nennt man **Desertifikation** oder auch **Desertifizierung** (von lateinisch „deserta“ = Wüste, „facere“ = machen).

⑤ **Entwicklung der Tierbestände in der Sahelzone**

Staat	Schafe / Ziegen in Tsd.		Rinder in Tsd.	
	1970	2000	1970	2000
Mauretanien	7500	12700	1800	1500
Burkina Faso	4120	15500	2250	4800
Mali	10750	15000	5310	6819
Niger	8700	11400	4000	2260

1 Erläutere die Vorgänge, die zur Desertifizierung eines Landstrichs führen.

2 Arbeite mit dem Atlas:
Finde weitere Regionen auf der Erde, die ebenfalls von Desertifikationsprozessen bedroht sein könnten.

3 Überlege dir Gründe für das enorme Bevölkerungswachstum in den betroffenen Staaten.

Schon gewusst?

Desertifikation ist nicht nur ein Problem der Sahelzone.
3,6 Mrd. ha (ungefähr die dreieinhalbfache Fläche Europas) in mehr als 110 Staaten der Erde sind nach Schätzungen der UNO weltweit von Desertifikation bedroht!
So wurden in den 30er-Jahren bei einem einzigen großen Staubsturm in den Great Plains im Inneren der USA rund 350 Mio. t fruchtbaren Bodens fortgeweht; diese Menge könnte die Waggons eines Güterzugs füllen, der mehr als zweimal um die Erde reicht!

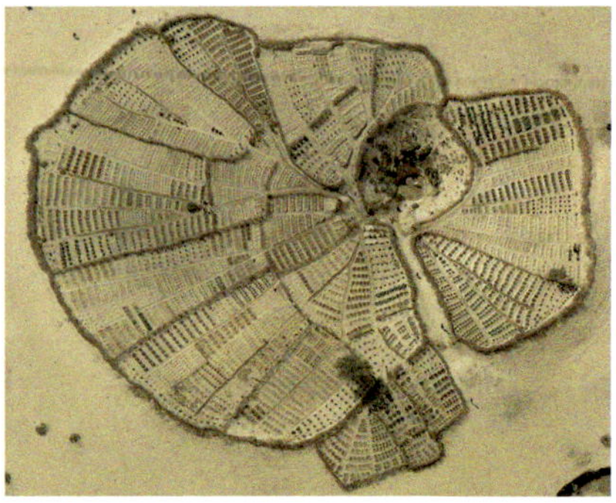
1 Oase bei Tomboctou

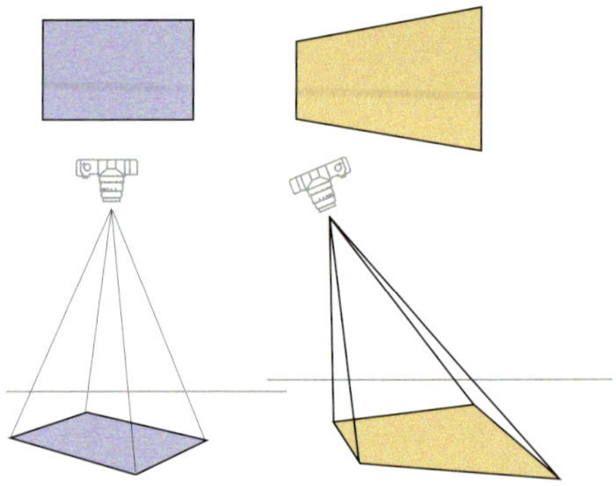
2 Senkrechtluftbild und Schrägluftbild

Luftbilder werden häufig verwendet, um eine Übersicht über einen bestimmten Landschaftsausschnitt zu geben. Durch sie werden beispielsweise Reliefformen, Siedlungsstrukturen oder der Bewuchs realistischer, aktueller und vollständiger als in einem Kartenausschnitt dargestellt. Zum „Lesen" von Luftbildern brauchst du aber eine gewisse Übung.

Ein Luftbild auswerten

Luftbilder sind fotografische Aufnahmen der Erdoberfläche von einem Flugzeug, Hubschrauber oder Ballon aus; meist sind sie aus Höhen von wenigen hundert Metern bis einigen Kilometern aufgenommen.
Wenn du Luftbildern Informationen entnehmen und z. B. in Form einer Kartenskizze umsetzen möchtest, ist ein Vorgehen nach den hier gezeigten Schritten empfehlenswert.
Die Erklärung der einzelnen im Luftbild sichtbaren Objekte oder Flächen ist aber nicht immer einfach – deshalb ist die Auswertung von Luftbildern in vielen Fällen eine „Luftbildinterpretation".

1. Schritt: Aufnahmehöhe und Maßstab feststellen
Ist das Bild aus geringer oder großer Höhe aufgenommen? Dies bestimmt den Maßstab, d. h. wie groß und detailreich einzelne Objekte zu erkennen sind.

2. Schritt: Aufnahmewinkel bestimmen
Handelt es sich um ein Senkrecht- oder ein Schrägluftbild? Letzteres bedeutet, dass Objekte im Vordergrund größer zur Darstellung kommen als im Hintergrund.

3. Schritt: Aufnahmeort bestimmen
Welche Hinweise darauf, wo die Aufnahme gemacht worden sein könnte, sind dem Bild zu entnehmen? Ist eventuell eine Bildunterschrift oder -erklärung als Hilfe vorhanden?

4. Schritt: Schwerpunkte festlegen
Was erscheint dir an dem Bild wichtig, interessant oder auffällig?

5. Schritt: Kartenskizze anfertigen
Fertige nun die Kartenskizze an, indem du wichtige Linien (z. B. Straßen oder Umrandungen) und Flächen (z. B. Felder oder Siedlungen) möglichst lagerichtig auf das Blatt überträgst. Am einfachsten ist dies bei Senkrechtaufnahmen.

6. Schritt: Legende anfertigen
Fertige eine Legende an, in der du beispielsweise die Farben erklärst, die du den einzelnen Flächen zuordnest.

1 *Bestimme die Art des Luftbildes von Foto 1. Beschreibe, was du darauf erkennst.*
2 *Schätze die Höhe, aus der Foto 1 aufgenommen wurde, im Vergleich zu der von Foto 3.*
3 *Übertrage die Kartenskizze 4 zum Luftbild 3 in dein Heft und ergänze die vorgegebene Legende.*
4 *Werte das Luftbild S. 77/3 aus, indem du ein transparentes Deckblatt darüber legst, die einzelnen durch Buchstaben gekennzeichneten Flächen durch Linien voneinander abgrenzt und ihnen verschiedene, in einer Legende erläuterte Farben zuordnest.*

③ *Oase in der Sahara*

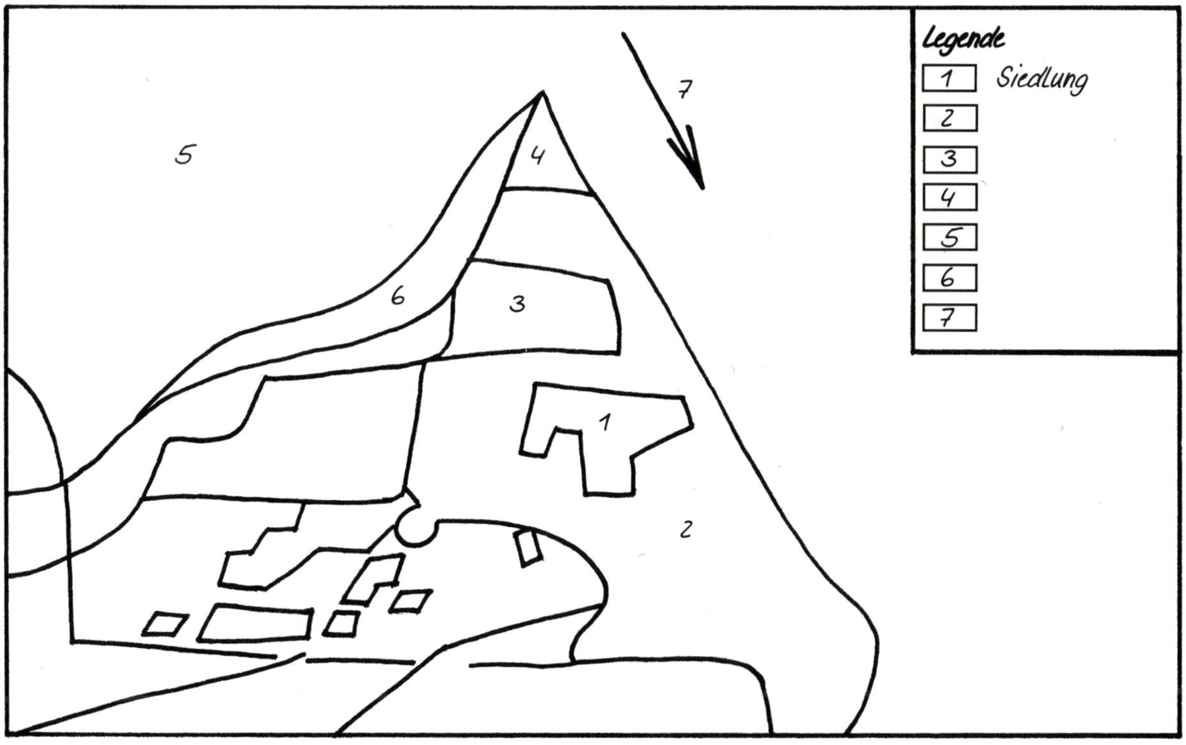

④ *Flächennutzung der Oase*

Lösungen im Kampf gegen den Hunger?

① **Brennholz sammelnde Frau mit Kind**

Jahr für Jahr sind seit der großen Dürre im Sahel in den 70er-Jahren im Durchschnitt 1,5 Mio. ha ehemals nutzbares Land von der Wüste erobert worden. Die Folgen sind immer wiederkehrende Hungersnöte und die Abwanderung der Menschen, denen die Lebensgrundlage entzogen ist, in andere Gebiete, wodurch wiederum dort der Bevölkerungsdruck noch mehr steigt. Dies führt zur Entstehung von notdürftig errichteten Flüchtlingscamps und Elendssiedlungen am Rand der größeren Städte. Durch das Fehlen der Vegetation kann keine Feuchtigkeit mehr durch Verdunstung an die Atmosphäre abgegeben und der Boden nicht mehr vor Auswehung und Erosion geschützt werden – ein Selbstverstärkungseffekt, der die ökologische Situation immer weiter verschlimmert. In den Notzeiten bekommen die Viehzüchter für ihre vom Hungertod bedrohten, abgemagerten Tiere kaum noch einen Erlös, während andererseits die Preise für Nahrungsmittel, wie etwa Hirse, aufgrund der Knappheit enorm ansteigen – was wiederum häufig zu Konflikten zwischen den einzelnen Bevölkerungsgruppen führt.

② **Desertifikation: Ausgangssituation**

③ **Maßnahmen gegen die Desertifikation**

Hilfe für die Ärmsten

Da die Länder der Sahelregion zu den ärmsten der Welt zählen, sind sie auf die Hilfe der reicheren Nationen angewiesen. Dies geschah in den ersten Jahren nach Einsetzen der großen Dürre hauptsächlich in Form von Nahrungsmittellieferungen und punktuellen Hilfsmaßnahmen, durch die die ärgste Not gelindert werden sollte. Dabei wurden jedoch in vielen Fällen die Gesamtzusammenhänge des Problems nicht genügend berücksichtigt. So kam es etwa um die Brunnen, die in der guten Absicht zu helfen finanziert worden waren und welche viele Nomaden hatten sesshaft werden lassen, zu einer übermäßigen Konzentration des Viehs. Das letzte Gras wurde abgefressen und der Boden zertrampelt – Erosion und Windverfrachtung hatten dann leichtes Spiel, den Boden vollends abzutragen.

Hilfe zur Selbsthilfe

Die gemachten Erfahrungen führten dazu, dass die Hilfsorganisationen in der Folgezeit bestrebt waren, Entwicklungshilfe nicht nur von außen in die Region zu tragen, sondern diese selbst besser für den Kampf gegen klimatische Risikofaktoren und Hunger zu wappnen. Hierzu gehören Maßnahmen zur Minderung des Bodenabtrags und zur Verbesserung des Bodenwasserhaushalts, wie etwa die Anpflanzung von Windschutzstreifen oder die Errichtung von Mauern zum Rückhalten des oberflächlich ablaufenden Wassers in Talmulden. Entscheidend ist, dass all diese Maßnahmen in erster Linie von den Betroffenen selbst mit einfachen Mitteln und ohne großen technischen Aufwand durchgeführt werden können. Ein Ziel

4

ist dabei die Reduzierung der Herden, insbesondere der Ziegen und Schafe, um neuen Bewuchs wieder hochkommen zu lassen. Darüber hinaus wird der weitgehende Ersatz von Feuerholz durch andere Brennstoffe und Energiequellen angestrebt. Alle diese Maßnahmen müssen dabei von fachkundiger Beratung und Förderung der Bildung begleitet sein. Entscheidend wird aber sein, inwieweit die betroffenen Staaten selbst ihr Hauptproblem lösen können, nämlich das rapide Wachstum der Bevölkerungszahl zu begrenzen.

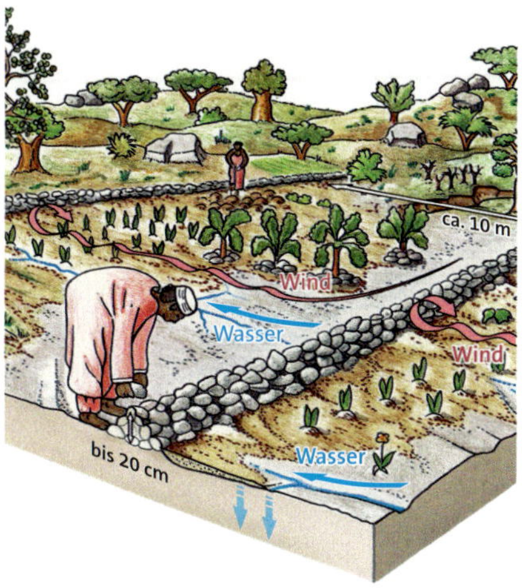

5 **Bodenwälle sollen das Eindringen des Regenwassers fördern und die Erosion durch Wind und Wasser verringern**

1 *Nenne die wichtigsten Ursachen dafür, dass die Trockenperiode der 70er-Jahre im Sahel zu einer menschlichen und ökologischen „Katastrophe“ werden konnte.*
2 *Benenne die Maßnahmen zum Bodenschutz und zur Grundwassererhaltung, die in der Grafik 3 zu erkennen sind und erläutere ihre Funktion.*
3 *Interpretiere Karikatur 4.*

Traditionelle Werte
Wie in vielen Entwicklungsländern, so herrscht bei einem großen Teil der Menschen in der Sahelregion noch die Meinung, dass das Prestige einer Familie oder eines Stammes umso höher ist, je mehr Tiere in ihrem Besitz sind.
Eine große Zahl von Kindern gilt als Vorsorge für das eigene Alter.

→ *Karikaturen auswerten, siehe Seite 136/137*

Angaben zu Niger:

(seit 1960 unabhängig, vorher französische Kolonie)

- *Bevölkerungszahl: 11,2 Mio*
- *Fläche: 1 267 000 km²*
- *Bevölkerungswachstum: 2,8 % pro Jahr*
- *Altersaufbau der Bevölkerung: 0–14 Jahre: 47,5 %*
  15–64 Jahre: 50,4 %
  ab 65 Jahre: 2,1 %
- *Volksgruppen: 7 größere*
- *Sprachen: 10 anerkannte*

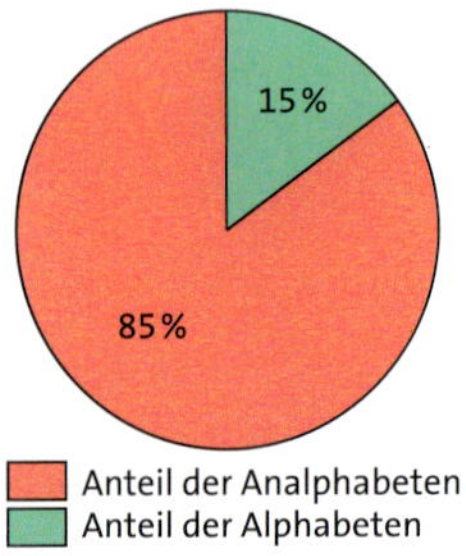

1 ***Anteil der Analphabeten an der Gesamtbevölkerung des Staates Niger***

Bundesrepublik Deutschland im Vergleich:

- *Bevölkerungszahl: 82,3 Mio*
- *Fläche: 357 000 km²*

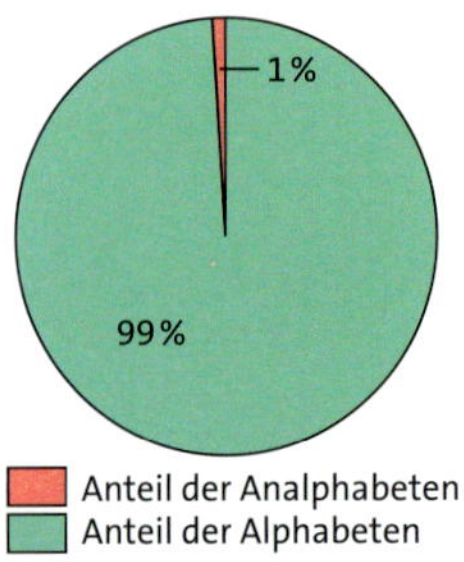

2 ***Anteil der Analphabeten an der Gesamtbevölkerung Deutschlands***

3 ***Eroug: Ein Schulstandort im Niger***

Eroug – eine Schule für Nomadenkinder

Entwicklungsproblem Analphabetismus

Wie in allen Entwicklungsländern ist auch in der Republik Niger der **Analphabetismus** weit verbreitet. Viele Menschen können weder lesen noch schreiben. Obwohl nach der Befreiung von der französischen Kolonialherrschaft im Jahre 1960 die allgemeine Schulpflicht von 6 Jahren eingeführt worden ist, besuchen auch heute nur etwa ein Viertel aller Kinder eine Schule. In den nördlichen, dünn besiedelten Gebieten des Landes, wo vor allem Nomaden leben, ist es noch nicht einmal jedes zehnte Kind.

Gründe

Die Regierung hat zu wenig Geld, um in dem riesigen Land genügend Schulen zu bauen und errichtet solche lieber in den dichter besiedelten Gebieten des Südens, wo mehr Kinder unterrichtet werden können. Dort lebt die größte und bevorzugte ethnische Gruppe des Landes, das Volk der Haussa. Es macht etwas über die Hälfte der gesamten Staatsbevölkerung aus und besitzt somit im Parlament, in der Regierung und in der Verwaltung den größten Einfluss. Trotzdem fehlt es in den Südprovinzen des Landes, besonders aber in den übrigen, entlegenen Landesteilen an Lehrern. Viele Eltern schicken ihre Kinder gar nicht in die Schule, weil sie diese als Arbeitskräfte, vor allem in der Landwirtschaft, benötigen. Daneben haben sie häufig Angst, dass ihnen ihre Kinder entfremdet werden, vor allem wenn sie ethnischen Minderheiten angehören. Der Unterricht wird nämlich in der Amtssprache Französisch erteilt, welche die Eltern häufig selbst nicht beherrschen.

Folgen

Somit fehlen überall, in Verwaltung und Wirtschaft, Fachkräfte. Sie sind aber die Grundlage für eine Entwicklung des Landes in allen Bereichen. Aber auch für die Menschen selbst ist Schulbildung die Voraussetzung für ein besseres Leben. Das starke **Bevölkerungswachstum** führt dazu, dass nicht mehr alle Menschen von der Landwirtschaft leben können. So müssen sie in andere Berufe wechseln, was ohne Kenntnis des Lesens und Schreibens oft nicht möglich ist. Somit droht ihnen Verarmung oder ein dürftiges Auskommen im informellen Sektor, z. B. als Straßenhändler. Viele junge Männer verlassen ihr Land und versuchen in der Hoffnung auf Arbeit und ein besseres Leben ins Ausland, z. B. nach Europa, zu kommen.

④ **Schulgebäude von Eroug**

Kaum zu glauben

Die Fläche der Gemeinde Gougeram, zu der Eroug gehört, ist ungefähr doppelt so groß wie die des größten bayerischen Landkreises Ansbach. Auf dem Gemeindegebiet von Gougeram leben etwa 2 500 schulpflichtige Kinder.

Es gibt aber nur drei Schulen, die insgesamt ca. 100 Schülerinnen und Schüler besuchen.

⑤ **Interview mit dem Schulgründer Mohammed Aoutchiki Kriska:**

Reporter: Herr Aoutchiki, sie haben 1998 in diesem abgelegenen Tal eine Schule gegründet. Was hat sie dazu bewogen?

Aoutchiki: Schulbildung ist schon aus praktischen Gründen wichtig. In jeder Familie sollte wenigstens eine Person unsere Amtssprache beherrschen, damit im Umgang mit Behörden und Ämtern eine Verständigung möglich ist. Sonst sind wir deren Willkür hilflos ausgeliefert. Oder denken sie daran, wenn jemand krank ist und ein Medikament braucht. Er kann ohne Französisch keinen Beipackzettel lesen und versteht nicht, wie er die Arznei anwenden soll. Auch wenn unsere Leute in die Stadt gehen, um Vieh zu verkaufen oder Dinge einzukaufen, die sie benötigen, müssen sie sich mit Menschen verständigen können, die unsere Sprache nicht verstehen. Außerdem sind fast alle Familien hier darauf angewiesen, dass wenigstens ein Mitglied Geld dazu verdient. Ohne Sprachkenntnisse ist dies aber nur sehr schwer möglich.

Reporter: Das sind einleuchtende Gründe. Trotzdem schicken viele Eltern ihre Kinder nicht zur Schule. Was hindert sie daran?

Aoutchiki: Die Eltern hängen sehr an ihren Kindern und geben sie, besonders die jüngeren, nur sehr ungern in fremde Obhut. Oder sie nehmen sie wieder mit, wenn sie mit den Herden weiterziehen. Trotzdem haben mich einige Familien beim Aufbau der Schule aktiv unterstützt.

Reporter: Auf welche Weise?

Aoutchiki: Sie haben das erste kleine Gebäude selbst errichtet und für das neue, größere, Tausende von Lehmziegeln hergestellt, das im Jahre 2002 fertig wurde.

Reporter: Für die Dachkonstruktion, die Fenster, Türen und die Schulmöbel waren aber 4 000 € nötig. Woher kam das Geld?

Aoutchiki: Nicht von unserer Regierung, sondern von einem deutschen Verein, der Entwicklungsprojekte unterstützt. Er bezahlt auch das Gehalt für den Lehrer, monatlich 115 €, und für den Koch, monatlich 55 €, schickt Schulmaterial und Kinderkleidung. Dafür sind wir sehr dankbar.

Angaben zu Eroug *(Gemeinde Gougeram):*

- *Bevölkerung: 25 Familien mit ca. 300 Menschen, die als Voll- oder Halbnomaden hier oder in der Umgebung leben. Ein Teil lebt ständig hier, um die 15 Oasengärten (insgesamt 40 ha) zu bewirtschaften.*
- *6 feste Gebäude: Alte Schule (Wohnung des Schulkochs), Neue Schule (2 Klassenzimmer), Wohnhaus des Lehrers, Schlafhaus der Schulmädchen, Sanitärgebäude der Schule (Dusche, Toilette), Vorratsschuppen der Agrarkooperative.*

1 *Berechne die absolute Zahl der Analphabeten in Deutschland und in der Republik Niger.*

2 *Liste die Ursachen von Analphabetismus in Stichworten auf.*

3 *Erläutere die negativen Folgen des Analphabetismus.*

4 *Fasse die wesentlichen Aussagen des Interviews 5 mit eigenen Worten zusammen.*

→ *informeller Sektor, siehe Seite 125*

⑥ ***Schulklasse aus Eroug 2004 mit Schulgründer (links) und Lehrer (rechts)***

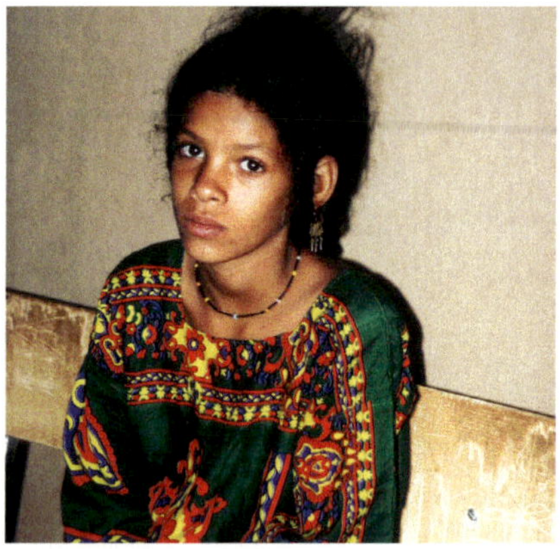

⑨ ***Schülerin Rakia Gousmane (12)***

⑦ ***Arali Attefock: Lehrer der Schule in Eroug***

Berufswünsche einiger Schüler und Schülerinnen aus der Oberklasse:

- *Krankenschwester*
- *Ärztin*
- *Pilot*
- *Tierarzt*
- *Agraringenieur*
- *Wasserbauingenieur*
- *Brunnenbauer*
- *Automechaniker*
- *Polizeioffizier*
- *Nomade*

⑧ **Brief einer Schülerin aus Eroug an ihre französische Brieffreundin:**

Eroug, 1. Dezember 2004

Liebe Marie,

vielen Dank für Deinen letzten Brief, den mir unser Lehrer vom Postamt in Arlit mitgebracht hat. Ich selbst komme höchstens ein Mal im Jahr mit meinem Vater dorthin und dann sind wir drei Tage mit dem Kamel unterwegs.

Unser Schuljahr hat in diesem Jahr erst verspätet begonnen, weil die Heuschrecken in unserer Gegend während und nach der Regenzeit im August und September die Gärten und Weiden kahl gefressen hatten. So sind viele Leute, auch meine Eltern, mit den Tieren in andere Gegenden gezogen, wo es noch Futter gibt. In den Gärten musste Gemüse und Hirse neu angepflanzt werden. Es dauert aber noch einige Wochen, bis geerntet werden kann. Gott sei Dank haben unsere deutschen Freunde Geld geschickt, wovon auf dem Markt in Agadez Lebensmittel eingekauft werden konnten, die uns ein Lkw gebracht hat. Das war eine Freude, wie Du Dir vorstellen kannst! Jetzt kann unser Koch wieder jeden Tag für uns drei Mahlzeiten zubereiten. Mit leerem Magen lässt sich schlecht lernen.

Ich bin sehr traurig, weil meine Ziege gestorben ist, von der ich jeden Tag die gesunde und köstliche Milch bekam. Aber meine Eltern werden mir sicher eine neue schenken, wenn sie mit meinen drei Geschwistern zurückkommen, sobald hier das Gras wieder etwas nachgewachsen ist. Du kannst Dir denken, wie sehr ich mich darauf freue.

An unserer Schule ist es ruhiger geworden, weil die Oberklasse vor dem Schulinspektor in Arlit die Abschlussprüfung abgelegt hat. Stell Dir vor, von 11 haben sieben so gut bestanden, dass sie jetzt auf die Sekundarschule in Arlit gehen dürfen. Bestehen sie in zwei Jahren das Baccalaureat, dürfen sie sogar studieren! Aber die wenigsten Eltern werden sich das leisten können.

Ich will später Krankenschwester werden um meinen Leuten helfen zu können, denn der nächste Arzt wohnt 80 km entfernt von uns. Das Krankenhaus ist noch weiter weg, 120 km!

Es ist auch etwas Lustiges passiert: Mein großer Bruder Moussa, der der zweitbeste in der Klasse war, hatte eine Riesenangst vor der Prüfung, weil er noch nie in einer Stadt war. Als seine Kameraden mit dem Pickup von Herrn Aoutchiki abfahren sollten, ist er mit seinem Kamel in der Wüste verschwunden und erst nach einer Woche wieder aufgetaucht. Er will Nomade bleiben. Meine Eltern sind ganz froh darüber. So haben sie eine Hilfe, wenn sie älter werden, denn mein Bruder kann sehr gut mit Tieren umgehen, besonders mit Kamelen. Ansonsten kann ich Dir nicht viel Neues berichten. Wir sit-

⑩ ***Arbeit im Schulgarten***

⑪ ***Der Schulgarten***

zen jeden Tag sechs Stunden in der Schule. Abends müssen wir Mädchen noch die Ziegen melken, die uns die Eltern statt Schulgeld mitgeben müssen. Dafür arbeiten die Jungen täglich eine Stunde im Schulgarten. Von der Milch und dem Gemüse aus dem Garten leben wir zum Teil.

Bald kommen die kalten Monate Dezember und Januar, in denen wir nachts manchmal Frost bekommen. Wir Mädchen frieren dann in unserem Schlafhaus nicht so wie die Buben, die im Hof des Lehrers im Freien übernachten. Am Morgen stehen wir dann gerne auf, wie Du Dir vorstellen kannst.

Unser Lehrer ist zwar streng, aber er bringt uns viel bei. Schwierig war es für mich, nach drei Monaten Ferien in der Schule fast nur Französisch sprechen und schreiben zu müssen. Denn unsere Schrift, die mich meine Mutter gelehrt hat, besteht aus ganz anderen Buchstaben. Aber Französisch brauche ich für meine spätere Ausbildung und ich kann mich verständigen, wenn ich Dich besuche. Deine Eltern haben mich eingeladen, vielleicht klappt es irgendwann in den Sommerferien. Ich bringe Dir auch die versprochene Wüstenrose mit! Bis dahin warte ich erst einmal gespannt auf Deinen nächsten Brief.

Ganz liebe Grüße an Dich und Deine Familie von Deiner Freundin
Rakia Gousmane

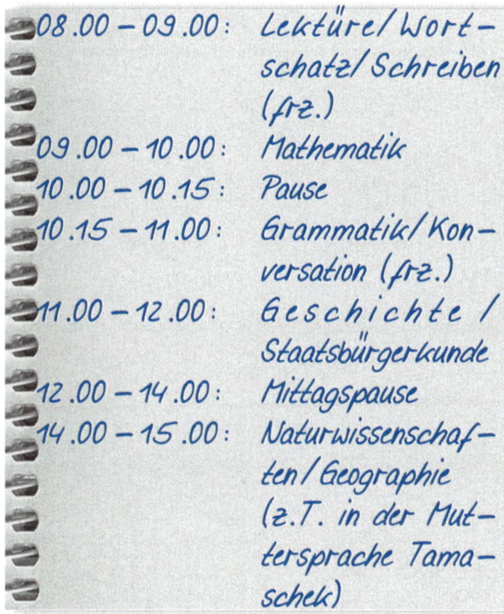

08.00 – 09.00:	Lektüre/Wortschatz/Schreiben (frz.)
09.00 – 10.00:	Mathematik
10.00 – 10.15:	Pause
10.15 – 11.00:	Grammatik/Konversation (frz.)
11.00 – 12.00:	Geschichte / Staatsbürgerkunde
12.00 – 14.00:	Mittagspause
14.00 – 15.00:	Naturwissenschaften/Geographie (z.T. in der Muttersprache Tamaschek)

⑫ ***Stundenplan der Abschlussklasse am Montag***

⑬ ***Im Unterricht***

5 Vergleiche den Stundenplan von Eroug mit deinem eigenen. Stelle Unterschiede und Gemeinsamkeiten fest.

6 Erkläre mithilfe ausgewählter Atlaskarten, warum es im Norden von Niger so schwierig ist, ein funktionierendes Schulsystem aufzubauen. Als Hilfe: Eroug liegt auf 19 °N/8 °O.

7 Begründe die These: „Bildung ist ein Schlüssel für Entwicklung“.

8 Erläutere, warum die Schule in Eroug als Internat betrieben werden muss.

⑭ ***Wüstenrose***

Surftipp
www.tuaregev.de

__Wichtige Begriffe__

Analphabetismus
Brandrodungswanderfeldbau
Dauerkultur
Desertifikation
Feldwechselwirtschaft
Kolonialismus
Niederschlagsvariabilität
Sahelzone
Subsistenzwirtschaft

Pflanzenwelt

- immergrün
- Artenvielfalt
- Stockwerkbau
- Genreservoir

Boden

- Nährstoffe rasch erschöpft
- kurzgeschlossener Kreislauf
- tiefgründig verwittert
- erosionsanfällig

einzigartiges, verletzliches Ökosystem

Traditionelle / angepasste Nutzung

- Jagen und Sammeln
- Brandrodungswanderfeldbau (shifting cultivation)

Bedrohung und Zerstörung

- Nutzungsintensivierung durch stark anwachsende Bevölkerung
- Bodenverschlechterung durch Anbau von Dauerkulturen
- Bodenerosion durch fehlenden Pflanzenbewuchs

1

Sichere dein Grundwissen

1 *Zeige auf, worin sich der tropische Regenwald von unseren heimischen Wäldern unterscheidet.*

2 *Gib in einigen Sätzen die Entwicklungen wieder, die zur heutigen intensiven Gefährdung der tropischen Regenwälder geführt haben.*

Pflanzenwelt

wenige Arten,
Anpassung an lange Trockenperioden

Klimatische Bedingungen

geringe, unregelmäßige
z. T. längere Zeit ausbleibende Niederschläge

Sehr empfindliches Ökosystem

N
Wüste
↓↑
Savanne
S

Traditionelle Nutzung
Nomadismus (nördl. Teil)
Feldwechselwirtschaft (südl. Teil)

Starke Bevölkerungszunahme,
Überweidung

Serie von Dürrejahren

Prozess der **„Desertifikation“**
Folge: Sahel eine der Hungerregionen der Erde
Notwendigkeit angepasster Entwicklungshilfe („Hilfe zur Selbsthilfe“)

❷

3 Erkläre, warum die Sahelzone ein sehr empfindliches Ökosystem ist.

4 Erläutere, welche Rolle jeweils die natürlichen Faktoren und der Einfluss des Menschen bei der Desertifikation im Sahel spielen.

5 Erörtere, welche Art von Entwicklungshilfe für die Sahelzone am besten geeignet erscheint.

1 Hier hilft dir dein Atlas

- *Der Kontinent Afrika ist besonders gut geeignet, die Abfolge der Vegetationszonen in den Tropen zu erklären. Erläutere, warum dies so ist.*
- *Nenne Beispiele für Flüsse in Afrika, die keine Verbindung zum Meer haben. Wie ist das zu erklären?*
- *Nenne 10 größere Küstenstaaten und 10 größere Binnenstaaten in Afrika.*
- *An den Namen von Städten oder Bergen im südlichen Afrika kann man zum Teil heute noch erkennen, welche Kolonialmacht dort jeweils vertreten war. Nenne Beispiele.*

2 Richtig oder falsch?

Verbessere die falschen Aussagen und schreibe sie richtig auf.

a) Die Grenzen der afrikanischen Staaten folgen denen der alten Stammesgebiete.

b) Deutschland hatte vor dem 1. Weltkrieg Kolonien im südlichen Afrika in Besitz genommen.

c) Mit „Sahelzone" bezeichnet man den Übergangssaum zwischen Feucht- und Trockensavanne.

d) Die „Riftzone" in Ostafrika beweist, dass hier tektonische Platten aufeinander treffen.

e) Die Böden der tropischen Regenwälder sind dauerhaft fruchtbar.

f) „Desertifkation" ist ein nur für Afrika typischer Prozess.

g) Die afrikanischen Kulturen sind deutlich jünger als die europäischen.

h) Der traditionelle Brandrodungswanderfeldbau dient in erster Linie der Subsistenzwirtschaft.

i) „Shifting cultivation" bedeutet eine Form der Weidewirtschaft, bei der nach einigen Jahren ein Flächenwechsel vorgenommen wird.

3 *Hole Erkundigungen über ein Land des südlichen Afrika ein (Literatur, Internet, ...) und vergleiche deinen Alltag mit dem dort lebender Gleichaltriger.*

4 Welcher Begriff passt nicht? Begründe

(arbeite auch mit dem Atlas)

a) Maniok – Bananen – Hirse – Yams

b) Angola – Zimbabwe – Libyen – Kenia

c) Kongo – Sambesi – Oranje – Kalahari

d) shifting cultivation – Sekundärwald – Dauerfeldbau – Rodung

e) Exposition – Bevölkerungsexplosion – Desertifikation – Erosion

f) Madagaskar – Seychellen – Kanaren – Komoren

g) Kalahari – Namib – Sahara – Kongobecken

1

2

5 Vergleiche die Fotos 1 und 2

a) Entscheide, welche Anbauform jeweils dargestellt ist.

b) Vergleiche Vor- und Nachteile der beiden Anbauformen, indem du eine Tabelle nach folgendem Muster anfertigst.

Anbauform	Vorteile	Nachteile
... ...		

6 Schematische Darstellung des Desertifikationsproblems

Das folgende Schema enthält leere Kästen mit Ziffern, denen Du die Einträge aus der untenstehenden Liste möglichst sinnvoll zuordnen sollst.

(Vorsicht – es sind auch vier falsche Möglichkeiten angegeben!)

Übertrage das fertige, ausgefüllte Schema in dein Heft.

a) Brandrodung zur Schaffung von Ackerflächen
b) Druck auf das Ökosystem
c) Ausweitung des Weidelands
d) Vergrößerung des Viehbestands
e) zunehmende Motorisierung
f) Aufgabe der Wanderungen mit dem Vieh und Konzentration um Wasserstellen
g) Starkregenfälle
h) Zahlung staatlicher Fördergelder
i) jahreszeitliche Trockenphasen
j) hohe Niederschlagsvariabilität mit Dürreperioden
k) Übermäßige Entnahme der spärlichen Holzvorräte
l) empfindliches Ökosystem
m) spärlicher, schütterer Pflanzenbewuchs
n) Geburtenkontrolle
o) erosionsanfällige Böden
p) Ausweitung des Ackerlandes

Teste dich selbst
Kannst du die Aufgaben 2 und 4 ohne Hilfe lösen?

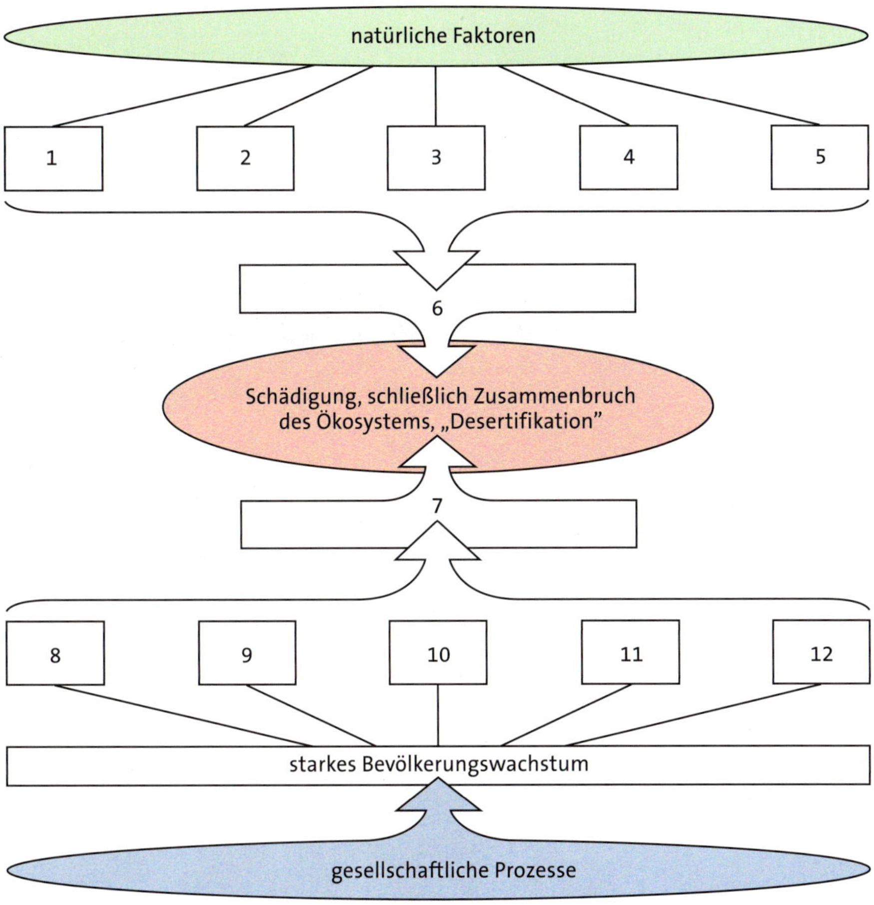

Mittelamerika und Südamerika

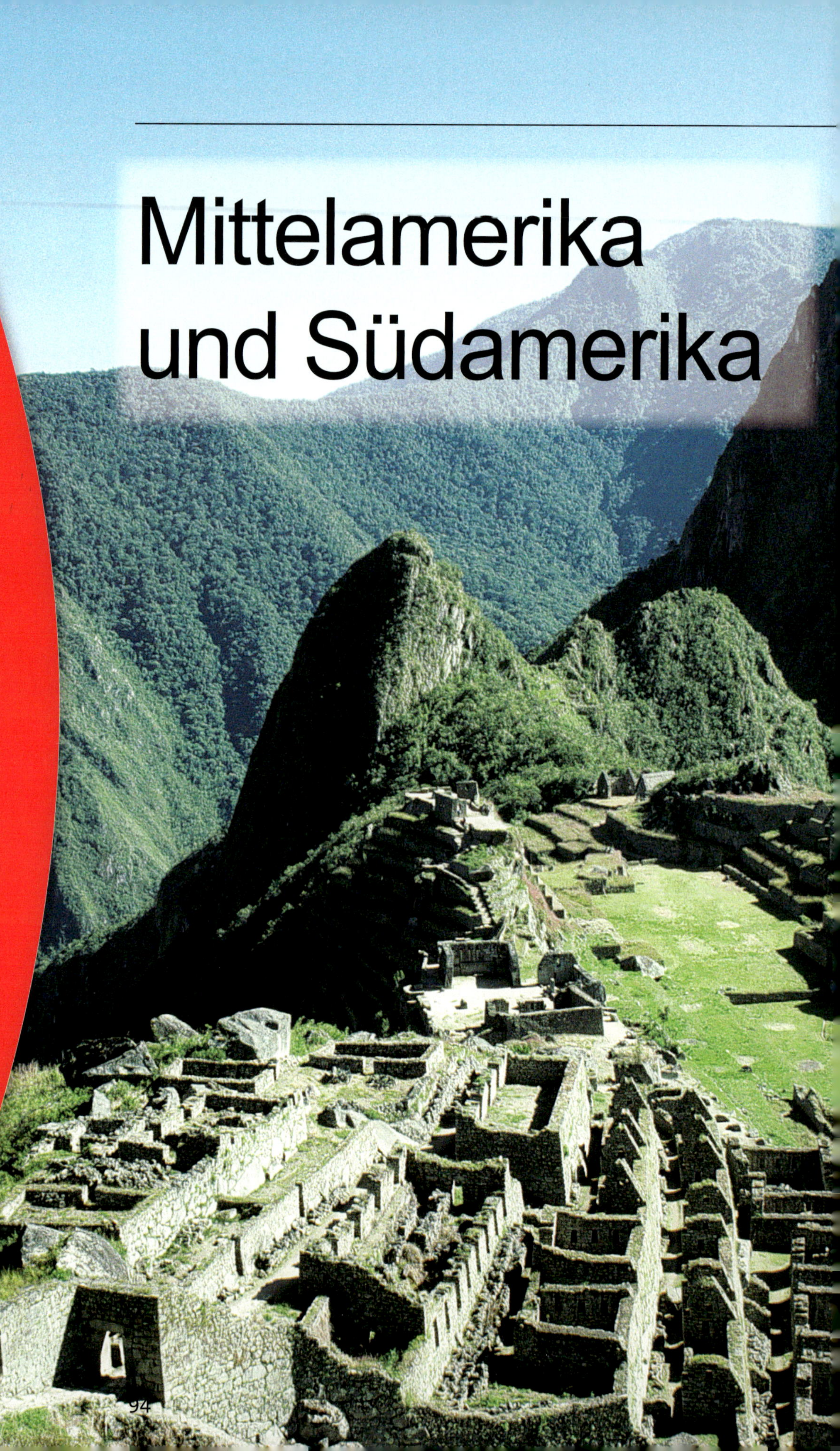

Süd- und Mittelamerika sowie die Karibik waren interessante Räume sowohl für europäische Eroberer als auch später für bedeutende Naturwissenschaftler.
Heute ist der Raum von weltweiter Bedeutung: die tropischen Regenwälder, Lebensraum indianischer Ureinwohner und wichtige Ökosysteme, werden immer weiter erschlossen. Die Industrie braucht Rohstoffe sowie Energie und die stetig wachsenden Metropolen können die Bevölkerungsmassen nicht mehr aufnehmen.
Umweltzerstörung oder nachhaltige Nutzung?
Wie sieht die Zukunft aus?

4

Mittelamerika und Südamerika

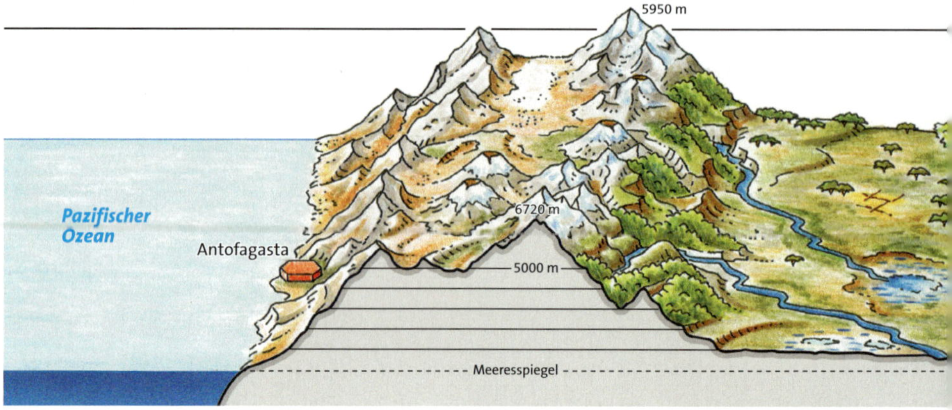

1

Lateinamerika (Iberoamerika) umfasst die spanisch und portugiesisch sprechenden Länder Mittel- und Südamerikas und der Karibik.

Mittelamerika
- *verbindet die Kontinente Nord- und Südamerika*
- *hat rund 143 Mio. Ew.*
- *umfasst 8 Staaten*

Karibische Inseln
- *haben rund 38 Mio. Ew.*
- *umfassen 13 Staaten*

Südamerika
- *ist der viertgrößte Kontinent*
- *besitzt das längste Hochgebirge der Erde und das wasserreichste Flusssystem*
- *ist der Kontinent mit dem größten Flächenanteil am tropischen Regenwald*
- *hat rund 360 Mio. Ew.*
- *umfasst 13 Staaten*

Orientierung in Lateinamerika

Die trichterförmige Landbrücke **Mittelamerikas** wird vom Hochland von Mexiko geprägt. Eine Reihe von Vulkanen erstreckt sich entlang der Westküste. Mittelamerika liegt auf einem sehr instabilen Teil der Erdkruste und wird immer wieder von Erdbeben und Vulkanausbrüchen heimgesucht.

Die Inselkette der Antillen umgreift die tropische **Karibik**. Die Kleinen Antillen sind ebenfalls vulkanischen Ursprungs und somit Ergebnis der plattentektonischer Bewegungen dieser Region.

Der von Norden nach Süden spitz zulaufende Kontinent **Südamerika** erstreckt sich von der Karibik zum Kap Hoorn, das nur noch 800 km von der Antarktis entfernt liegt. Der Kontinent bedeckt beinahe ein Siebtel der Landoberfläche der Erde. Südamerikas Landschaften zeichnen sich durch eine eindrucksvolle Vielfalt aus.

1 *Arbeite mit den Kartenskizzen 7 und 8.*
  a) Präge dir die Grobform und Lage Südamerikas ein.
  b) Übertrage die Merkkarte 7 in dein Heft und fertige eine Legende an.

2 *Arbeite mit Profil 1, Karte 6 und Atlas.*
  a) Benenne die mit Buchstaben und Zahlen gekennzeichneten topografischen Objekte.
  b) Bestimme die Lage von Profil 1 im Gradnetz und benenne die einzelnen Landschaftseinheiten, die im Profil abgebildet werden.

2 ***In der Karibik***

3 ***Amazonastiefland***

4 ***Pampa in Argentinien***

5 ***Höhenwüste im Grenzgebiet Bolivien – Chile***

Asunción
São Paulo
Rio de Janeiro
Atlantischer Ozean

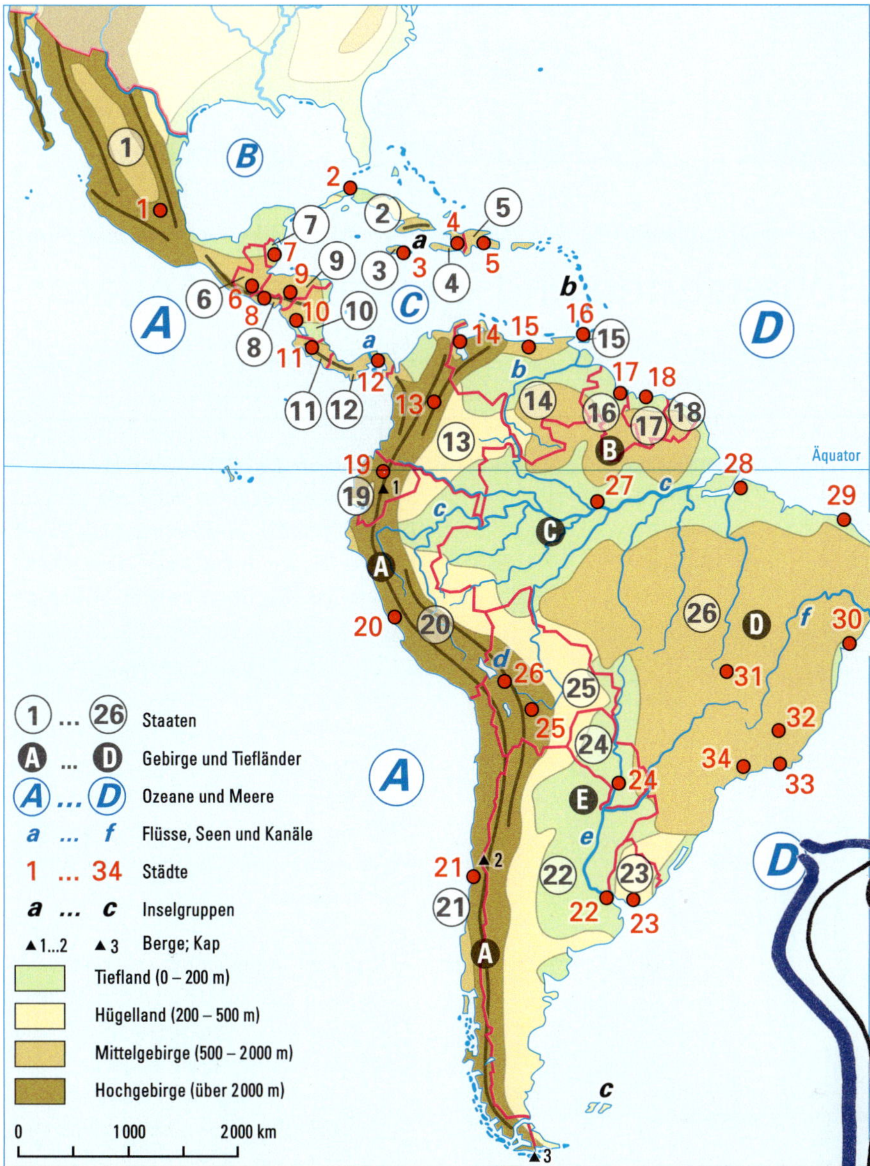
Äquator
1 … 26 Staaten
A … D Gebirge und Tiefländer
A … D Ozeane und Meere
a … f Flüsse, Seen und Kanäle
1 … 34 Städte
a … c Inselgruppen
▲1…2 ▲3 Berge; Kap
Tiefland (0 – 200 m)
Hügelland (200 – 500 m)
Mittelgebirge (500 – 2000 m)
Hochgebirge (über 2000 m)
0 1000 2000 km

6

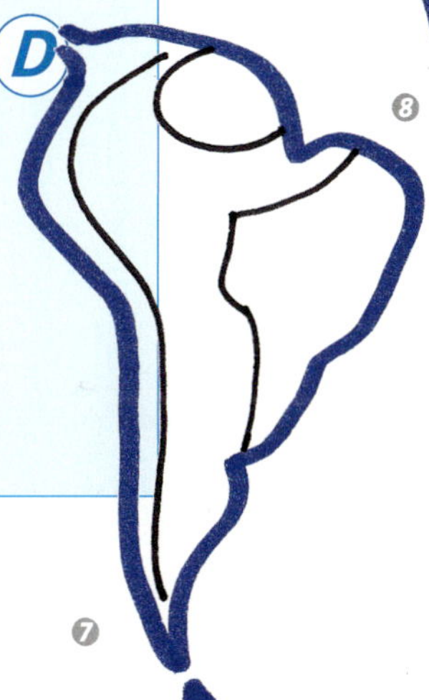

7

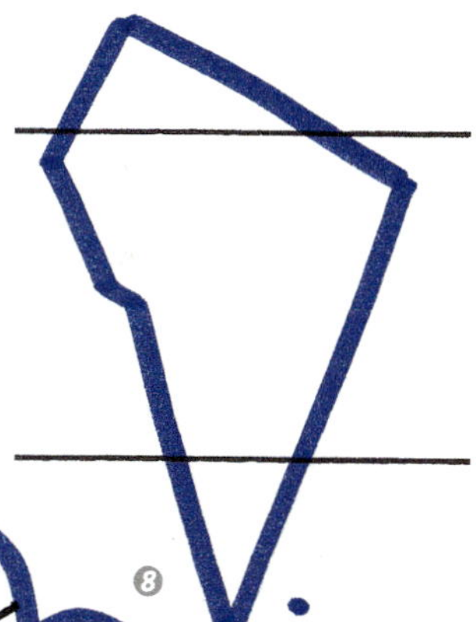

8

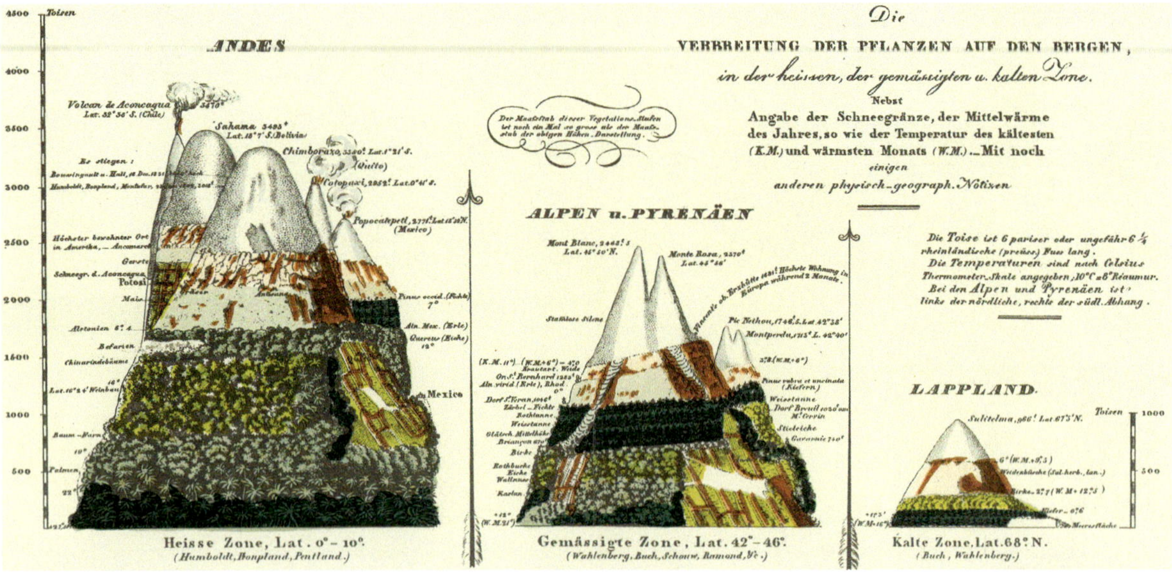

1 ***1801 erforschte der deutsche Naturforscher Alexander von Humboldt die Höhenstufen und -grenzen der Vegetation (aus dem Berghaus-Atlas)***

Höhenstufen und -grenzen am Äquator

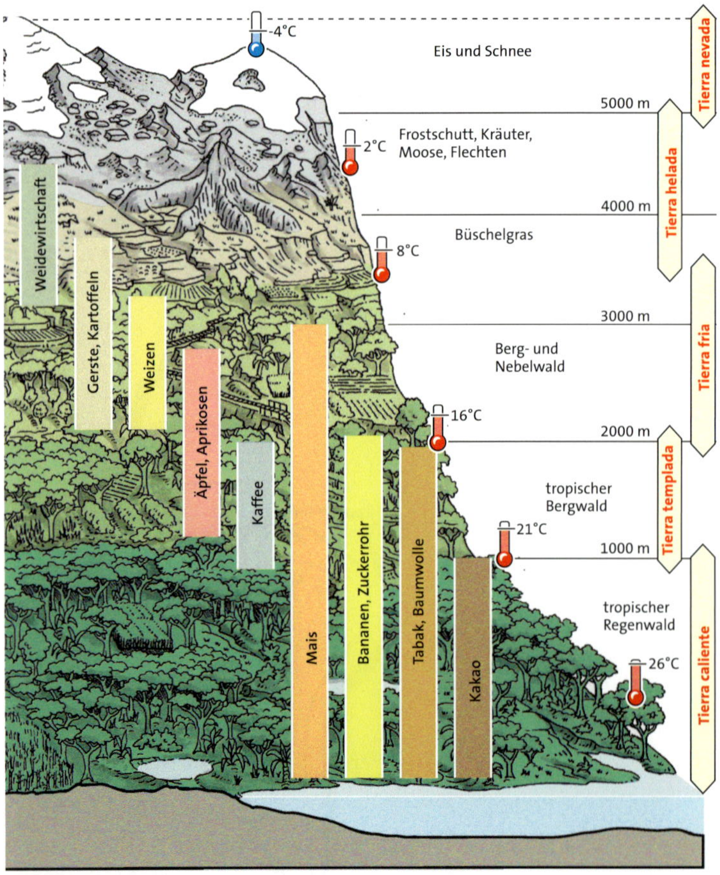

2 ***Höhenstufen der Vegetation am Äquator in Südamerika***

3 Unsere Fahrt nach Quito mit dem Transandino-Express in Ecuador beginnt in der Hafenstadt Guayaquil. Es geht durch die feucht-heiße Küstenebene, vorbei an ausgedehnten Reis- und Zuckerrohrfeldern, Ölpalmenplantagen, Kakaopflanzungen und riesigen Viehfarmen. Vom ursprünglichen tropischen Regenwald zeugen nur noch einzelne Bäume.

In Bucay beginnt der Anstieg durch steil eingeschnittene, mit Regenwald bedeckte Täler. Zahlreiche Rodungsinseln zeigen, dass der Wald überall zurückgedrängt wird. Auch die natürliche Vegetation verändert sich. Auf den regenreichen Außenseiten des Gebirges wächst dichter tropischer Bergwald. Je höher wir kommen, desto kühler wird es. Es geht allmählich in immergrünen Nebelwald über. An den Hängen ziehen sich die kleinen Getreide- und Kartoffelfelder der Indios wie Fleckenteppiche empor.

Bei Urbina zu Füßen des eisbedeckten Chimborazo liegt der höchste Punkt der Strecke, das unwirtliche Grasland der Paramos. Die niedrigen Temperaturen erlauben hier keinen Baumwuchs mehr.

④ ***Der Chimborazo in Ecuador, 6272m***

⑤ ***Satellitenbild des Egmont in Neuseeland, 2518 m***

Schon vor über 200 Jahren erkannte der deutsche Naturforscher Alexander von Humboldt bei der Besteigung des Chimborazo in Ecuador, dass sich die Vegetation zwischen dem tropischen Tiefland und den Eisgipfeln der Anden in mehreren **Höhenstufen** anordnet.

Hier gibt es auf engem Raum ähnliche Verhältnisse, wie sie uns auf dem Weg durch die Vegetationszonen zwischen Äquator und Pol begegnen. Zur Benennung dieser Höhenstufen übernahm Humboldt die bereits von den Spaniern im 16. Jahrhundert eingeführten Bezeichnungen Tierra caliente, Tierra templada und Tierra fria, das heißt heißes, gemäßigt warmes und kaltes Land. Später wurden von Geographen die Bezeichnungen Tierra helada („Frostland") und Tierra nevada („Schneeland") hinzugefügt.

Wie lässt sich diese Höhenstufung der Vegetation erklären? Die wichtigste Ursache ist die Temperaturabnahme mit zunehmender Höhe. Sie beträgt durchschnittlich 0,5 °C pro 100 m. Je nach der Lage zum Äquator erhalten die Höhenstufen unterschiedlich viele Niederschläge. Von besonderer Bedeutung ist die Lage zu den Regen bringenden Winden. So gibt es Unterschiede in der Vegetation zwischen den luvseitigen, feuchteren Außenflanken und den leeseitigen, trockeneren Tälern und Hochbecken der Anden. Eine wichtige Rolle spielt auch die starke Einstrahlung durch die fast senkrecht einfallenden Sonnenstrahlen. Sie bewirken, dass in den tropischen Anden Ackerbau noch in Höhen möglich ist, die in den Alpen als unbewohnbar gelten.

1 *Lies den Reisebericht über die Fahrt mit dem Ferocarril Transandino von Guayaquil am Pazifik zur ecuadorianischen Andenstadt Urbina. Verfolge die Fahrt mithilfe der Grafik der Höhenstufen.*
2 *Nenne die Höhenstufen in den Anden. Beschreibe, welche Vegetation dort zu finden und welche landwirtschaftliche Nutzung möglich ist.*
3 *Ordne einzelne Abschnitte des Fotos 4 den Höhenstufen in der Grafik 2 zu.*
4 *Vergleiche die Höhengrenzen der Anden, die Humboldt zeichnete, mit denen der Alpen (Zeichnung 1).*
5 *Erkläre mithilfe des Satellitenbilds 5, ob es auch in Neuseeland Höhenstufen gibt. Begründe deine Antwort.*
6 *Referiere über Alexander von Humboldt und seine Forschungsreise nach Südamerika.*

Ein einfaches Vegetationsprofil erstellen

1 ***Höhenschichtenkarte von Ecuador***

2 ***Vegetationskarte von Ecuador***

Bei Wanderungen im Gebirge ist es nützlich zu wissen, wie das Relief und die Vegetation beschaffen sind. Diese Informationen entnehmen wir dem Vegetationsprofil.
Untersuchen wir Länder oder Kontinente, so zeigt uns das Profil, welche Pflanzengesellschaften dort vorherrschen und wie diese sich in Abhängigkeit von Breiten- oder Höhenlage verändern.

Ein **Vegetationsprofil** kannst du erstellen, indem du z.B. bei einer Bergtour genaue Aufzeichnungen anfertigst, welche Vegetation auf deinem Weg vom Tal zum Gipfel zu sehen ist und mit dem Höhenmesser misst oder aus einer Wanderkarte abliest, in welcher Höhe die von dir festgestellten Vegetationsgrenzen zu finden sind.
Wenn du aber Vegetationsprofile von fernen Regionen erstellen sollst, bist du auf die Angaben von Karten in Atlanten oder Länderkunden angewiesen.
Vegetationskarten geben uns Aufschluss über die in der Natur vorkommenden Pflanzengesellschaften. Höhenschichtenkarten erlauben uns, wie du bereits in der 5. Jahrgangsstufe gelernt hast, ein Höhenprofil zu zeichnen. In dieses hinein kannst du die vorkommende Vegetation eintragen.

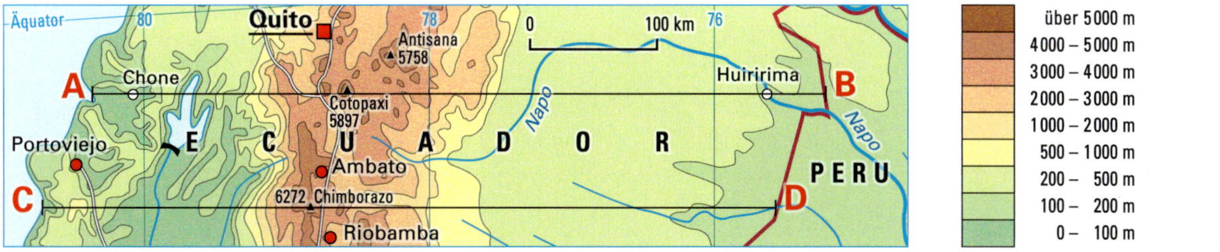

③ ***Schnittpunkte für das Höhenprofil bestimmen***

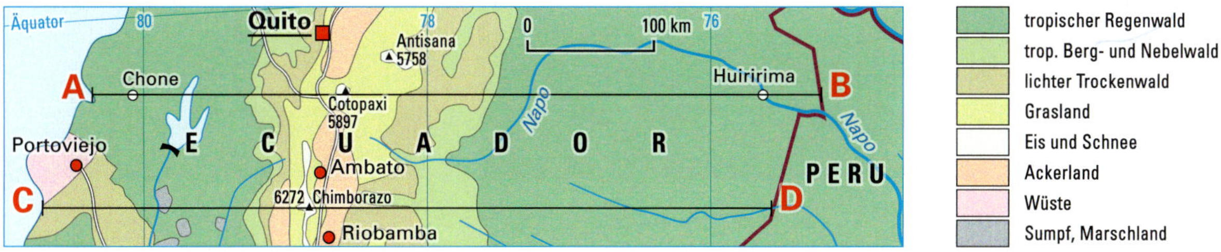

④ ***Schnittpunkte und Vegetationsgrenzen bestimmen***

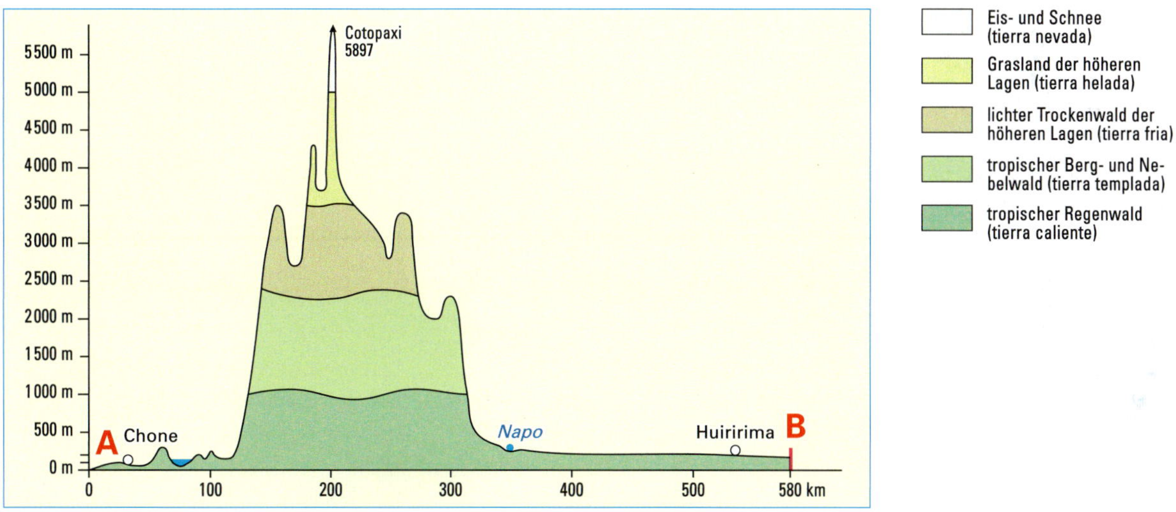

⑤ ***West-Ost Vegetationsprofil durch Ecuador entlang der Linie AB (ca. 1° südlicher Breite)***

Ein Vegetationsprofil erstellen

1. Schritt: *Zeichne ein Höhenprofil (siehe dazu Seite 166).*

2. Schritt: *Bestimme die Grenzen der einzelnen Vegetationszonen bzw. Vegetationseinheiten.*

3. Schritt: *Übertrage diese Vegetationsgrenzen in die Profillinie.*

4. Schritt: *Erstelle eine Legende für die einzelnen Vegetationsbereiche und übertrage die Signaturen in das Profil. Anstelle der natürlichen Vegetation kann man auch die Verteilung der Kulturpflanzen kartieren und in ein Profil der landwirtschaftlichen Nutzung übernehmen.*

→ *ein Höhenprofil zeichnen, siehe Seite 166*

1 *Fertige ein einfaches West-Ost-Vegetationsprofil durch Ecuador entlang der Linie CD (Karten 3 und 4) an.*

① ***Vorbereitung auf ein Fest***

② ***Auf der Jagd***

④ ***Im Shabono***

Die Yanomami gehören zu den Tupisvölkern. Ihre Nachbarn sind die zum Timbirastamm gehörenden Canela Indianer. Beide Völker sind traditionelle Feinde und wurden erst in den 1960er-Jahren befriedet.

Leben im Einklang mit der Natur – die Yanomami

③ **An alle Völker der Erde**

Ich bin Yanomami, Sohn meines Volkes. Wir wollen leben, wie Ihr es wollt, denn wir sind auch ein Volk. Wir wollen auf unserem Land in Frieden leben. Die Regierung respektiert uns nicht. Sie denkt so an uns, als seien wir Tiere. Ich habe viele Dinge zu sagen, über die ich nachgedacht habe.

Wir Yanomami haben gedacht, dass der Weiße Mann gut für uns sei. Jetzt sehen wir, dass dies [die Einwanderung von Goldsuchern] die letzte Invasion in indianisches Land ist. Sie nehmen es uns weg. Wir benutzen kein Geld, Schuhe, Kleidung und wenige Yanomami verstehen, was geschieht. Die Regierung kennt unsere Art zu leben und zu denken nicht. Wir haben auch keinen Einblick in die Art des Denkens der Regierung. Die Regierung versteht nur das Geldgeschäft. Unsere Art und Weise zu denken, beruht auf dem Land.

Die Flüsse, die Fische und die Wälder schreien um Hilfe, aber die Regierung weiß nicht, wie sie zuhören kann. Sie sagt, dass wir des Hungers sterben werden, wenn sie die Goldminen schließt. Aber ich sage, dass wir Hungers sterben werden, wenn die Regierung nicht die Goldwäscherei stoppt. Wenn die Regierung die Goldwäscherei stoppt, werden wir Süßkartoffeln pflanzen, Bananen, Yams, Taro, Papaya, Pupunha-Früchte, Zuckerrohr und dann wird niemand Hungers sterben. Wir Yanomami wollen nicht mit unserer traditionellen Lebensweise aufhören.

Wir Yanomami sterben an Malaria, Grippe, Durchfallerkrankungen, Geschlechtskrankheiten, Masern, Windpocken und noch anderen Krankheiten, die die Indianer niemals vorher kannten und die von den Goldwäschern von außen hereingebracht wurden. Diese Krankheiten können wir nicht heilen, Schamanen können sie nicht heilen. [...] Die Yanomami sterben nicht an Hunger, sie sterben nur an Krankheiten. Sie haben alles, um zu überleben, wo keine Goldwäscher sind.

Der Weiße Mann hat keinen Respekt vor der Natur, er weiß nicht, dass sie gut für ihn ist. Ich, Davi Kopenawa Yanomami, möchte, dass die Weißen mit uns lernen, wie eine bessere Welt gemacht wird.

nach: www.umsu.de/regaus, 1999

Der Regenwald ist traditionelles Siedlungsgebiet der **indigenen Völker** Südamerikas. Im nördlichen Amazonasbecken, im Grenzgebiet von Brasilien und Venezuela, einem Gebiet, fast so groß wie die Schweiz, leben noch heute Stämme, die bisher nur wenig mit der Zivilisation in Berührung gekommen sind, z. B. die Yanomami.

Yanomami bedeutet in deren Sprache „Menschen". Ihr Leben ist von der Gemeinschaft geprägt. Sie zeigen einen ausgeprägten Sinn für Gerechtigkeit und kennen kaum Unterschiede in Rangordnung und Besitz. Sie haben keinen Häuptling, nur einen Sprecher, der bei Konflikten als Führer handelt. Es wird darauf geachtet, dass Rechte und Pflichten streng eingehalten werden.

Bekommt eine Frau ein Kind, geschieht dies außerhalb des Shabono im Beisein einer anderen Frau. Hat eine Mutter bereits ein besonders pflegebedürftiges Kind, so wird das Neugeborene getötet, ebenso bei einer Zwillingsgeburt das schwächere Kind. Diese Sitte erscheint uns unmenschlich, ist aber angesichts der harten Lebensbedingungen im Regenwald vermutlich notwendig.

Der Regenwald liefert den Yanomami alles, was sie zum Leben brauchen: Wasser, Holz, Pflanzen und Tiere. Jagd, Fischfang und Brandrodung sind Aufgaben der Männer, die Frauen sind für die Feldarbeit, das Sammeln von Früchten und die Hausarbeit zuständig. Die Yanomami gehen sehr behutsam vor, um die Natur soweit wie möglich zu schonen. Sie jagen Wollaffen, Tapire, Gürteltiere und Vögel, töten aber nie auf Vorrat. Dieses naturangepasste Wirtschaften entspricht dem Prinzip nachhaltiger Nutzung.

Diese traditionelle Lebensweise ist bedroht. Verheerend wirkte sich der um 1980 einsetzende Goldrausch aus. Tausende von Goldsuchern drangen in ihr Stammesgebiet ein, rodeten den Wald, schwemmten den Boden aus, verwendeten Quecksilber zur Goldgewinnung und vergifteten damit die Lebensgrundlage der Yanomami.

5 ***Shabono***

Seit 1998 zwingen internationale Proteste die brasilianische Regierung, gegen die „Goldpiraten" einzuschreiten. Dadurch ging die Zahl der Goldwäscher stark zurück.

Das Leben der Yanomami ist heute vom Kampf ums Überleben gekennzeichnet. Nutzungsansprüche der Regierung für Siedlungen, Verkehrswege und Militäranlagen drängen die Waldindianer immer weiter zurück und gefährden deren nachhaltige Wirtschaftsweise und deren Überleben. Eingeschleppte Krankheiten sind eine große Bedrohung. Die Indianer besitzen keine Abwehrkräfte und keine Medizin gegen Grippe, Masern, Tuberkulose und andere Krankheiten.

1 *Verbessere deine Lesekompetenz:*
   a) Lies den Text aufmerksam durch.
   b) Im Text fehlen Zwischenüberschriften. Ergänze folgende: Gemeinschaftsleben, Wirtschaftsweise, Einflüsse von außen.

2 *Erkläre den Begriff „naturangepasste Nutzung". Diskutiert, ob die Lebensweise der Yanomami bewahrt oder ob sie verändert werden soll? Begründet eure Antworten.*

3 *Fertige ein Kurzreferat über das Leben von indigenen Völkern in anderen Kontinenten an, die ein ähnliches Leben führen wie die Waldindianer im Amazonasgebiet.*

Bis zu 250 Menschen leben in einem riesigen Rundhaus, dem Shabono, zusammen. Im Innenhof brennt ständig ein Feuer als Licht- und Wärmespender, aber auch, um feuchtigkeitsempfindliche Gegenstände trocken zu halten.

indigene Völker:
Indigen ist eine Übersetzung des spanischen Wortes „Indigena". Es bedeutet soviel wie „einheimisch" oder „Ureinwohner".
Als indigen bezeichnet man in Südamerika die Nachkommen der vorkolumbianischen Bevölkerung. Der Begriff ersetzt die Bezeichnungen „Indios" und „Indianer", die durch die Verwechslung Südamerikas mit Indien durch Kolumbus entstanden sind.

→ *Brandrodungswanderfeldbau, siehe Seite 76*

Ursachen der Entdeckungsfahrten:
Im 14. und 15. Jahrhundert behinderte die osmanische Vormachtstellung im östlichen Mittelmeer zunehmend den Handel zwischen dem Abendland und Indien. Es wurde deshalb ein direkter Seeweg nach Indien gesucht. Man erkannte schnell, dass Christopher Kolumbus auf seiner Westroute nicht Indien, sondern den Doppelkontinent Amerika entdeckt hatte. Nun begann ein Wettlauf zwischen den damals bedeutendsten Seemächten Spanien und Portugal um die Eroberung und Ausbeutung des riesigen Gebietes. Aufgrund zunehmender Spannungen teilte der Papst 1494 am 50. westlichen Längengrad Südamerika in ein westliches spanisches und ein östliches portugiesisches Gebiet. So wurden die aus dem Lateinischen stammenden Sprachen Spanisch und Portugiesisch Amtssprachen. Daraus leitet sich die Bezeichnungen Latein- und Iberoamerika ab.

Europäer erobern Lateinamerika

Lateinamerika zeichnete sich im 15. und 16. Jahrhundert durch eine große Vielfalt von Kulturen aus: neben Naturvölkern auf der Stufe der Sammler, Jäger und Fischer gab es Hochkulturen wie die Azteken und Maya in Mittelamerika oder die Inka im Andenraum. Sie hatten bedeutende Städte, eine gut funktionierende Verwaltung, eine leistungsfähige Landwirtschaft und ein weit gespanntes Handelsnetz. Nach 1500 begannen Europäer, dort ihren Einfluss auszuüben. Portugal nahm die Ostküste in Besitz. Portugiesische Seefahrer und Kaufleute legten Hafenstädte an. Später entstanden große Plantagen an der brasilianischen Küste. Aber es dauerte noch lange, bis die Portugiesen ins Landesinnere vorstießen. Der Umgang mit den Indianern war zunächst recht friedlich, da für die Arbeit auf den Plantagen Sklaven aus Afrika eingesetzt wurden. Ganz anders verhielten sich die Spanier. Sie unterwarfen auf der Suche nach El Dorado, dem sagenhaften Goldland, rücksichtslos die eroberten Länder, zerstörten die Kultur der Indianer, und bekehrten sie, wenn nötig mit Gewalt, zum katholischen Glauben. Sie zwangen sie zur Fronarbeit in Bergwerken und auf Plantagen. Als Millionen von Indianern wegen Hunger, Zwangsarbeit und eingeschleppten Krankheiten starben und Arbeitskräfte fehlten, ließen auch sie schwarze Sklaven aus Afrika ins Land bringen.

1 *Ankunft der Spanier in Mexiko aus der Sicht eines aztekischen Künstlers (16. Jahrhundert)*

2 *Aztekischer Kalenderstein*

3 **Cortés – krank vor Geldgier?**

„Ich leide an einer Krankheit des Herzens, die nur durch Gold zu heilen ist." So etwa lautete die Nachricht, die der spanische General Fernando Cortés dem Herrscher des mächtigen Aztekenreichs, Montezuma, zukommen ließ. Cortés hatte von einem unvorstellbar reichen Land irgendwo im Westen gehört. [...] Im Februar 1519 verließ er mit 11 Schiffen, 16 Pferden und knapp 700 Männern die Insel Kuba und segelte nach Mexiko. Sein Ziel war Tenochtitlan, die Hauptstadt der Azteken. Indianer, die sich ihm entgegenstellten, schlug er mit rücksichtsloser Härte.
Als die Spanier in Tenochtitlan ankamen, empfing Montezuma sie wie Freunde. Doch die Azteken merkten bald: die Spanier waren keine Götter, sondern goldgierige Menschen. Sie durchsuchten die Tempel nach Schätzen, zerstörten die Götterbilder, erschlugen aztekische Priester und errichteten ein Kreuz auf der Tempelpyramide.
Schließlich erhoben sich die Azteken. Nur unter großen Verlusten konnten die Spanier aus Tenochtitlan fliehen. Doch im Sommer 1521 kehrte Cortés mit Verstärkung zurück. Nach zwei Monaten Belagerung fiel die Stadt und ging in Flammen auf. Die Überlebenden wurden versklavt. Das Aztekenreich hörte auf zu existieren. Tenochtitlan hieß von nun an Mexiko und wurde Hauptstadt des spanischen Kolonialreichs in Mittelamerika.

④ ***Überreste der Mayastadt Palenque (Mexiko)***

⑤ **Ein Zimmer voller Gold**

„Ich lasse diesen Raum mit Gold füllen, so hoch, wie ein großer Mann mit ausgestrecktem Arm reichen kann – wenn ihr mir dafür wieder die Freiheit gebt."

Was sich wie ein Märchen anhört, waren die Worte des mächtigen Herrschers der Inka, Atahualpa. Er regierte ein riesiges Reich. Es erstreckte sich etwa über das Gebiet der heutigen Staaten Ecuador, Peru und Chile. Doch nun, im Jahre 1532, hatte ihn der spanische Eroberer Francisco Pizarro in seine Gewalt gebracht. Mit wenig mehr als hundert Soldaten war er in das Inkareich eingedrungen. Als er nach langen Fußmärschen dem gewaltigen Heer des Herrschers gegenüber stand, griff er zu einer List. Er lud Atahualpa zu einem Festmahl in sein Lager ein. Doch als der Herrscher mit seinem Gefolge das Lager betreten hatte, stürzten sich Pizarros Soldaten auf die kaum bewaffneten Indianer, metzelten über tausend nieder und nahmen Atahualpa gefangen.

Der sah in der Goldgier der Spanier seine einzige Hoffnung. So kam es zu dem Angebot, auf das Pizarro ohne Zögern einging. Als aber die Indianer Tonnen von Gold und Silber herbeigeschleppt und den Raum tatsächlich gefüllt hatten, ließ Pizarro unter einem Vorwand den Inkaherrscher erdrosseln. Nach langen Kämpfen unterwarfen die Spanier das riesige Inkareich vollständig.

⑥ ***Spanische und portugiesische Kolonialherrschaft in Amerika (im 16. Jahrhundert)***

1 *Erkläre, welchen Einfluss europäische Mächte auf die Geschichte Mittel- und Südamerikas hatten.*

2 *Beurteile mithilfe der Texte 3 und 5 das Verhalten der europäischen Eroberer.*

3 *Arbeite mit der Karte 6:*
   a) Lokalisiere die Gebiete der indianischen Hochkulturen.
   b) Beschreibe die Routen der Entdecker.
   c) Erkläre die Lage und Ausdehnung der europäischen Kolonialreiche.
   d) Beschreibe die Verflechtungen zwischen Europa und Lateinamerika.

4 *Sammle Informationen über eine der Hochkulturen und berichte darüber.*

Kaum zu glauben

Viele Wörter bzw. Gegenstände aus unserem Alltag sind indianischer Herkunft, wie z. B. Anorak, Kakao, Kanu, Kartoffel, Mais, Schokolade, Tabak.

1 ***Spanische Stadtgründungen:***
Mexiko-Stadt 1521
Quito 1534
Lima 1535
Bogotá 1538
Santiago de Chile 1541
Caracas 1576

2 ***Der Zócalo, der zentrale Platz in Mexiko-Stadt, mit der Kathedrale Metropolitana***

Über 500 Jahre europäischer Einfluss in Amerika ...

Am Anfang der spanischen Besitznahme stand die Gründung von Städten. Die wichtigsten von ihnen, darunter fast alle heutigen Hauptstädte, entstanden in rascher Folge an den Herrschaftssitzen der Indianer im Hochland. Die neuen Städte wurden zu politischen und wirtschaftlichen Mittelpunkten sowie zu Zentren europäischer Kultur in Lateinamerika. Hier ließen sich auch die wenigen Spanier nieder. Hier wohnten die Großgrundbesitzer, die auf ihren Haziendas Getreide und Fleisch für die Städte produzierten und dabei zu Reichtum und politischer Macht gelangten.

Noch heute gibt es das Gegenüber von einflussreichen Großgrundbesitzern mit riesigen Landgütern auf fruchtbaren Böden und einem Heer von armen, meist indianischen Kleinbauern, Pächtern und Landarbeitern auf wenig ertragreichen Böden.

Eine Agrarkolonisation mit leistungsfähigen, kleinbäuerlichen Familienbetrieben wie in Angloamerika gab es erst im 19. und 20. Jahrhundert, als die inzwischen unabhängigen Staaten europäische Siedler ins Land riefen. So bildeten sich bereits in der Kolonialzeit starke soziale, wirtschaftliche und räumliche Gegensätze heraus. Sie verstärkten sich nach der frühen Unabhängigkeit der Staaten und behindern heute die Entwicklung Lateinamerikas.

Ähnliches gilt für die Ausrichtung der Wirtschaft. Von Anfang an standen der Abbau und die Ausfuhr von Gold und Silber sowie von pflanzlichen Rohstoffen im Vordergrund. Sowohl der spanische als auch der portugiesische König verboten lange Zeit den Aufbau von Gewerbebetrieben und eine Aufbereitung der Rohstoffe im Lande. Als die spanischen und portugiesischen Kolonien zu Anfang des 19. Jahrhundert politisch unabhängig wurden, gerieten die neuen Staaten sogleich wieder in wirtschaftliche Abhängigkeit von europäischen Industriestaaten. Besonders Großbritannien, später auch die USA, überschwemmten Lateinamerika mit billigen Industrieprodukten und ließen einer eigenen Industrialisierung zunächst keine Chance.

Und noch eine weitere Hypothek hat sich seit der Kolonialzeit erhalten: Wie damals kann noch immer ein Teil der Bevölkerung keine Schule besuchen. Somit sind viele Menschen vom beruflichen Aufstieg ausgeschlossen.

3 **Protestierende Zapatisten in Mexiko**

Zapatisten sind Anhänger einer revolutionären Bewegung der indigenen Völker im südmexikanischen Bundesstaat Chiapas. Ihr Ziel ist die Demokratisierung des Landes und die Verbesserung der sozialen Situation der Indios.
Sie leiten ihren Namen von Emiliano Zapata (1879–1919) ab, dem Führer der revolutionären Bewegung Südmexikos, der einen Kampf für „Land und Freiheit" führte. Seine Armee bestand zum Großteil aus Indios und Campesinos, d. h. besitzlosen Landarbeitern.

... aus indigener Sicht

Wütend protestieren die Indios aus der Provinz Chiapas gegen die Zentralregierung in Mexiko-Stadt. Sie fühlen sich in ihrer Not allein gelassen. Die vor der Wahl versprochene Landreform, eine Umverteilung von Land an die Armen, wurde wieder einmal nicht durchgeführt.
Im Süden Mexikos konzentrieren sich die Probleme des Landes. Seine große Distanz zu den Märkten in der Hauptstadt und den USA, seine hohe Bevölkerungsdichte bei gleichzeitig hoher Arbeitslosenzahl und die starken sozialen Gegensätze sind einige der Gründe für weit verbreitete Armut und schwelende Konflikte. Besonders die indigene Bevölkerung leidet unter diesen Verhältnissen. In bäuerlichen Kleinsiedlungen betreiben sie traditionellen Mais-, Gemüse- oder Blumenanbau auf kleinen Feldern. Viehhaltung, Textil- und Kunsthandwerk, Kleinhandel und Hilfsarbeiten ergänzen die geringen Einnahmen. Oft des Spanischen nicht mächtig und ohne eigenes Land zur Bewirtschaftung, arbeiten sie als Tagelöhner auf den Feldern der Großgrundbesitzer. Durch den starken Konkurrenzdruck bleiben die Löhne niedrig, eine soziale Absicherung gibt es nicht.

Fast die Hälfte aller Kinder unter 5 Jahren in Chiapas ist unterernährt, ein Arzt ist im Schnitt für mehr als 4 000 Einwohner zuständig. Ein Fünftel der Häuser ist ohne Strom, ein Drittel ohne Wasseranschluss. Viele würden wegziehen, wenn sie könnten. Aber noch nicht mal für die Flucht in die Stadt reicht das Geld.
Ihre heutige Benachteiligung führen die Ureinwohner Lateinamerikas auf die Eroberung des Kontinents durch die Spanier vor mehr als 500 Jahren zurück.

1 *Arbeite mit Karten:*
a) Lokalisiere im Atlas die in Tabelle 1 aufgeführten spanischen Stadtgründungen.
b) Benenne mithilfe von Karte 6 (S. 105) portugiesische Stadtgründungen.

2 *Erläutere die Ursachen und Folgen der starken sozialen und wirtschaftlichen Gegensätze in den ehemaligen spanischen und portugiesischen Kolonien Lateinamerikas.*

3 *a) Beschreibe die Lebensbedingungen der indigenen Bevölkerung im Süden Mexikos.*
b) Erkläre, weshalb die Indios eine Agrarreform als eine Möglichkeit zur Überwindung ihrer Benachteiligung fordern.

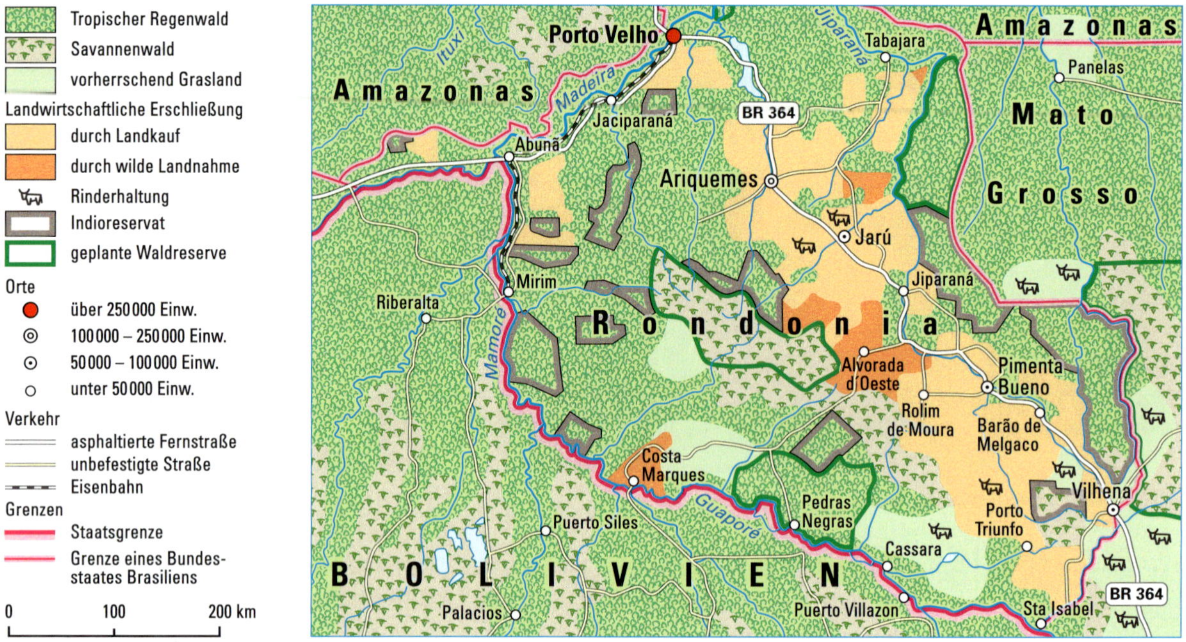

1 ***Erschließungsprojekte im brasilianischen Bundesstaat Rondonia***

Erschließung Amazoniens

Staatspräsident Kubitschek gibt 1957 das Signal für den Aufbruch ins Landesinnere: „Brasilien ist das fünftgrößte Land der Erde. Unsere Bevölkerung wächst unaufhörlich. Wir müssen unser Land erobern, dem Meer den Rücken kehren. Es gilt, die großen und menschenleeren Urwaldgebiete Amazoniens zu erschließen."

Brasilianische Redensart zum Ertrag der gerodeten Parzellen in Regenwald: „Dieses Jahr wird wirtschaftlich durchschnittlich: Schlechter als das letzte, aber besser als das nächste."

Amazonien ist das größte zusammenhängende Regenwaldgebiet der Erde. Jahrhunderte lang konnte man nur auf den Flüssen in das Innere dieser Urwaldregion vordringen. Erst Ende der 1950er-Jahre beschloss die brasilianische Regierung, dieses Land zu erschließen, da die Bevölkerung stark wuchs und der Regenwald genutzt werden sollte: Die „Operation Amazonien" begann. Eine solche Erschließung eines bislang wenig genutzten Gebietes für die Landwirtschaft nennt man **Agrarkolonisation**.

Zuerst wurden endlose Schneisen in den Regenwald geschlagen um Straßen zu bauen. Die bekannteste ist die „Transamazonica", die über 5 600 km vom Atlantik bis zu den Anden reicht. Eine andere Fernstraße, die BR 364, verbindet die Hauptstadt Brasilia mit Manaus am Amazonas. Sie durchquert dabei den Bundesstaat Rondonia, der ein Zentrum der Landerschließung geworden ist.

1970 gab es in Rondonia noch unberührten Regenwald – heute leben dort mehr als eine Million Menschen. „Land ohne Menschen für Menschen ohne Land": So hatte die Regierung die neue Heimat angepriesen. Und die Menschen kamen – aus allen Teilen Brasiliens: Bauern aus Südbrasilien, die sich nicht gegen die Konkurrenz der großen Exportplantagen z. B. für Soja durchsetzen konnten, wagten in Rondonia einen Neuanfang. Andere kamen aus dem dicht bevölkerten Nordosten, dem Armenhaus Brasiliens. 100 ha Land und Kredite oder landwirtschaftliche Beratung erhielten die Zuwanderer während der 1970er-Jahre in den staatlichen Besiedlungsgebieten. Mit der Zeit wurde aber die Größe der Parzellen auf 50 ha verringert, auch die sonstige Unterstützung wurde drastisch gekürzt.

Doch nicht nur Kleinbauern siedelten sich an. Große Flächen des Regenwaldes wurden von der brasilianischen Regierung für die Anlage von Rinderfarmen vergeben. Die Viehzüchter brennen den Wald großflächig ab und säen Gras – oft von Flugzeugen aus. So entstehen ausgedehnte Weideflächen. Zwar dürfen die Betriebe nur die Hälfte des Regenwaldes auf ihrem Besitz roden, doch dies wird häufig nicht beachtet. So entstanden mehrere hundert Rinderfarmen von 10 000 bis zu einigen 100 000 ha, die großen in- und ausländischen Unternehmen gehören. Durch die Farmen werden auch die Kleinbauern vertrieben, die Jahre zuvor noch von der Regierung in den Amazonas gelockt worden sind. „Pistoleiros" schüchtern die Familien ein, brennen ihre Ernte oder die Häuser nieder. Einige Siedler ziehen dann tiefer in den Regenwald, andere gehen zurück in die Armenviertel der Städte.

2 Einer vom Nationalen Institut für Amazonas-Forschung (INPE) in Manaus in Zusammenarbeit mit internationalen Forschungsinstituten erarbeiteten Studie zufolge wird der Regenwald am Amazonas bis zum Jahr 2020 auf 200 000 Quadratkilometer, also auf einen Restbestand von weniger als 10 % seiner ursprünglichen Fläche schrumpfen, wenn die Regierung tatsächlich alle von ihr angekündigten Infrastrukturvorhaben im Entwicklungsplan Avança Brasil in die Tat umsetzen werde. Die Regierung macht für die Zerstörung der Regenwälder aber vor allem die illegale Landnahme verantwortlich.

1 Stelle den Ablauf der Landerschließung im Regenwald in Stichworten dar.

2 Beurteile die Aussage des brasilianischen Staatspräsidenten Kubitschek vom Jahre 1957 aus heutiger Sicht.

3 Erkläre die brasilianische Redensart zum Ertrag der gerodeten Parzellen im Regenwald: „Dieses Jahr wird wirtschaftlich durchschnittlich: Schlechter als das letzte, aber besser als das nächste."

4 Führt ein Planspiel zur Erschließung des tropischen Regenwalds im Amazonasgebiet durch. Die beteiligten Gruppen sind: Regierungsmitglieder, Kleinbauern, Indios, Großgrundbesitzer, Holzindustrielle und Naturschützer. Fasst die Ergebnisse in einem Zeitungsartikel zusammen.

3 ***Viehzuchtbetrieb***

4 ***Bau von Straßen***

5 ***Brandrodung***

6 ***Rinderweide im gerodeten Regenwald***

7 ***Rückgang des ursprünglichen Regenwaldes***

Kaum zu glauben

Zwar schwanken die Angaben zur Regenwaldzerstörung je nach Quelle, doch selbst wenn man die niedrigsten Werte zugrunde legt, ist das Ausmaß erschreckend: jährlich gehen etwa 125 000 km² Regenwald verloren, das sind etwa 40 Fußballfelder pro Minute.

→ *Ein Planspiel durchführen, siehe Seite 150/151*

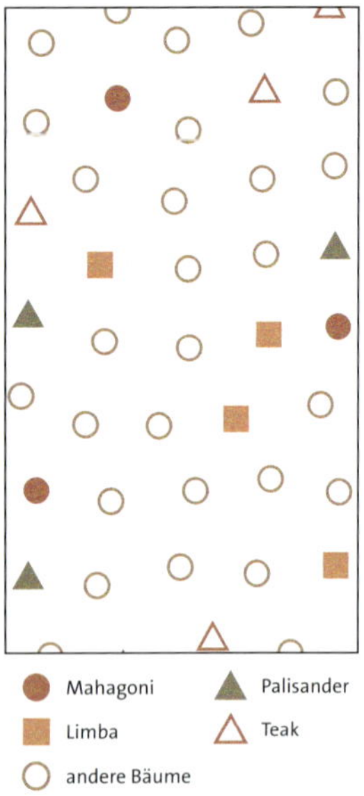

① *Selektiver Holzeinschlag*

② *In 500 Jahren gewachsen – in 5 Minuten gefällt*

Auf dem Holzweg?

③ **Ein Baum fällt selten allein**

Neben Rinderfarmen und Plantagen sind die großen nationalen und internationalen Unternehmen auch am kommerziellen Holzeinschlag beteiligt. Da einzelne **Tropenhölzer** wie z.B. Mahagoni, Teak und Palisander aufgrund ihrer Färbung, Härte und Beständigkeit weltweit sehr begehrt sind und auf dem Weltmarkt hohe Preise erzielen, haben sich einige Großfirmen auf den Handel mit Tropenhölzern spezialisiert. Wenngleich pro Hektar oft nur vier bis fünf Bäume für die Holzindustrie von Interesse sind, ist der **selektive Holzeinschlag** nicht unproblematisch. Für den Abtransport der Bäume müssen vielfach breite Schneisen in den Wald geschlagen werden. Zudem wird der stark durchwurzelte Boden durch die schweren Maschinen oft so verdichtet, d.h. zusammengepresst, dass die jungen Bäume kaum nachwachsen können.

Surftipp

www. greenpeace.de
www.regenwald.de
www.fsc-deutschland.de

Etwa 3,3 Milliarden Hektar unserer Erdoberfläche sind von Wäldern bedeckt. Dieser – wie es scheint – unerschöpfliche Vorrat an Holz wird zur Energiegewinnung, als Baumaterial und als Grundstoff für Papier genutzt.

Experten berechneten, dass jährlich 14 bis 16 Millionen Hektar Wälder vernichtet werden. Das entspricht gut der doppelten Fläche Bayerns. Pro Minute sind das mehr als 28 Hektar oder rund 30 Fußballfelder oder alle zwei Sekunden ein Fußballfeld. Hauptursachen dafür sind außer der Umwandlung in Agrarland Waldbrände, Infrastrukturprojekte wie Straßenbau oder Staudämme, Bergbau und zu einem bedeutenden Teil der Holzeinschlag.

Die tropischen Regenwälder sind dabei ganz besonders vom kommerziellen Holzeinschlag bedroht. Im brasilianischen Amazonasgebiet, dem größten Regenwaldgebiet der Erde, geht man davon aus, dass bis zu 80 Prozent des Holzeinschlags illegal durchgeführt wird. Theoretisch wird unbefugtes Abholzen zwar mit hohen Strafgeldern belegt, doch schlechte Ausrüstung der Patrouillen des Umweltschutzamtes sowie der Mangel an Personal, an Hubschraubern und überhaupt an finanziellen Mitteln machen eine wirksame Kontrolle sehr schwierig. Die Folgen des **Raubbaus** sind ein dramatisches

4 ***Auf dem Weg zum Sägewerk***

Artensterben, Überschwemmungen und Erdrutsche, aber auch Dürren und Klimaveränderungen.

Da die abgeholzten Waldflächen normalerweise nicht wieder aufgeforstet werden, sondern als Ackerland und Viehweiden dienen, wächst kein Sekundärwald nach. Nach wenigen Jahren ist der karge tropische Boden kaum mehr nutzbar und neue Flächen werden gerodet.

Die kurzfristigen hohen Gewinne aus dem Verkauf der begehrten Tropenhölzer kommen nur einigen wenigen zugute, die Folgen der langfristigen Zerstörung der Regenwälder müssen jedoch von der Allgemeinheit getragen werden.

1 *Erkläre, weshalb auch der selektive Holzeinschlag den tropischen Regenwald schädigt.*

2 *Recherchiert im Internet:*

a) Sucht Informationen zu den in der rechten Randspalte vorgestellten Bäumen und vergleicht sie mit Forstbäumen aus Deutschland hinsichtlich ihrer Standortanforderungen und Wuchsbedingungen.

b) Informiert euch über Organisationen zum Schutz des Regenwaldes und vergleicht ihre Ziele.

3 *Tropenholz ist auch bei uns begehrt. Nenne Beispiele und zähle auf wofür es verwendet wird.*

5 „Urwaldfreundliches" Holz ist leicht zu erkennen, allerdings bisher nicht immer leicht zu bekommen. Seit zehn Jahren vergibt der Forest Stewardship Council (FSC) an Forstbetriebe in aller Welt Zertifikate für ökologisch verträgliche und sozial gerechte Waldbewirtschaftung – heute sind weltweit schon mehr als 300 000 Quadratkilometer Wald zertifiziert.

Das FSC-Zeichen dürfen nur Forstbetriebe führen, die strengen Regeln folgen: Genmanipulierte Baumarten sind tabu, der Einsatz von Pestiziden ist verboten oder streng geregelt, das Holz muss schonend aus dem Wald geholt werden und die Vielfalt von Pflanzen und Tieren soll erhalten bleiben. Und schließlich: Die Rechte der in und von den Wäldern lebenden Menschen müssen gewahrt werden – das FSC-Zertifikat stellt sicher, dass ein gerechter Anteil der Gewinne an die Menschen vor Ort und an die Arbeiter geht.

Bernd Kolow: www.amazonas.de, 2005

FSC ©

Mahagoni

Herkunft: Mittel- und Südamerika

Beschreibung: Höhe 60 m, ø 250 cm, rotbraun bis braunrot, hart, glänzend

Verwendung: Furniere, Möbel, Bootsbau, Luxusverpackungen

Palisander

Herkunft: Asien, Mittel- und Südamerika

Beschreibung: Höhe 20 m, ø 60 cm, rötlich, violetter Grundton mit schwarzen Adern, hart, witterungsfest

Verwendung: Furniere, Möbel

Limba

Herkunft: Westafrika, Südamerika

Beschreibung: Höhe 45 m, Ø bis 150 cm, gelblich bis grünlichbraun, glänzend, mäßig hart

Verwendung: Furniere, Innenausbau, Möbelteile, Sperrholz

Teak

Herkunft: Tropen insgesamt (v. a. Thailand)

Beschreibung: Höhe 40 m, Ø bis 150 cm, gelb- bis goldbraun mit schwarzen Adern, ölig, sehr dauerhaft, fest und hart, wasserabweisend

Verwendung: Furniere, Parkett

1

Kaum zu glauben

Bei der Herstellung einer Getränkedose entsteht ein Abfallberg, der das Zehnfache ihres Eigengewichts ausmacht.

2 **Bauxitgewinnung im Tagebau**

Bergbau im Regenwald

Der Boden unter dem tropischen Regenwald Brasiliens ist reich an Bodenschätzen. Man findet dort zum Beispiel Eisenerz, Bauxit – aus dem Aluminium gewonnen wird – und Erdöl, aber auch Smaragde, Gold und Diamanten.

Um die oft mitten im unberührten Regenwald liegenden Abbaugebiete zu erreichen, müssen Straßen gebaut werden. Riesige Waldflächen werden abgeholzt, um an die Lagerstätten zu kommen.

Für die Minenarbeiter werden die Unterkünfte in nächster Nähe zum Abbaugebiet errichtet. So entstehen zuerst Siedlungen, dann Weideflächen, um die Ernährung der Arbeiter zu sichern.

Staudämme werden errichtet, da für den Abbau Wasser und für die Weiterverarbeitung Energie benötigt werden. Bergbauprojekte haben also immer große Auswirkungen auf den Regenwald.

Eine für den **Bergbau** sehr wichtige Region Brasiliens liegt bei Carajas.

Der Abbau von Bauxit erfolgt im Tagebau. Zunächst wird der Regenwald gerodet, jährlich etwa 100 ha. Danach entfernen Bagger die oberste Bodenschicht. Die eigentliche Bauxitschicht wird durch Sprengungen gelockert.

Mit der Bahn oder mit dem Schiff gelangt das Bauxit zu den Aluminiumhütten bei Belém und São Luis, wo es zu Aluminium verarbeitet wird. Viel elektrische Energie ist dafür nötig, sie kommt aus dem Wasserkraftwerk Tucuruí.

Der Betrieb der Aluminiumhütten stellt eine Belastung für die Umwelt dar. Bei der Produktion gelangen z. B. Staub und Schwefeldioxid in die Luft. Außerdem bleibt giftiger Schlamm zurück, der so genannte Rotschlamm. Man kann ihn nicht wieder verwenden; er muss in Deponien sicher gelagert werden.

Die Aluminiumhütten sind im Besitz großer ausländischer Firmen. Für den Bau der Hütten in Belém und São Luis sprach vieles: Die

③ ***Erzaufbereitungssanlagen in Carajas***

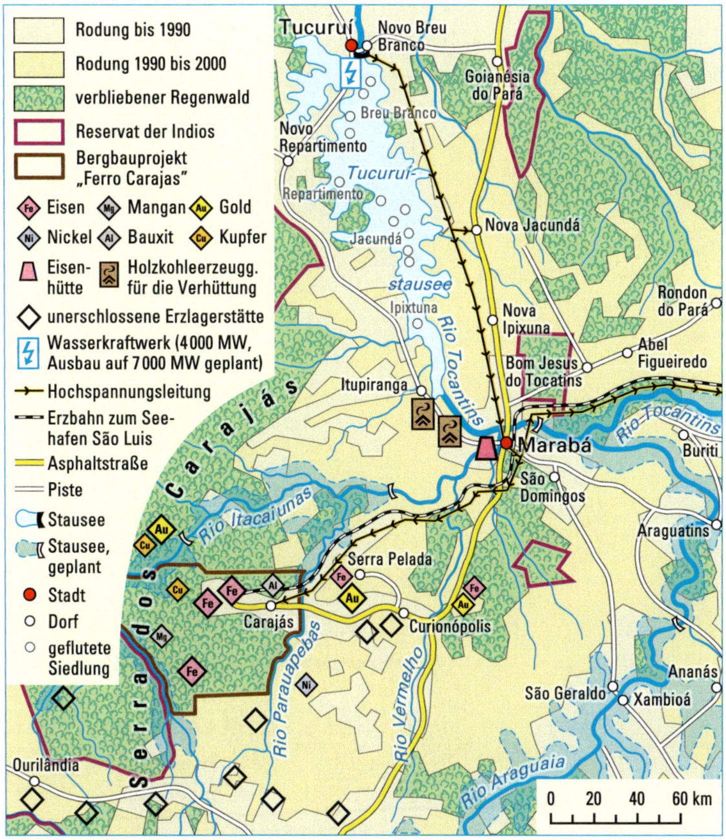

④ ***Region Maraba Carajas***

Baugrundstücke waren dort billig, Widerstände gegen die Fabriken waren leicht zu überwinden und der elektrische Strom wird vom Staat verbilligt abgegeben.
Die brasilianische Regierung unterstützt den Aufbau von Industrien im Regenwald. Dadurch, so hofft sie, kann die Verschuldung im Ausland verringert werden und Brasilien zu einer führenden Industrienation aufsteigen.

1 *Erkläre, was eine Getränkedose mit dem Regenwald zu tun hat.*

2 *Fasse zusammen, weshalb die Ansiedlung von Bergbaubetrieben im Regenwald Brasiliens ohne allzu große Schwierigkeiten genehmigt wird.*

3 *Erkläre, welche Konsequenzen sich daraus für den Regenwald ergeben.*

4 *Arbeite mit der Karte 4 und dem Atlas:*

a) Welche Standortfaktoren sprechen für die Aluminiumproduktion in dieser Region?

b) Verfolge mithilfe des Atlas den Weg, auf dem Eisenerz und Roheisen aus der Region Maraba Carajas transportiert werden, bis sie in alle Welt verschifft werden können.

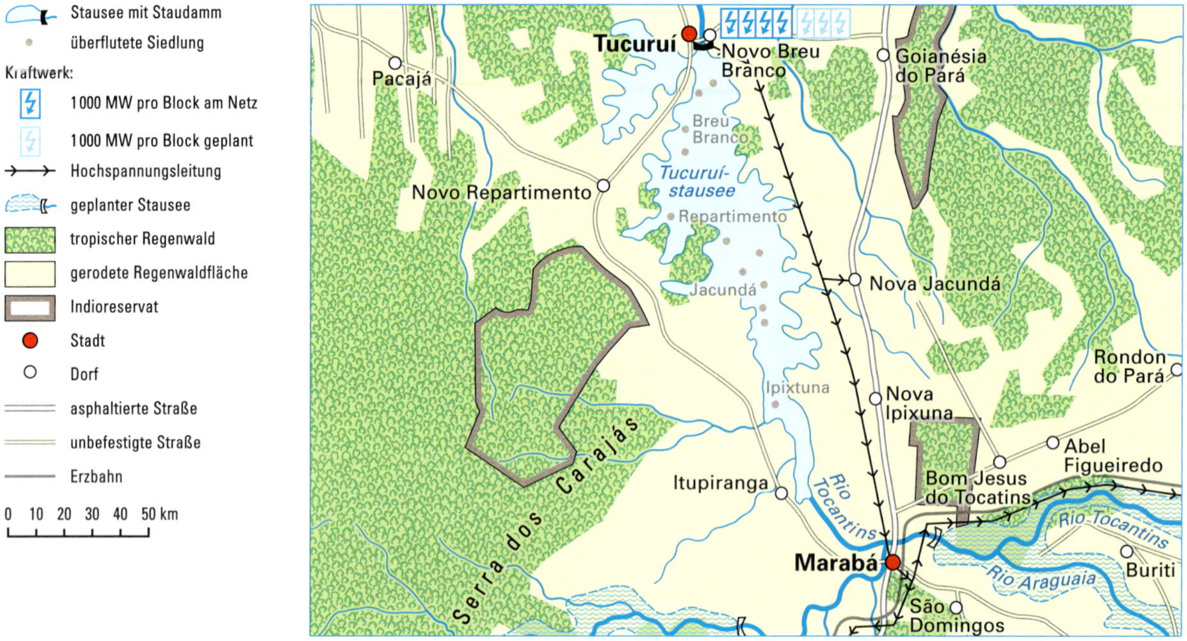

1 ***Energieerzeugung im Amazonasgebiet – der Tucuruí-Stausee***

Energie aus dem Regenwald

Brasilien gehört mit seinen Flüssen, von denen viele länger als der Rhein sind, zu den wasserreichsten Ländern der Erde. Es war daher schon immer nahe liegend, mit der Wasserkraft Energie zu erzeugen, um die Erschließung des Regenwaldes zu ermöglichen. Da aber das Gefälle im Amazonasgebiet sehr gering ist, entstehen durch die Anlage von Wasserkraftwerken besonders großflächige Stauseen.

So wurde 1983 der Amazonasnebenfluss Tocantins zu einem gigantischen See aufgestaut: dem Tucuruí-Stausee. Nach Sobradinho am São Francisco ist der Tucuruí-Stausee mit 2 430 km² der zweitgrößte Brasiliens. Das Wasserkraftwerk Tucuruí hat eine Kapazität von etwa 4 000 MW. Zum Vergleich: Ein Kernkraftwerk erzeugt 1 300 MW.

Doch für diese Kapazität ging der Lebensraum von Kautschukzapfern, Paranusssammlern, Fischern und vielen anderen verloren: 30 000 Menschen mussten weichen. Am härtesten getroffen hat es die Parakanã, die Ureinwohner dieser Region. Sie mussten ihr Siedlungsgebiet insgesamt dreimal verlassen, ihre Hauptsiedlung Paranti wurde seit 1971 sogar sechsmal verlegt. Und nicht einmal an der Energie hat die Bevölkerung Anteil. Orte in der Umgebung des Kraftwerks werden nur unzureichend mit Strom versorgt. Denn in erster Linie ist Tucuruí für die Versorgung der Aluminiumhütten in Belém und São Luis gebaut worden.

Die Regenwaldgebiete wurden einfach überflutet, da eine Rodung sehr teuer und technisch kompliziert gewesen wäre. Keiner weiß, wie viele unbekannte Arten, die nur im Tal des Rio Tocantins vorkamen, vernichtet wurden. Holz und Blätter faulen im Wasser und entwickeln giftige Gase, die zum Fischsterben führen und damit eine der Nahrungsgrundlagen der Menschen vernichten. Das stehende Wasser bietet außerdem für die Malaria übertragende Anopheles-Mücke optimale Lebensbedingungen.

Der Tucuruí-Stausee ist nur einer von bisher 2 000 Staudämmen in Brasilien. Durch sie sind bisher 34 000 km² urbaren Landes unter Wasser gesetzt und über 1 Million Menschen umgesiedelt worden.

② **Der Tucuruí-Stausee**

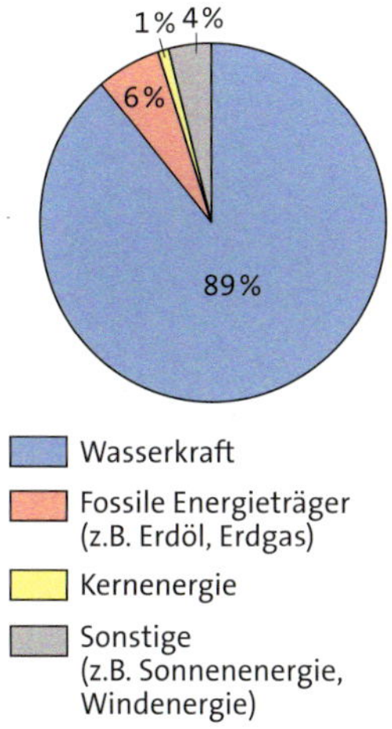

④ ***Anteile der Energieträger an der Elektrizitätserzeugung in Brasilien 2000***

③ **Wasserkraftwerke, Stauseen und Umsiedlung in Brasilien**

Wasserkraftwerk/ Stausee	Fluss	Projekt-abschluss	Stauseefläche in km²	installierte Kapazität in MW	Umsiedlung Personen
Sobradinho	São Francisco	1978	3971	1050	65000
Itaipu	Paraná	1982	1350	12600	59000
Paulo Alfonso I-IV	São Francisco	1979	16w	2460	52000
Itaparica	São Francisco	1986	630	1500	49500
Tucuruí	Tocantins	1983	2430	4245	30000
Estreito	Rio Grande	1969	47	1050	15000
São Simao	Paranaíba	1978	722	1613	14000
Furnas	Rio Grande	1963	1460	1216	8500
Foz do Areia	Iguaçu	1980	147	1674	8400
Ilha Solteira	Paraná	1973	1055	3230	6150

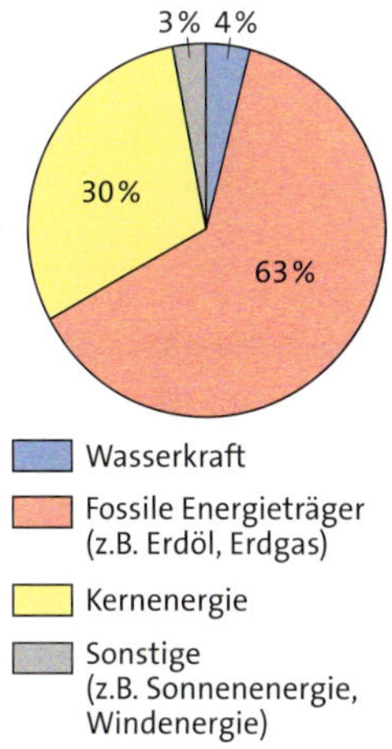

⑤ ***Anteile der Energieträger an der Elektrizitätserzeugung in Deutschland 2000***

Bis zum Jahr 2015 ist der Bau von weiteren 496 Dämmen vorgesehen. Dabei soll ein Gebiet von mehr als der Größe Deutschlands unter Wasser gesetzt werden.

1 *a) Beschreibe das Gebiet des Tucuruí-Stausees (Karte 1).*

b) Fertige eine Kartenskizze des Stausees sowie eine Kartenskizze von Deutschland im gleichen Maßstab an. Vergleiche.

2 *Arbeite mit Tabelle 3: Vergleiche Größe und Kapazität der Stauseen. Berechne, wie viele Menschen insgesamt umgesiedelt wurden.*

3 *Beschreibe die Zerstörungen durch den Wasserkraftwerksbau.*

4 *Erläutere die Bedeutung der Wasserkraft für Brasilien (Text, Diagramme 4 und 5).*

5 *Allgemein gilt der Anteil von aus Wasserkraft produzierter Energie als Indikator für den Grad ökologischer Nachhaltigkeit, den ein Land erreicht hat. Diskutiert dies am Bsp. Brasiliens.*

① ***Laguna de Taco im Alexander von Humboldt-Nationalpark***

Schützen oder nachhaltig nutzen?

Überall auf der Welt machen sich Wissenschaftler und Naturschützer Gedanken, wie man den Reichtum der Regenwälder schützen und ihre Artenvielfalt für kommende Generationen bewahren kann. Dies ist nicht nur für die Menschen in den Tropen wichtig, sondern für die gesamte Weltgemeinschaft. Die Regenwälder schützen die Böden vor Abtragung und Überschwemmung, sind Lebensraum für unzählige Tiere und Pflanzen und für dort beheimatete Menschen. Die Wälder regulieren den Wasserhaushalt und das Klima, und zwar lokal wie global. Sie schützen uns vor einer schnellen Erwärmung der Erdatmosphäre. Und: Die tropischen Regenwälder sind mit ihren zahlreichen Heilpflanzen die „größte Apotheke der Erde".

Alexander von Humboldt
(1769–1859), Naturforscher und Geograph, besuchte 1800 Kuba, um seine botanischen Forschungen voranzutreiben. In einer Veröffentlichung über die Insel pries er die besondere Natur, prangerte aber auch die Sklaverei an.

② **Kubas grüner Schatz: Alexander von Humboldt-Nationalpark**

Dort wo 1492 Kolumbus amerikanischen Boden betrat, an Kubas Küste, liegt hinter Bananen-, Kakao-, Kaffee- und Kokospalmenplantagen der „Parque Nacional Alejandro de Humboldt". Er gilt als eine Schatztruhe der Artenvielfalt, vergleichbar mit den Galápagos-Inseln.

Entstanden ist er auf Geheiß des kubanischen Staatschefs Fidel Castro. 2001 wurde das letzte große Regenwaldgebiet der Karibikinsel zum **Weltnaturerbe** erhoben.

Auf einer Fläche von 70 000 ha hat sich ein weitgehend unberührter, einzigartiger Regenwald erhalten, mit einer Fülle unterschiedlicher Biotope. Der Park reicht von den Korallenriffen und Lagunen an der Küste, den küstennahen Mangrovensümpfen, über verschiedene Höhenstufen hinauf bis auf 1 175 m Höhe.

Der Nationalpark ist eine Fundgrube für Vogelkundler. Sie entdeckten 25 Arten, die nur hier vorkommen. Und in der Lagune von Taco leben noch Seekühe, die in der übrigen Karibik fast ausgestorben sind.

Beispiel Regenwaldpark in Amazonien

Brasilien richtet im nördlichen Amazonasgebiet den weltweit größten **Regenwald-Nationalpark** ein. Das 3,8 Millionen Hektar große Schutzgebiet an der Grenze zu Surinam und Guyana ist noch völlig unerschlossen und beinhaltet eine einzigartige Tier- und Pflanzenwelt. Wissenschaftler vermuten in den Primärwäldern viele bisher unbekannte Arten. Der Nationalpark soll zunächst für die Forschung und später für Naturtouristen stellenweise zugänglich gemacht werden.

1 *a) Erkläre, weshalb der Alexander von Humboldt-Nationalpark zum Weltnaturerbe erhoben wurde.*
b) Erörtere, ob diese Lösung auf den gesamten tropischen Regenwald anwendbar ist.
c) Nenne weitere Gründe, weshalb Regenwälder erhalten werden sollten.

2 *Erläutere das Mischkultur-System und die Baumschwebebahn.*

3 *Diskutiert, ob diese beiden Modellprojekte zur Nachahmung als nachhaltige Nutzung des Regenwaldes empfohlen werden können.*

❸ Beispiel Mischkultur-System

Bei **Mischkulturen** wird versucht, den Regenwald in Bezug auf Stockwerkbau, Artenvielfalt und Nährstoffkreislauf so gut wie möglich zu imitieren. So werden auf einem Feld verschiedene Nutzpflanzen angebaut, die sich in Größe und Nährstoffanspruch unterscheiden. Als oberstes Stockwerk dienen Bäume wie zum Beispiel Mangos. Sie liefern nicht nur Früchte, sondern verringern auch gleichzeitig durch ihr Blätterdach und ihr Wurzelwerk die Erosionsgefahr. Darunter finden sich Pflanzen mit hohen Nährstoffansprüchen neben genügsamen, teils sogar Nährstoff spendenden Feldfrüchten wie zum Beispiel Sojabohnen, die den Boden mit Stickstoff aus der Luft anreichern. Schattenverträgliche Pflanzen werden überdeckt von lichtbedürftigen hoch gewachsenen Bäumen. Pflanzen mit einem kurzen Wachstumszyklus wie Maniok oder Kochbananen ergänzen Dauerkulturen wie Bananen oder Mangos. Ein sorgfältig abgestimmter Anbau liefert das ganze Jahr über ausreichend Nahrungsmittel zur Eigenversorgung sowie Brenn- und Bauholz. Die ständige Bodenauflage aus Blättern, Früchten und Holzresten kann überdies als Futterquelle für Hühner und Schweine genutzt werden.

Mischkultur

❹ Beispiel Baumschwebebahn

Malaysia ist der größte Exporteur von Tropenholz. Damit dies so bleiben kann, bemüht sich das Land um eine **nachhaltige Bewirtschaftung** seiner tropischen Wälder. Auf bereits gerodeten Flächen legt man Holzplantagen an und bewirtschaftet diese nachhaltig: Durch Fällen von einzelnen Bäumen bleibt das schützende Kronendach des Sekundärwaldes erhalten und schützt so den Boden vor Erosion sowie die nachwachsenden Jungbäume. Holz und Holzprodukte aus diesen Plantagen erhalten ein Qualitätssiegel, z. B. das „Forest Stewardship Council".

Eine andere Maßnahme ist die Entwicklung von „Baumschwebebahnen". Diese schaffen die selektiv geschlagenen Bäume zu Sammelplätzen. Dadurch müssen keine breiten Schneisen für Holzfahrzeuge in den Wald geschlagen werden. Sie funktionieren wie Skilifte: An den Stahlseilen sind Seilwinden befestigt, die die Baumstämme vom Boden hochheben. Per Seilzug fahren die Stämme dann zum Sammelplatz. Auf diese Weise werden die Waldschäden beim Holzeinschlag und -transport auf ein Minimum reduziert.

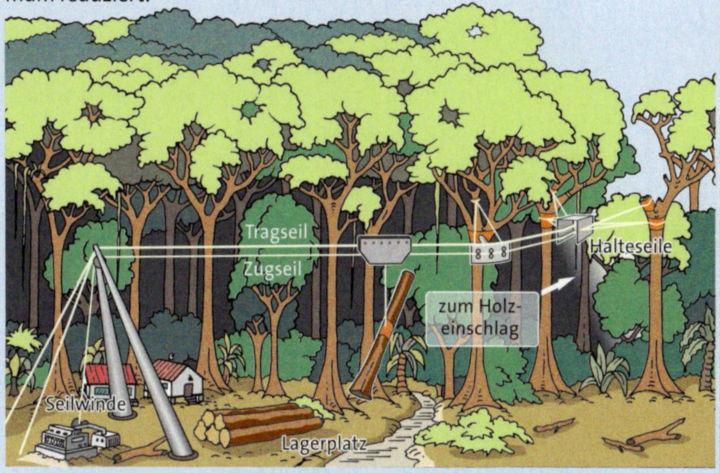

Baumschwebebahn

① ***Warum ist die Banane krumm?***
Das Wort Banane kommt aus dem Arabischen. Dort heißt „banan" Finger.
Die Blüten der Bananenstaude hängen nach unten. Erst nach dem Blühen strecken sich die Bananenfinger und wachsen dem Licht entgegen. So erhalten sie ihre leicht gebogene Form.

Surftipp
www.projekt-mahlzeit.de/aufgeschmeckt/bananenreise

② ***Bananenplantage***

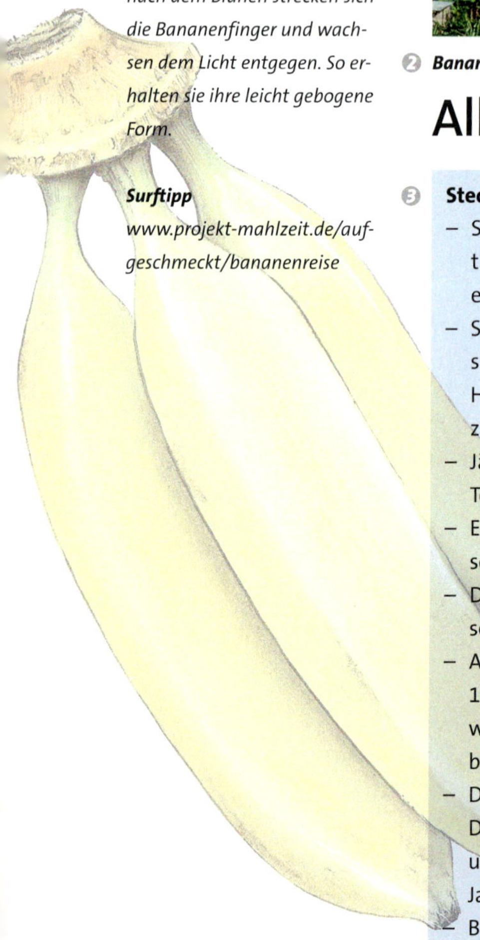

Alles Banane?

③ **Steckbrief Banane:**
- Sie wurde erstmals 600 v. Chr. in den tropischen Regenwäldern Südostasiens erwähnt.
- Seit dem 16. Jahrhundert eroberte sie Südamerika, dort wird heute der Hauptteil für den Weltmarkt produziert.
- Jährlich werden etwa 11 Millionen Tonnen weltweit exportiert.
- Es gibt ca. 500 verschiedene Bananensorten.
- Die Bananenpflanze ist kein Baum, sondern eine ca. 5 m hohe Staude.
- An der Staude hängen 10 bis 12 Büschel Bananen mit einem Gewicht von je 35–50 kg, jedes Büschel besteht aus bis zu 20 Einzelbananen.
- Der Anbau gelingt am besten bei einer Durchschnittstemperatur von 27 °C und Niederschlägen bis 2500 mm/Jahr.
- Bananenstauden sind Dauerkulturen, die einmal im Jahr Früchte tragen.

Paco Alvarez ist „Bananero". Er lebt und arbeitet mit seiner Familie auf der ca. 2 500 ha großen **Plantage** Carmen in Costa Rica: „Ein großer US-amerikanischer Konzern hat hier das Regenwaldgebiet gekauft und gerodet, um Bananen anzupflanzen. So verdiene ich regelmäßig Geld, auch wenn die Arbeit hart ist. Hier wachsen etwa eine halbe Million Bananenstauden. Im Abstand von vier Metern können sie sich gut entwickeln. Da wir die Bananen in Monokultur anbauen, müssen wir viel düngen, damit der Boden nicht zu rasch erschöpft ist. Außerdem spritzen wir die Pflanzen bis zu 40-mal im Jahr gegen Krankheiten und Schädlinge und überziehen die Stauden mit chemisch behandelten Plastiksäcken. Viele meiner Kollegen leiden an Hautkrankheiten, die sie sich durch die Chemikalien zugezogen haben. Das Ernten der Bananen ist sehr anstrengend. Mit einer Machete trennen wir die bis zu 50 kg schweren Bananenbüschel von der Staude ab und tragen sie zur Verpackungshalle. Pro Tag müssen wir eine bestimmte Anzahl schaffen, denn das Schiff wartet bereits im Hafen um die noch grünen Bananen ab-

4

5

6

7

8

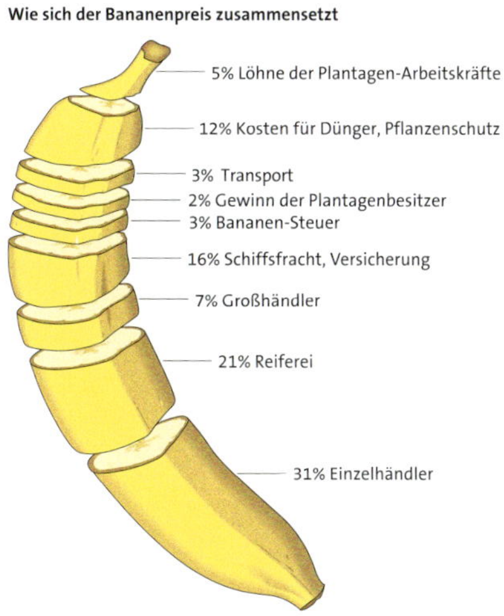

9 ***Anteile am Erlös für eine Banane***

10 ***Bananenhandel weltweit 2001 (in 1 000 t)***

Export:	
Ecuador	*3 534*
Costa Rica	*1 959*
Kolumbien	*1 485*
Philippinen	*2 129*
andere Länder	*5 135*
gesamt	*14 242*
Import:	
USA	*3 840*
Deutschland	*1 065*
übriges Europa	*5 726*
Japan	*991*
andere Länder	*2 590*

zutransportieren. Da sind wir Träger und die Packerinnen manchmal über 13 Stunden im Einsatz. In der Packstation werden die Bananen aus den Plastiksäcken befreit, aussortiert, gewaschen und in kleinere Bündel zerteilt. Die Kronen der Bananen werden anschließend chemisch gegen Fäule behandelt, bevor sie in Kartons verpackt werden. Lastwagen transportieren die Bananenkisten in Containern zum Hafen, wo sie auf Kühlschiffe verladen werden. Diese legen in 12 Tagen die 6 500 Kilometer lange Seereise nach Deutschland zurück. Dort werden die Bananenkisten wieder auf Lkws verladen und in die Reifereien gebracht, wo sie nach einigen Tagen die gelbe Farbe erhalten. Erst dann werden sie an Supermarktketten und Einzelhändler ausgeliefert."

1 *Beschreibe mithilfe der Fotos 4–8 und der angegebenen Internetseite den Weg der Banane von der Plantage bis zum Verbraucher.*

2 *Erläutere die Probleme, die auf Plantagen auftreten.*

3 *Werte das Diagramm 9 aus: Du kaufst für 1 € Bananen. Wie viel Geld erhält jeder an der Produktion Beteiligte?*

4 *Suche in deinem Atlas fünf Staaten mit Bananenanbau.*

Schon gewusst?

*Bananen sind so genannte **„cash crops"**, also Agrarprodukte, die nur für den Verkauf und nicht für den Eigenverbrauch erzeugt werden. Hierzu gehören auch Kakao, Kaffee, Tee und Palmöl.*

1 *Die Hotelzone von Cancún*

„Der Topf, in dem Gold ist“

2 *Beliebtes Ausflugsziel für Touristen: die Ruinen von Chichén Itzá*

Das bedeutet Cancún in der Sprache der Maya. Die damals etwa einhundert Bewohner des ärmlichen Fischerdorfes an der Nordostküste der Halbinsel Yucatán haben 1970 vermutlich nicht geahnt, wie wahr diese Bezeichnung innerhalb von zehn Jahren werden sollte. Mexiko verfügte zu dieser Zeit lediglich über fünf ausgewiesene Touristenorte. Als durch den zunehmenden **Ferntourismus** Gewinne winkten, entschied sich die Regierung 1969, fünf neue Urlaubszentren aus dem Boden zu stampfen. Eines davon war Cancún.

3 **Einwohner und Touristen von Cancún pro Jahr**

	1970	1980	1990	2004
Einwohner in Tsd.	0,1	37	176	478
Touristen in Mio.	–	0,5	1	3

Rasanter Wandel nach Plan

Heute ist das Ferienzentrum Cancún eines der beliebtesten Seebäder Mexikos. Zu den historischen Maya-Kulturstätten Chichén Itzá, Uxmal oder Tulum ist es nicht weit. Die größte Attraktion für die Touristen sind jedoch die ausgedehnten Sandstrände und die vorgelagerten Korallenriffe, die zum Tauchen und Surfen einladen. Um Arbeitsplätze zu schaffen und den Wohlstand zu erhöhen wurde der Tourismus ab 1970 staatlich gefördert. Zwar war Cancún weit von Mexiko-Stadt entfernt und bot eine schlechte Infrastruktur, dennoch erfolgte ein planmäßiger Ausbau. Es entstanden einheitlich gestaltete Tourismuszentren auf mehreren der Küste vorgelagerten Sandbänken, die künstlich verbreitert wurden. Die Hotelzone ist von den Wohngebieten der Bevölkerung räumlich strikt getrennt. Gleichzeitig mit dem Bau der Hotelzone wurden auch ein Großflughafen,

④ ***Strandzone von Cancún***

⑤ ***Cancún***

das Straßen-, Strom- und Wassernetz, die Kanalisation mit Kläranlage sowie Geschäfte, Parks und Sportanlagen geschaffen. Bereits 1974 wurde das erste Hotel eröffnet, heute gibt es etwa 140 Hotels mit insgesamt über 25 000 Zimmern.

Touristischer und wirtschaftlicher Magnet

Hauptsächlich reisen US-amerikanische Urlauber in das von den USA nur wenige Flugstunden entfernte Cancún. Dessen Flughafen steht in Mexiko mit seinen 2,8 Millionen Passagieren jährlich und bis zu 195 Landungen täglich an zweiter Stelle hinter Mexiko-Stadt. Der Bedarf an Arbeitskräften führt zu einer starken Zuwanderung aus ganz Mexiko nach Cancún. Noch heute erhält der Raum gut ein Drittel der gesamten Ausgaben des mexikanischen Staates für den Tourismus. Die Attraktivität dieser Region soll bewahrt bleiben, damit sie auch in Zukunft ein touristischer Anziehungspunkt bleibt, der vielen Mexikanern Arbeit und Einkommen sichert.

⑥ **Klimawerte von Cancún**

Monat	Jan.	Feb.	Mrz.	Apr.	Mai	Juni	Juli	Aug.	Sep.	Okt.	Nov.	Dez.
Tagestemp.	27	28	29	31	31	31	32	32	31	30	28	27
Nachttemp.	19	19	20	21	22	23	23	23	23	22	21	19
Sonnenstunden	5	5	6	6	6	7	7	7	6	6	6	5
Regentage	7	4	4	4	8	11	10	12	14	14	9	9
Wassertemp.	25	25	26	26	27	27	28	29	29	28	27	26

1 *Beschreibe, wie die planmäßige Errichtung der Feriensiedlung die Küste am Karibischen Meer verändert hat.*

2 *Versetzt euch im Rahmen eines Rollenspiels in die Position eines Touristen, eines Hotelbesitzers, eines Einheimischen, der im Tourismusbereich arbeitet, eines Umweltschützers und eines Fischers. Bereitet in Kleingruppen vor, welche positiven bzw. negativen Auswirkungen das Ferienzentrum für die Personen hat. Diskutiert diese anschließend.*

1 ***Magnet Ciudad de México***

3 ***Paseo de la Reforma***

Ciudad de México: Magnet ...

Kaum zu glauben

Drei verschiedene Namen gibt es für die drittgrößte Stadt der Welt: „México" (gesprochen: Me-hi-ko) sagen die Mexikaner, statt der amtlichen Bezeichnung „Ciudad de México" (Mexiko-Stadt). Oft wird die Stadt auch „Distrito Federal" (Bundesdistrikt), genannt. Die englische Bezeichnung „Mexico City" ist nicht angemessen, die Bewohner selbst nennen sich „Capitalinos" (Hauptstädter); von anderen Mexikanern werden sie oft auch als „Chilangos" (Parasiten) beschimpft.

2 „Mexiko-Stadt befindet sich im Dilemma eines sinkenden Schiffs. Wenn man es nicht repariert, ist seine Zukunft sehr unsicher, und wenn man es repariert, steigen noch mehr Leute zu und es sinkt noch schneller ..." (Guillermo Tovar, Stadtchronist von Mexiko-Stadt)
aus: Hermann, Helmut: Mexico, 1999, S. 164

Niemand weiß genau, wie groß die Metropole Mexiko-Stadt wirklich ist. Tagtäglich treffen hier 2 000 oder 3 000 Personen aus allen Landesteilen ein. Jedes Jahr wächst die Stadt aus diesem Grund um ca. 800 000 Menschen, sodass heute ein Viertel aller Mexikaner, etwa 22 Millionen Menschen, auf 0,5 Prozent der Staatsfläche leben. Längst hat die unkontrollierte Besiedlung die Stadtgrenzen überschritten. Die auf einer Höhe von 2 240 m gelegene Hauptstadt erstreckt sich in Nord-Süd-Richtung über 40 km, in West-Ost-Richtung über 30 km aus und ist in den benachbarten Bundesstaat Mexiko hineingewuchert. Warum wirkt die Stadt wie ein Magnet und wächst ständig?

Anziehungspunkt Metropole

Neben der unkontrollierten räumlichen Ausdehnung nimmt auch die überragende Stellung von Mexiko-Stadt innerhalb des Landes stetig zu. Diese **Metropolisierung** umfasst alle Lebensbereiche in so hohem Maße, dass kleinere Städte und ländliche Zonen kaum eine Chance haben, sich ähnlich zu entwickeln. Schon wegen der Rolle als Hauptstadt ist Mexiko-Stadt konkurrenzlos. Die Stadt ist Wirtschafts- und Dienstleistungsmetropole und verfügt über 60 Prozent der Industrie, 50 Prozent aller Banken und Handelsgesellschaften sowie 80 Prozent der Forschungseinrichtungen des Landes. In der Stadt werden über 50 Prozent des mexikanischen Bruttosozialprodukts erwirtschaftet. 42 Prozent aller Erwerbstätigen sind in Mexiko-Stadt beschäftigt. Auch sind hier die Verdienstmöglichkeiten häufig besser als in anderen Landesteilen. Hinzu kommen eine bessere medizinische Versorgung als auf dem Land sowie ein entsprechender Wohnkomfort. Daneben besitzt die Metropole ein

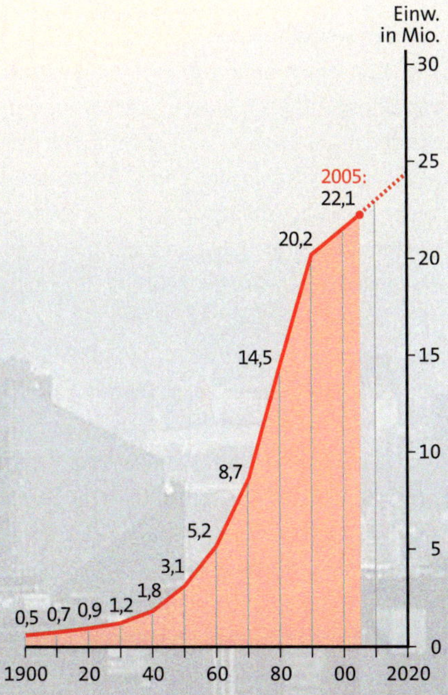

4 Bevölkerungswachstum der metropolitanen Zone von Mexiko-Stadt

überwältigendes kulturelles Angebot. Über 150 Museen, 70 Theater und unzählige Kinos bieten Kunst und Kultur für jeden Geschmack.

5 José Ortega stammt aus dem Dorf Tila bei Tuxtla Gutiérrez. Seine Eltern sind Kleinbauern. Da die geringen Erträge jedoch nie ausreichten, um die Familie zu ernähren, musste er neben der Feldarbeit im nahen Städtchen als Schuhputzer zusätzlich Geld verdienen. Dort auf dem Hauptplatz war ein Radiolautsprecher angebracht, der oft von dem Wohlstand der Hauptstadt Mexiko-Stadt berichtete. Aber das Interessanteste war die Werbung. José erlag ihren Verlockungen. Er wollte viel Geld verdienen und verließ mit 18 Jahren das Elternhaus Richtung Mexiko-Stadt. Er war überwältigt von dieser Stadt, dem reichen Angebot an Waren und dem nächtlichen Lichtermeer ...

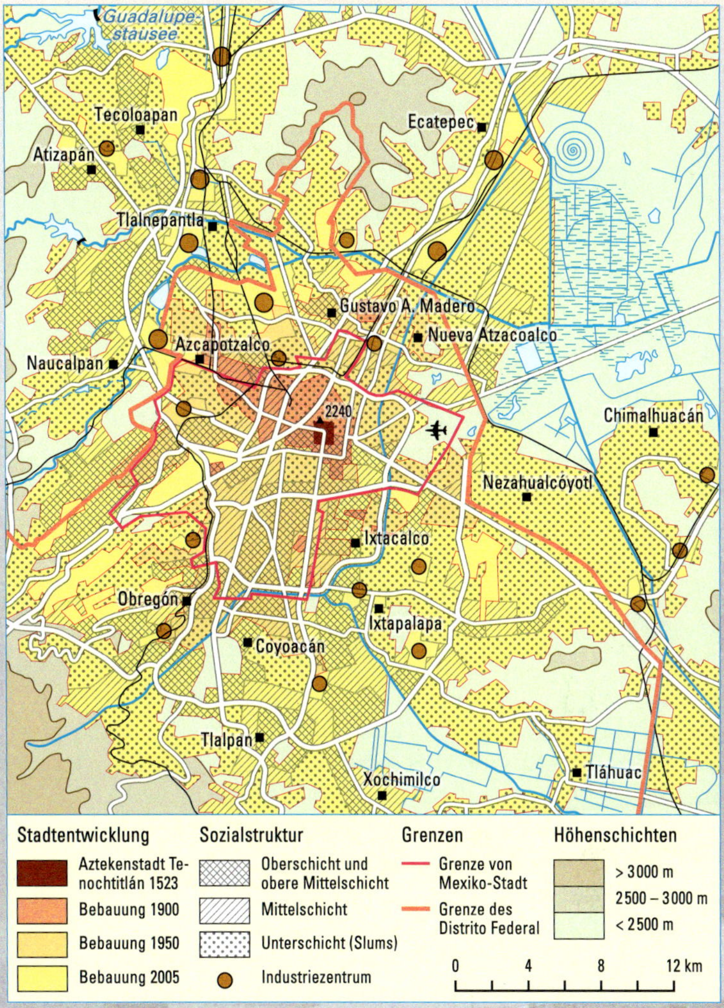

6 Entwicklung von Mexiko-Stadt

1 *Erkläre den Begriff Metropolisierung und erläutere deren Ursachen.*

2 *Berechne das prozentuale Bevölkerungswachstum von Mexiko-Stadt pro Jahrzehnt und stelle dein Ergebnis als Säulendiagramm dar.*

3 *Beschreibe anhand der Karte 6 die Stadtentwicklung im Großraum Mexiko-Stadt und gehe auf die damit verbundenen Probleme ein.*

7 Metropolregionen 2005

1. *Tokio: 31,5 Mio.*
2. *New York: 22,3 Mio.*
3. *Mexiko-Stadt: 22,1 Mio.*
4. *Seoul: 21,5 Mio.*
5. *São Paulo: 19,1 Mio.*
6. *Los Angeles: 17,5 Mio.*
7. *Osaka-Kobe-Kyoto: 17,5 Mio.*
8. *Delhi: 17,5 Mio.*
9. *Mumbai: 17,4 Mio.*
10. *Kairo: 17,1 Mio.*

8 **Smog über Mexiko-Stadt**

Kaum zu glauben

„Hoy no circula" – „heute darf man nicht fahren", heißt es seit 1989 in Mexiko-Stadt, um die Luftbelastung einzuschränken. Nach dieser Regelung muss jedes Auto einmal in der Woche stehen bleiben. Kontrolliert wird das System mittels farbiger Aufkleber und anhand der Endziffern der Nummernschilder.

9 **Müllkippe am Rande von Mexiko-Stadt**

... oder Monstrum?

10 José musste seine Nächte zunächst auf dem Gehsteig verbringen. Bald fand er ein Zimmer in einem Elendsquartier in der Nähe der Altstadt. 13 Personen hausten in einem Raum. Dennoch war José froh, denn er wohnte im Zentrum und verdiente als Zigarettenverkäufer mehr als in Tila. Er war 23 Jahre alt, als er Maria kennen lernte, die als Hausangestellte arbeitete. Als sie ihr erstes Kind zur Welt brachte, wurde sie entlassen. Zu dieser Zeit besetzte José in einer nächtlichen Aktion unbebautes Privatland am Stadtrand und errichtete seiner Familie eine notdürftige Unterkunft. Ihre Hütte verfügte außer einer illegal angezapften Lichtleitung über keinerlei Versorgungseinrichtungen. Erst mit 32 Jahren fand José eine feste Anstellung als Taxifahrer. Dennoch reicht das Einkommen nicht aus, um die inzwischen sechsköpfige Familie zu versorgen. Deshalb verdienen auch die Kinder Geld und jonglieren als Clowns zwischen den an der Ampel stehenden Autos. „Doch uns geht es hier besser als auf dem Land. Dort haben sie nicht einmal Strom", sagt José. „Und bald wird unser Haus aus Stein gemauert sein – mit einer Fernsehantenne auf dem Dach."

Umweltverschmutzung

Die Luftverschmutzung in Mexiko-Stadt ist extrem, täglich rieseln 12 000 Tonnen Schmutz und Abgase, verursacht durch vier Millionen Kraftfahrzeuge und 150 000 Industriebetriebe, auf die Stadt nieder. Besonders gefährdet sind die Bewohner in den ariden Monaten Dezember bis Februar. Zu dieser Zeit leiden die Menschen erheblich unter dem Smog und es werden vermehrt Augenleiden, Herz-Kreislauf-Beschwerden und Erkrankungen der Atemwege festgestellt. An über 300 Tagen im Jahr werden Ozonwerte gemessen, die bei uns sofort Alarm auslösen würden. Daher werden oft Fahrverbote erlassen, die Industrieproduktion eingeschränkt und die Kinder erhalten schulfrei. Täglich produziert die Stadt zudem über 80 000 Tonnen Müll, der zu 73 Prozent auf Halden landet. Der Rest türmt sich in den Straßen und wird somit zum Gesundheitsrisiko.

Wasserknappheit

Mexiko-Stadt ist die einzige Metropole der Welt, die nicht an einem Fluss liegt. Durch die Trockenlegung des Texcoco-Sees, die Zunahme der Bevölkerung und der Industriebetriebe sinkt der Grundwasserspiegel jährlich um ca. 10 cm ab. Dies hat verheerende Auswirkungen. So senkte sich die Erdoberfläche in den letzten 70 Jahren örtlich um bis zu 10 Meter, ganze Straßenzüge versackten, und die Häuser wurden instabil. Zwar legte man etwa 150 km westlich der Stadt einen gewaltigen Stausee an, jedoch muss auch dessen Wasser erst ins Hochtal von Mexiko-Stadt gepumpt werden. Pro Kopf und Tag ist der Wasserverbrauch in Mexiko-Stadt mit ca. 300 l doppelt so hoch wie in Deutschland, obwohl nur etwa drei Viertel der Bevölkerung an die Wasserversorgung angeschlossen sind. Die Slums werden durch Wassertankwagen versorgt, zudem bohren die Bewohner illegal die Wasserleitungen an, wobei viel Trinkwasser ungenutzt versickert. Die Abwässer fließen ungereinigt ins 75 km entfernte Valle de Tula, wo sie zur Bewässerung genutzt werden, bevor der Rest in den Golf von Mexiko mündet.

(11) ***Wilde Ansiedlung in Mexiko-Stadt***

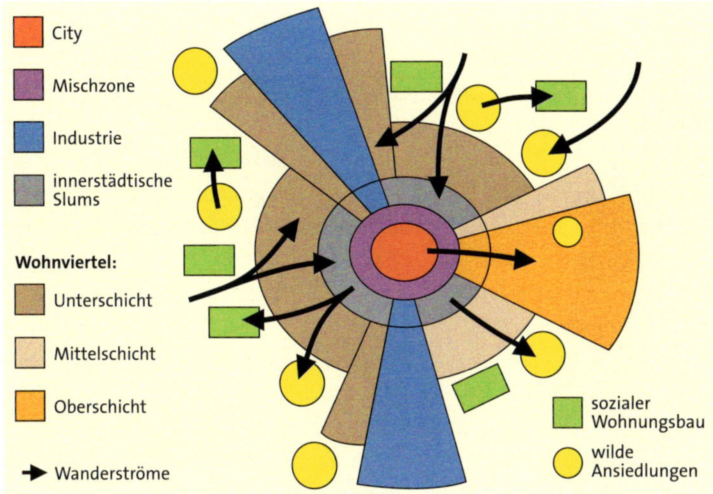

(12) ***Modell der lateinamerikanischen Großstadt***

Die Anlage von Mexiko-Stadt erfolgte nach dem Schachbrettmuster. Mittelpunkt war ein zentraler Platz, an dem die wichtigsten öffentlichen Gebäude wie die Kathedrale, der Präsidentenpalast und das Rathaus errichtet wurden. Daran schlossen sich die prunkvollen Häuser der Oberschicht an.

Bevölkerungszuzug und Armut

Wegen der Umweltprobleme hat sich heute die Oberschicht aus dem Stadtzentrum in die Außenbezirke in von Grün durchsetzte Villenviertel zurückgezogen. In freigewordene Häuser strömen Zuwanderer, wo sie zusammengepfercht unter unbeschreiblichen hygienischen Bedingungen hausen. Die Häuser sind in viele, oft nur zimmergroße und nicht selten fensterlose Wohnungen aufgeteilt, die häufig auch bettenweise vermietet werden. So verwandeln sich die ehemals noblen Wohnviertel in heruntergekommene **Slums**.

An den Randzonen der Stadt schießen meist illegale, so genannte **wilde Ansiedlungen** als Auffangquartiere für die neu Zugewanderten unkontrolliert aus dem Boden. Zunächst wird eine behelfsmäßige Hütte aus Wellblech, Plastikfolien oder Brettern geschaffen. Anfangs mangelt es an jeglicher Infrastruktur. Im Laufe der Zeit wird die brüchige Bausubstanz verbessert, und manche Viertel reifen zu festen Stadtteilen mit geteerten Straßen, Schulen und Geschäften heran. So legt sich um die Stadt ein Ring von über 150 Marginalsiedlungen, in denen rund zehn Millionen Menschen leben.

Arbeitslosigkeit

Das Arbeitsplatzangebot kann mit dem Zuzug der vielen Menschen nicht Schritt halten. Eine hohe Arbeitslosigkeit ist die Folge. Einige Millionen Menschen sind zur Selbsthilfe gezwungen. Sie arbeiten im **informellen Sektor** als Straßenhändler, Feuerschlucker oder Ballonverkäufer; andere produzieren Waren aus einfachen Rohstoffen oder Abfällen von Müllhalden. Die große Armut in den Elendsvierteln wirft immer wieder die Frage auf: Warum zieht es Millionen von Menschen vom Land in die Städte? Für diese **Landflucht** gibt es nur eine Antwort: Es sind die unzureichenden Lebensbedingungen im ländlichen Raum sowie die von der städtischen Glitzerwelt gespeisten Hoffnungen auf besseres Leben.

4 *Ordne die Fotos 1, 3, 8 und 11 dem Modell der lateinamerikanischen Stadt (12) zu.*

5 *Vergleiche das Modell der lateinamerikanischen Stadt mit dem der orientalischen (siehe Seite 51) und finde Unterschiede heraus.*

6 *„Will man den Städten helfen, so muss man zuerst auf dem Land helfen!" Erläutere diese Aussage.*

***Marginalsiedlungen**: Durch Zuzug schnell wachsende, illegale Hüttenviertel am Stadtrand von Metropolen.*

Flächen- und Kreissektorendiagramme auswerten

Nicht nur im Fach Geographie, sondern auch in Zeitungen und Zeitschriften begegnen uns statistische Angaben in Form von Zahlen. Um aus diesen Erkenntnisse für den Unterricht zu gewinnen, behilft man sich mit Diagrammen. Sie veranschaulichen die Zahlen, stellen sie also grafisch dar und verwandeln sie in „sprechende Zahlen". Doch um Diagramme richtig zu verstehen, muss man sie auch auswerten können.

In der Erdkunde begegnen uns verschiedene Arten von Diagrammen, weil Zahlen eine wesentliche Quelle des Unterrichts sind. Wie man Aussagen zu Flächen und Kreisdiagrammen trifft und sie auswertet, sollst du hier lernen.

Flächendiagramme stellen, wie der Name schon sagt, die flächenhafte Dimension eines Sachverhaltes z.B. in Form eines Quadrats oder Rechtecks dar. Je nach Größe der abgebildeten Quadrate kann man Zahlen zu einem Sachverhalt vergleichen. So ist die Darstellung von Rangfolgen möglich.

Kreissektorendiagramme ermöglichen die Darstellung von Anteilen. Dabei entspricht der Kreis dem Gesamtwert, das heißt 360° entsprechen 100 %. Die einzelnen Sektoren zeigen je nach Größe den Anteil am Gesamtwert (z.B. entspricht ein Sektor von 90° 25 %). Diese Diagramme erlauben eine Kombination aus absoluten und relativen Werten. Durch die Veränderung des Durchmessers lassen sich absolute Werte vergleichen, durch die Sektoren werden relative Werte in Beziehung zueinander gesetzt.

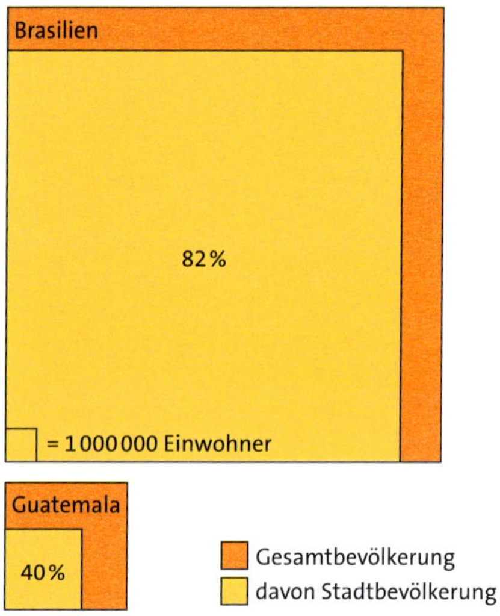

1 ***Darstellung von Gesamtbevölkerung und Verstädterungsgrad der Staaten Brasilien und Guatemala in Flächendiagrammen***

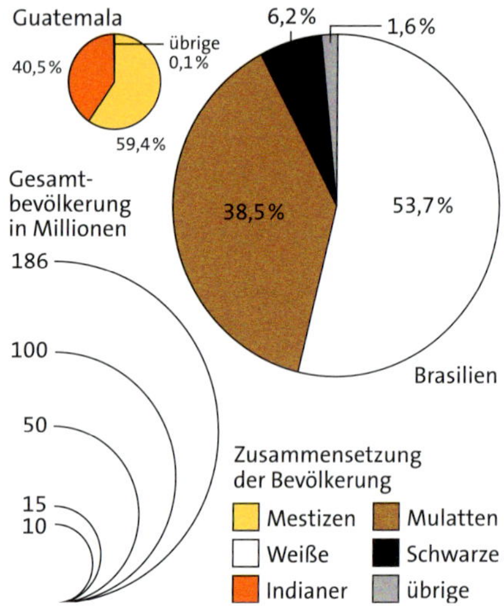

3 ***Darstellung der Gesamtbevölkerung und der Zusammensetzung der Bevölkerung der Staaten Brasilien und Guatemala in Kreissektorendiagrammen***

2 **Gesamtbevölkerung und Verstädterungsgrad ausgewählter Staaten im Jahr 2005**

Staat	Gesamtbevölkerung in Tsd.	Anteil der Stadtbewohner in %
Brasilien	186 113	82
Guatemala	14 655	40

Zusammensetzung der Bevölkerung

Brasilien:
Weiße (53,7 %), Mulatten (38,5 %), Schwarze (6,2 %), übrige (1,6 %)

Guatemala:
Mestizen (59,4 %), Indianer (40,5 %), übrige (0,1 %)

Um Diagramme auszuwerten und kritisch zu beurteilen, geht man am besten in Einzelschritten vor:

1. Schritt: Orientieren
Lies den Titel des Diagramms und mache dir bewusst, was abgebildet wird.

2. Schritt: Diagramm beschreiben
Betrachte, wie der jeweilige Sachverhalt dargestellt wird. Überlege, welche Entwicklungen zu erkennen sind und achte auf Auffälligkeiten (besonders hohe oder niedrige Werte).

3. Schritt: Darstellungsziel ergründen
Überlege dir, was zum Ausdruck gebracht werden soll, indem du deine Beobachtungen erklärst.

4. Schritt: Diagramm bewerten
Formuliere eine Aussage sowie Ergebnisse aus dem Diagramm.

1 *Werte mithilfe der Arbeitsschritte das Flächendiagram von Guatemala aus. Welche Besonderheiten kannst du im Vergleich zu Brasilien erkennen?*

2 *Interpretiere nach den angegebenen Schritten die Kreissektorendiagramme (3) und erstelle dazu einen Stichwortzettel (4). Vergleiche die Diagramme miteinander und stelle Unterschiede fest.*

3 *Arbeite mit dem Atlas: Suche eine Karte mit Flächen- oder Kreissektorendiagrammen und werte sie aus.*

***Mulatten**: Mischlinge aus Schwarzen und Weißen*

***Mestizen**: Mischlinge aus Indianern und Weißen*

Titel des Diagramms:	Darstellung von Gesamtbevölkerung und Verstädterungsgrad des Staates Brasilien
Was wird abgebildet?	Verhältnis der in Städten lebenden Personen in Brasilien im Vergleich zur Gesamtbevölkerungszahl
Wie werden Verhältnisse abgebildet? Entwicklungen? Auffälligkeiten?	Gesamtbevölkerung Brasiliens = 186,113 Mio. Menschen, davon leben 82 % in Städten
Was soll zum Ausdruck gebracht werden?	– Brasilien ist einer der bevölkerungsreichsten Staaten der Erde, 4/5 aller dort lebenden Menschen lebt in Städten, also ist der Anteil der in Städten lebenden Personen im Vergleich zu auf dem Land lebenden extrem hoch
Aussagen/Ergebnisse:	– Brasilien hat einen sehr hohen Verstädterungsgrad, denn 82 % der Gesamtbevölkerung lebt in Städten. Das heißt, von ca. 186 Mio. Menschen leben ca. 150 Mio. in Städten! – Die „restlichen" ca. 36 Mio. Personen leben logischerweise auf dem Land! – Das Leben in der Stadt ist attraktiver als das Landleben, dadurch kommt es zur „Landflucht" – Aufgrund der hohen Verstädterung und des Wachstums gibt es in der Stadt zahlreiche Probleme (Verkehr, Arbeitsplätze, Wohnraum ...)

4 **Julias Stichwortzettel zur Auswertung des Flächendiagramms 1 (Brasilien)**

Rondonia 1975

Rondonia 1992

Rondonia 2001

nachhalt

Siedlungen, Straßennetz

Landwirt-schaft

Gefahr der Ze
Übererso

zerstörter Regenwald

Plantagenwirtschaft

Wichtige Begriffe

Agrarkolonisation
cash crops
Ferntourismus
Höhenstufen
indigene Völker
informeller Sektor
Metropolisierung
nachhaltige Bewirtschaftung
Plantage
Raubbau
Slums

Sichere dein Grundwissen

1 *Beschreibe anhand der Satellitenbilder die Veränderungen des tropischen Regenwalds in der brasilianischen Provinz Rondonia.*

2 *Erkläre, inwiefern bestimmte Nutzungen den Regenwald in seinem Bestand bedrohen.*

3 *Diskutiert Möglichkeiten eines verantwortlichen Umgangs mit dem tropischen Regenwald und seinen Ressourcen.*

4 *Erstellt eine Wandzeitung zum Thema: „Der Regenwald: die größte Apotheke der Erde" und stellt dabei auch die daraus erwachsenden Chancen für eine nachhaltige Nutzung tropischer Wälder dar.*

tztung durch Jäger und Sammler

Naturwald

Holzwirtschaft

Bergbau

Energie-
gewinnung

ͤrung des Regenwalds durch
eßung und Ausbeutung

- Verantwortlicher Umgang mit den Ressourcen
- nachhaltige Nutzung

Mischkultur-System

Baumschwebebahn

1 **Marktgeschehen in der aztekischen Hauptstadt Tenochtitlan, heute Mexiko-City**

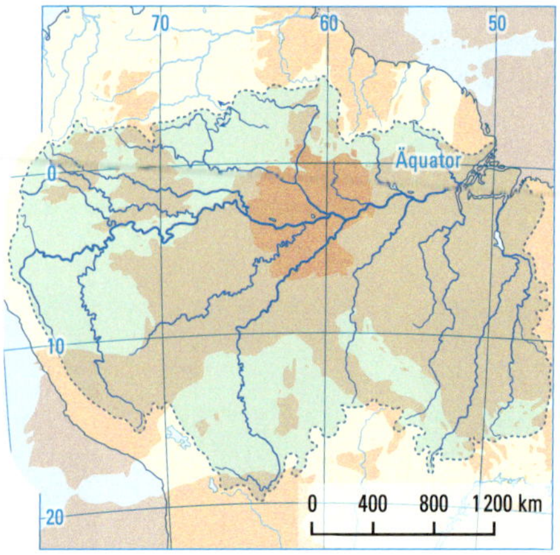

3 **Größenvergleich: Amazonas-Flusssystem und Europa**

1 Geschichte Südamerikas

Erarbeitet fächerübergreifend in Gruppen jeweils einen Länderbericht über die aztektische Hochkultur und das heutige Mexiko. Präsentiert eure Ergebnisse.

2 Auf die Höhe kommt es an

Ordne das Foto 2 aus Ecuador in die entsprechende Höhenstufe ein. Begründe.

2

3 Kennst du die Begriffe?

a) So bezeichnet man Ureinwohner.

b) Die bekannteste Straße Brasiliens, die den Atlantik mit den Anden verbindet.

c) Großbetrieb agrarischer Produktion, z. B. zum Anbau von Bananen oder Kaffee.

d) Agrarprodukte, die für den Verkauf bestimmt sind.

4 Topographische Vergleiche

Der Amazonas bildet das größte und längste Flusssystem der Erde. Als wasserreichster Fluss führt er dem Atlantik pro Sekunde durchschnittlich 190 000 m³ Wasser zu. Er könnte damit einen leeren Bodensee in knapp drei Tagen auffüllen. Der Rhein würde dazu fast sieben Jahre brauchen.

a) Vergleiche die Größe des Flusssystems mit der von Europa.

b) Vergleiche das Flusssystem des Amazonas mit dem des Rheins.

4 **Waldverluste 1990–2000 in Tropenländern mit großen Waldflächen**

Länder	Waldfläche 1990 in km²	Waldfläche 2000 in km²
Angola	709 980	697 560
Bolivien	546 790	530 680
Brasilien	5 669 980	5 439 050
Dem. Rep. Kongo	1 405 310	1 352 070
Indonesien	1 181 100	1 049 860
Kolumbien	515 060	496 010
Malaysia	216 610	192 920
Mexiko	615 110	552 050
Myanmar	395 880	344 190
Peru	679 030	652 150
Sambia	397 755	312 460
Venezuela	516 810	495 060

⑤ ***Schützen oder nutzen?***

⑥ ***Zerstörung des tropischen Regenwaldes***

5 *30 Fußballfelder pro Minute*

Pro Minute werden die tropischen Regenwälder um eine Fläche kleiner, die der Größe von etwa 30 Fußballfeldern entspricht.

a) Suche die in der Tabelle 4 genannten Tropenländer im Atlas und auf Karte 6.

b) Berechne die jährliche Veränderung der Waldfläche in km² und in Prozent.

6 *Erschließung des Regenwalds*

Nenne und erläutere die in der Zeichnung 7 dargestellten Faktoren, die zur Erschließung oder Zerstörung der tropischen Regenwälder Lateinamerikas führen.

7 *Magnet Stadt*

a) Fertige ein Poster an, auf dem du die Faktoren aufzeigst, die die Bevölkerung in die Großstädte ziehen lässt. Stelle diesen die Faktoren gegenüber, die Menschen aus den ländlichen Gebieten wegtreiben.

b) Finde eine passende Überschrift.

8 *Schützen oder nutzen?*

Der Karikaturist setzt sich in seiner Zeichnung (5) mit der Erschließung der tropischen Regenwälder auseinander. Wende dein erworbenes Wissen an und erörtere die Ursachen und Probleme, die sich aus den Eingriffen des Menschen in diesen Naturraum von globaler Bedeutung ergeben.

⑦

Entwicklungsländer und Europa

Ist unser Planet Erde nun „Eine Welt“ oder ist er zweigeteilt? Gibt es wirklich das hier in der Karikatur aufgezeigte Nord-Süd-Gefälle zwischen reichen Industrieländern und armen Entwicklungsländern? Was sind überhaupt Entwicklungsländer? Welche Beziehungen haben wir Europäer zu ihnen? Müssen wir Entwicklungshilfe leisten? – Fragen über Fragen, auf die du nun eine Antwort erhältst.

5

Was ist ein Entwicklungsland?

Kritiker bemängeln, dass der Begriff „Entwicklungsland" in dreifacher Hinsicht falsch und missverständlich sei: Zum einen beruhe er auf der doch fragwürdigen Sichtweise der Industriestaaten, die sich selber als den Maßstab von Entwicklung sehen; zum anderen unterstelle der Begriff, dass in den betroffenen Ländern auch eine entsprechende Entwicklung stattfinde. Drittens aber treffe es auch nicht zu, dass in den Industriestaaten keine Entwicklung mehr stattfinde.
*Aber auch andere Bezeichnungen wie etwa „**Dritte Welt**", „unterentwickelte Länder", „am wenigsten entwickelte Länder (**Least Developed Countries** = LDC)" können sich dem Vorwurf eines wenig objektiven, eher abwertenden Sprachgebrauchs nicht entziehen.*
So benutzt man heute trotz aller kritischen Einwände den Begriff „Entwicklungsland", weil er als der unverfänglichste und neutralste gilt.

Als **Entwicklungsländer** bezeichnet man gemeinhin Staaten, die im Vergleich zu den Industriestaaten weniger entwickelt sind. Um sie abzugrenzen, benutzt man verschiedene Indikatoren (Messgrößen), die einen Katalog von charakteristischen Merkmalen ergeben. Dazu zählen in erster Linie
- wirtschaftliche Merkmale, wie etwa geringes und ungleich verteiltes Pro-Kopf-Einkommen; hoher Anteil der Beschäftigten im primären Sektor, der nur wenig zur Wertschöpfung beiträgt; meist einseitig auf Rohstoffe ausgerichtete, wenig einträgliche Ausfuhr, der oft teuere Importe gegenüberstehen; hohe Auslandsverschuldung; schlecht ausgebaute Infrastruktur; hohe Arbeitslosigkeit; Mangel an Kapital und moderner Technologie etc.
- soziale und soziokulturelle Merkmale, z. B. hohes Bevölkerungswachstum; eine geringe Lebenserwartung aufgrund mangelnder Hygiene und schlechter medizinischer Versorgung, Unterernährung und Hunger; hohe Säuglingssterblichkeit; schlecht ausgebautes Bildungssystem mit vielen Analphabeten; Verharren in traditionellen Verhaltensmustern etwa bei der Benachteiligung der Frau, bei Kinderarbeit oder beim Einfluss von Clans und Sippen.

Manche Statistiken greifen weiter aus und berücksichtigen auch
- ökologische Merkmale, vor allem eine massive Umweltgefährdung, z. B. durch Bodenzerstörung, Waldraubbau,
- politische Merkmale, wie etwa Verletzung von Menschenrechten, Gewaltkonflikte, politische Instabilität, Vorherrschen von autoritären Staatsformen, verbreitete Korruption usw.

Aus dem Zusammenhang und der Vernetzung der einzelnen Merkmale lassen sich zahlreiche **Strukturprobleme** von Entwicklungsländern ableiten: Kann etwa die wirtschaftliche Entwicklung mit dem Bevölkerungswachstum nicht mehr Schritt halten, steigt die Arbeitslosigkeit, die ihrerseits zu Armut, Abwanderung, Slumbildung usw. führen kann. Häufig stellt man Strukturprobleme als sog. Teufelskreise dar. Diese aber treten ebenso wie die einzelnen Merkmale in den jeweiligen Ländern in ganz unterschiedlicher Ausprägung auf, so dass sich eine allgemeingültige Beschreibung für den Begriff „Entwicklungsland" nicht finden lässt.
Da zudem die Indikatoren von den einzelnen Benutzern mit abweichenden Grenzwerten angesetzt und sehr unterschiedlich bewertet werden, lassen sie sich oft nur schlecht vergleichen. So wundert es nicht, dass der Ausdruck „Entwicklungsland" umstritten ist.

1 Entwicklungsstand ausgewählter Länder nach dem HDI

Land	Lebenserwartung		Alphabetenrate in %	Schulbesuch (Rate) in %	Bildungsstand	Bruttosozialprodukt / Kopf		HDI	Rang
	Jahre	Index			Index	US-$	Index		
Norwegen	78,9	0,90	>99	98	0,99	36600	0,99	0,956	1
Deutschland	78,2	0,89	>99	88	0,95	27100	0,94	0,925	19
Costa Rica	78,0	0,88	95,8	69	0,87	8840	0,75	0,834	45
Ecuador	70,7	0,76	91,0	72	0,85	3580	0,60	0,735	100
Südafrika	48,8	0,40	86,0	77	0,83	10070	0,77	0,666	119
Ägypten	68,6	0,73	55,6	76	0,62	3810	0,61	0,653	120
Tansania	43,5	0,31	77,1	31	0,62	580	0,29	0,407	162
Niger	46,0	0,35	15,0	19	0,18	800	0,35	0,292	176
Sierra Leone	34,3	0,16	36,0	45	0,39	520	0,28	0,273	177

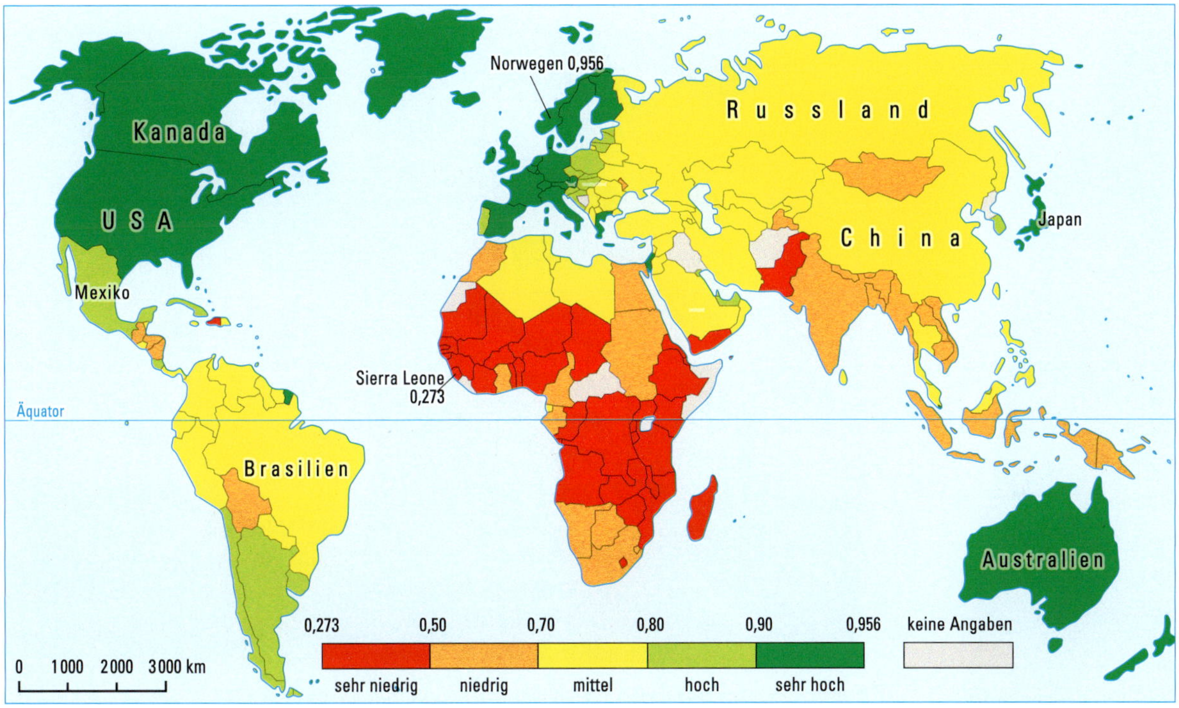

2 ***HDI im weltweiten Vergleich***

3 **Entwicklung des HDI ausgewählter Länder**

Land	1975	1980	1985	1990	1995	2000
Norwegen	0,866	0,886	0,897	0,911	0,935	0,954
Costa Rica	0,745	0,770	0,774	0,791	0,810	0,829
Südafrika	0,655	0,672	0,697	0,729	0,735	0,690
Niger	0,237	0,257	0,250	0,259	0,265	0,279

Surftipp
http://hdr.undp.org/statistics/indices/hdi_calculator.cfm

Um dennoch einen tragfähigen Vergleich des Entwicklungsstands der Länder zu ermöglichen, hat die Entwicklungsbehörde der UNO mit dem so genannten **HDI**, dem **Human Development Index**, ein einheitliches Mess-System festgelegt.
Dort fließen ein:
- das Bruttosozialprodukt je Einwohner als Maßzahl für den allgemeinen Lebensstandard,
- die Lebenserwartung bei der Geburt als Anzeige für die Qualität im Gesundheitswesen und
- ein kombiniert errechneter Wert aus der Alphabetisierungsquote der Erwachsenen und aus der Schuleinschreibungsquote, der als Indikator für den Bildungsgrad einer Gesellschaft herangezogen wird.

Der HDI wird alle Jahre mit einer komplizierten Formel (vgl. Surftipp) errechnet. Sein höchster erreichbarer Wert liegt bei 1, der niedrigste bei 0.

1 Erkläre, warum es schwierig ist, den Begriff „Entwicklungsland" eindeutig festzulegen.
2 Zeige vier Strukturprobleme von Entwicklungsländern auf, indem du jeweils ausgehend von einem ausgewählten Merkmal aus den vier Bereichen einen Teufelskreis (Bsp. 4) entwickelst.
3 Beurteile den Aussagewert des HDI, indem du die Werte von Costa Rica und Südafrika miteinander vergleichst.

4 ***Beispiel für einen Teufelskreis zum Thema „wirtschaftliche Merkmale von Entwicklungsländern":***

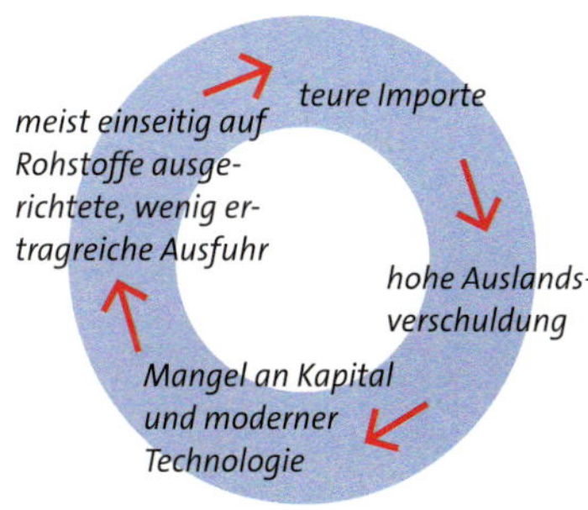

1 Karikatur von Raymond Lurie: „Schließlich sitzen wir doch alle im selben Boot!“

Der bekannte englische Karikaturist Ronald Searle sieht Karikaturen als eine eigentlich ungenießbare Mischung aus zuckersüßem Honig, essigsauerem Hering, schmackhafter Schlagsahne und giftiger Schwefelsäure. Deshalb wirken sie – so stellt er fest – wie optisches Juckpulver, weil sie uns Betrachter zwingen, sich daran zu kratzen.

Karikaturen auswerten

Flüchtlingselend und Asylantenströme aus den Ländern der „Dritten Welt“, das krasse Gefälle zwischen dem reichen Norden und dem armen Süden, Hunger und schreiendes Elend auf der einen, Überfluss und maßloser Luxus auf der anderen Seite der Welt, ungerechte weil ungleiche wirtschaftliche Bedingungen, Kinderarbeit und rücksichtslose Ausbeutung, ausweglose Schuldenfalle für die Entwicklungsländer durch einseitige globale Verflechtungen, eine oftmals fragwürdige Entwicklungshilfe – immer wieder treffen wir auf Karikaturen, die mit spitzer Feder solche Themen vorstellen.

Diese Karikaturen aber versteht man wirklich nur dann, wenn man einerseits über die dort angesprochene Sachlage selbst gründliche Kenntnisse besitzt, andererseits aber auch weiß, mit welchen Mitteln und Absichten die Zeichner arbeiten.

Der Karikaturist berichtet nicht sachlich. Er übertreibt oft maßlos, er spitzt zu; er verkürzt und verdichtet die Wirklichkeit in seinem Sinne. Er verzerrt und verfremdet sie, denn sein Ziel ist es, Widersprüche aufzuzeigen und Missstände bloßzustellen. Dazu bearbeitet er seinen Gegenstand oft mit Ironie und zynischem Sarkasmus.

Es gehört zum Wesen der Karikatur, dass sie einseitig und parteiisch ist. Durch ihre Unausgewogenheit ruft sie gleichermaßen Zustimmung oder Widerspruch hervor. Weil jede Karikatur also gleichsam einen doppelten Boden besitzt, muss man sie mit Bedacht auswerten.

2 ***Karikatur von Gerhard Mester: „nahöstlicher Gewalt-Mechanismus"***

1. Schritt: Sichtbares betrachten und benennen

- *Was ist dargestellt? (Personen, Gegenstände, Situationen ...)*
- *Was ist das Thema, welches Problem wird aufgegriffen?*
- *Wer ist der Zeichner? (gegebenenfalls: Wer ist der Auftraggeber? Wann und wo ist die Zeichnung entstanden, wie wurde sie verbreitet?)*
- *Wie ist das Bild aufgebaut? Was sagt die Überschrift, was der Untertitel?*

2. Schritt: Nicht-Sichtbares beschreiben, übersetzen und deuten

- *Was symbolisieren die abgebildeten Inhalte?*
- *Welche Typisierungen gibt es?*
- *Welche Spannungen und Konflikte werden angesprochen?*
- *Welche Stilmittel (Situationskomik, Stereotypen, Ironie etc.) werden verwendet?*

3. Schritt: Auswerten, interpretieren und den Sinn begreifen

- *Welche Meinung versteckt sich in der Karikatur? Welche Aussagen könnten beabsichtigt, welche Ziele angestrebt sein?*
- *Wie ist sie in den Sachzusammenhang einzubetten?*
- *Wessen Partei vertritt der Karikaturist?*
- *Welche Emotionen werden angesprochen?*
- *Wer ist der Adressat? (An wen wendet sie sich?)*

4. Schritt: Kritisch Stellung nehmen und eine eigene Meinung bilden

- *Kann man den Aussagen zustimmen oder sind sie einseitig bösartig, beleidigend etc.?*
- *Ist die Sache im Kern richtig erfasst oder liegt der Zeichner mit seiner Sicht daneben?*
- *Welche anderen Sichtweisen kann man dagegen halten?*

1 *Wertet nach den angegebenen Schritten die Karikaturen 1 und 2 aus.*

2 *Sammelt Karikaturen zum Thema „Dritte Welt" und führt damit eine Karikatur-Ausstellung durch.*

Ranan Raymond Lurie*, geboren 1932 in Port Said, wuchs in Israel auf. Seine Karriere als Karikaturist begann 1968 in den USA bei der Zeitschrift „Life Magazine". 1980 zeichnete Lurie in Deutschland für „Die Welt", 1981 – 1983 in London für die „Times". Weitere berufliche Stationen führten ihn nach Japan und in die Schweiz. Ein internationaler Preis der Vereinten Nationen für Karikaturisten, der Ranan Lurie Political Cartoon Award, trägt seinen Namen.*

Der deutsche Karikaturist ***Gerhard Mester*** *wurde 1956 in Betzdorf/Sieg geboren. Aus seiner Feder stammen viele Zeichnungen zu aktuellen politischen Ereignissen.*

1 Anteil am Weltgüterhandel im Jahr 2003 in Prozent

Entwicklungsländer als Partner Europas

Die Zusammenarbeit zwischen Europa und den Entwicklungsländern steht auf zwei Säulen: auf Handel und auf Hilfe.

Handelspartnerschaft

Entwicklungsländer exportieren vor allem billige Rohstoffe. Aber: Fertigprodukte, Industriegüter und Dienstleistungen werden auf den internationalen Märkten wesentlich besser bezahlt. Das Verhältnis zwischen den Erlösen aus Exportwaren und den Aufwendungen für Importgüter, die sog. „**Terms of Trade**", sind deshalb oft negativ, was die Entwicklungsländer in steigende Verschuldung treibt.

Um diesen Teufelskreis zu durchbrechen, erleichtern die EU und die **EFTA** die Handelsbeziehungen mit diesen Ländern. Zölle und Mengenbeschränkungen für Einfuhren werden nach einem ausgeklügelten System, das den aktuellen Entwicklungsstand der Handelspartner berücksichtigt, gesenkt oder ganz gestrichen. Für die 49 ärmsten Staaten der Welt etwa hat die Europäische Union alle Zollschranken (Ausnahme: Waffenlieferungen) völlig aufgehoben. Durch Bevorzugungen im Handel soll ein rasches und nachhaltiges Wirtschaftswachstum erzielt und die schrittweise **wirtschaftliche Verflechtung** der Entwicklungsländer mit der Weltwirtschaft unterstützt werden.

Ein besonders umfangreiches Abkommen wurde zwischen der EU und den **AKP-Staaten** ausgehandelt; seine Grundsätze sind: die Partner als gleichwertig respektieren, eine gleichberechtigte Teilnahme in den Wirtschaftsbeziehungen gewährleisten, dabei aber diese Staaten regional abgestimmt und differenziert fördern.

Entwicklungszusammenarbeit – EuropeAid

Etwa die Hälfte aller weltweit geleisteten **Entwicklungshilfe** kommt aus den Staaten der Europäischen Union. Sie beträgt Jahr für Jahr ca. 30 Milliarden €; etwa ein Viertel davon wird über den Gemeinschaftshaushalt der EU gebündelt vergeben. Dazu wurde im Jahr 2001 EuropeAid als zuständiges Amt für **Entwicklungszusammenarbeit** geschaffen, das heute Projekte in mehr als 150 Staaten, Gebieten und Organisationen betreut.

Die Hilfeleistungen zielen vor allem auf einen besseren Zugang zu hygienisch einwandfreiem Wasser, eine sichere Versorgung mit Nahrungsmitteln, auf Seuchenbekämpfung und ausreichende Gesundheitsvorsorge, auf Erziehung und Bildung, auf Förderung von Handel und Verkehr, auf die Sicherung von Freiheit und demokratischen Grundrechten und auf rasche Hilfe in allen Krisenfällen. Dahinter steht der Gedanke, dass sich Frieden und Sicherheit in der Einen Welt nur durch Zusammenarbeit und Integration verwirklichen lassen.

1 *Arbeite mit Karte 2:*
   a) Zeige die Bedeutung Europas im Welthandelsgeflecht auf.
   b) Vergleiche die Handelsbeziehungen von EU/EFTA mit den einzelnen Wirtschaftsregionen.
   c) Afrika steht im Schatten der Weltwirtschaft. Belege diese Aussage.

2 *Erstelle nach den Angaben der Tabelle 3 eine Liste, in der die Rangfolge der Förderbereiche in den einzelnen Regionen deutlich wird.*

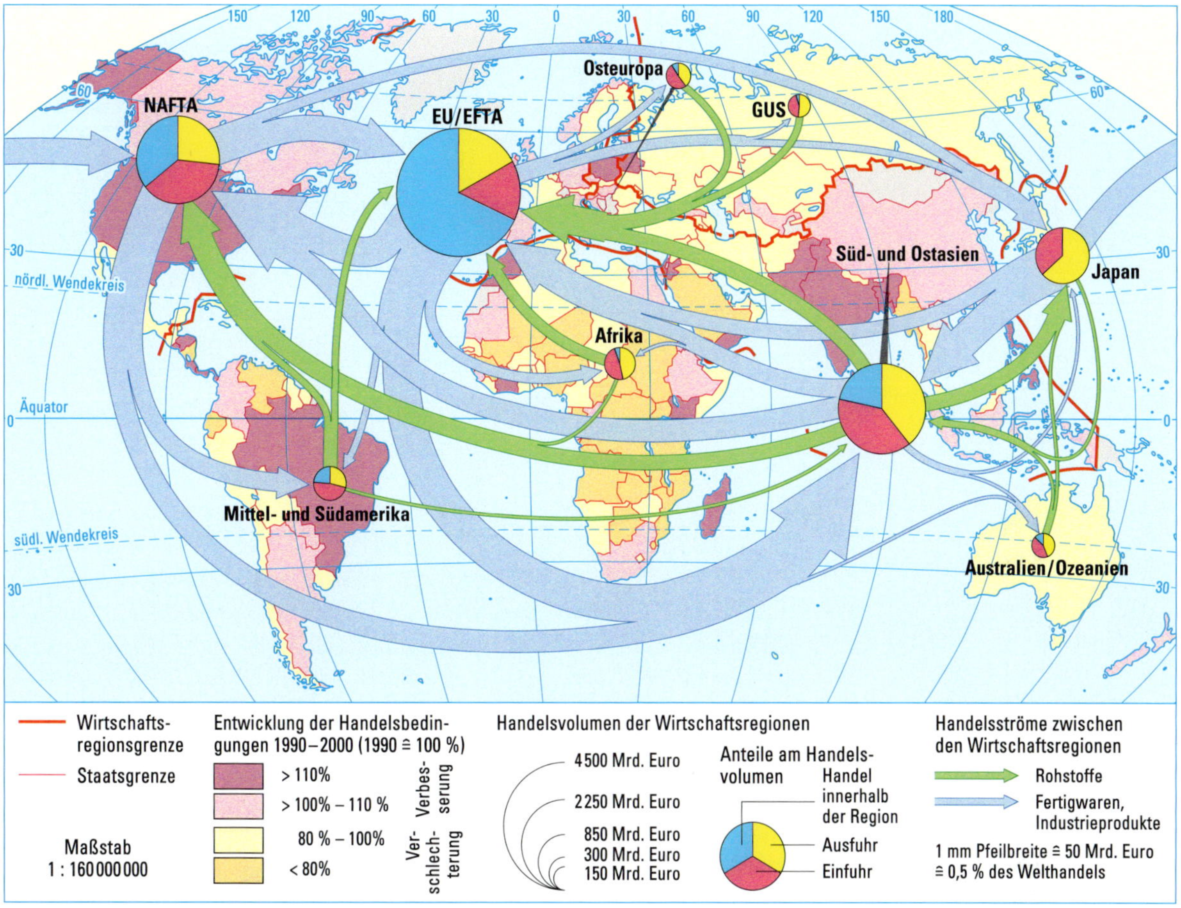

❷ ***Weltwirtschaft und Handelsströme***

❸ **Zahlungen der Europäischen Union im Rahmen der Entwicklungszusammenarbeit im Jahr 2003** (in Mio. €)

	Osteuropa und Zentralasien	Westliche Balkanländer	Mittelmeerraum und Naher/Mittlerer Osten	Afrika, Karibik und Pazifikstaaten	Asien	Lateinamerika
Handel und Entwicklung	142,2	20,8	277,50	345,49	12,1	8,1
Regionale Integration und Entwicklung	4,0	–	336,45	557,70	–	–
Soziale Dienste (z. B. Gesundheit, Bildung)	56,2	8,5	420,11	462,38	536	195,3
Transport und Verkehr	13,1	4,4	–	752,08	26	–
Ernährung und ländliche Entwicklung	50,7	12,2	292,81	473,47	529,2	534,6
Verwaltung und Rechtsstaatlichkeit	123,3	74,4	75,59	375,07	161,3	109,2
Sonstige	8,0	–	0,01	44,85	4,3	3,7
insgesamt	**402,5**	**120,3**	**1402,47**	**3011,04**	**1268,9**	**850,9**

Quelle: www.europa.eu/int/comm/europeaid/reports/index_eu.htm

EFTA *– European Free Trade Association (Island, Liechtenstein, Norwegen, Schweiz) fördert die wirtschaftliche Zusammenarbeit untereinander und in ganz Europa und ist mit der EU in einem gemeinsamen Europäischen Wirtschaftsraum (EWR) verbunden.*

AKP-Staaten *– 77 Entwicklungsländer in Afrika, der Karibik und dem Pazifik, mit denen die EU am 23. Juni 2000 in Cotonou/Benin das seit 1975 bestehende Wirtschafts- und Handelsabkommen verlängert hat.*

Kaffee – ein besonderes Getränk

❶ *Kaffeeproduktion ausgewählter Staaten 2004*

Staat	*Anteil an Weltproduktion*
Brasilien	*31,8 %*
Vietnam	*10,5%*
Indonesien	*9,1 %*
Kolumbien	*8,8 %*
Mexiko	*4,0 %*
Indien	*3,6 %*
Guatemala	*2,9 %*
Äthiopien	*2,8 %*
Uganda	*2,4 %*

Seit dem 17. Jahrhundert wird in Europa Kaffee getrunken, verbreitet durch die Araber und die Türken.

Die Kaffeepflanze ist ein 1–2,5 m hoher Strauch, der ursprünglich aus den Hochländern Äthiopiens und des Sudans stammt und heute weltweit in der tropischen und subtropischen Zone angebaut wird. Die „Kaffeekirschen“ sind die Früchte dieses Strauches. Sie reifen über das ganze Jahr verteilt und müssen in regelmäßigem Abstand per Hand gepflückt werden.

Heutzutage werden fast ausschließlich zwei Sorten angebaut: zu 75 % „Arabica“, mit dem Hauptanbaugebiet Amerika, und zu 25 % „Robusta“, eine nicht so hochwertige Sorte, die überwiegend in Afrika angebaut wird und hauptsächlich zur Herstellung von löslichem Kaffee verwendet wird.

Der Geschmack des Kaffees hängt neben der Sorte aber auch von der Mischung und dem Röstverfahren ab.

❷ Durchschnittlicher Kaffeepreis in US-Dollar/t

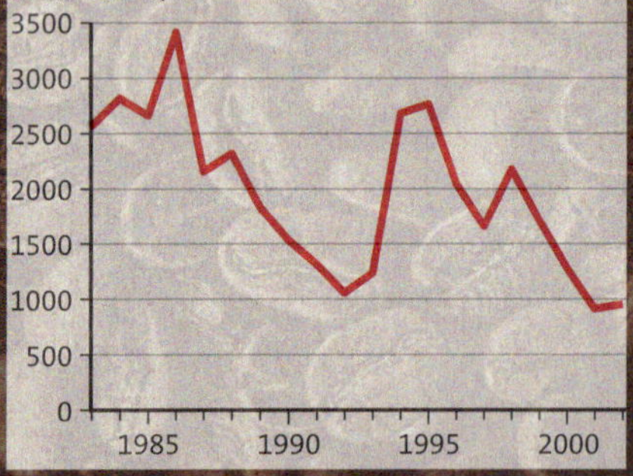

❸ Der Wert des Kaffees – Zollsätze der EU

Kaffee	Zollsatz EU
Kaffee (ungeröstet)	4 %
Kaffeeschalen und -häutchen entfernt	7 %
Kaffee, entkoffeiniert	10 %
Kaffee, geröstet, nicht entkoffeiniert	12 %
Kaffee, geröstet und entkoffeiniert	15 %

Die Volkswirtschaften einiger der ärmsten Länder sind in hohem Maße von dem Handel mit Kaffee abhängig, insbesondere in einigen afrikanischen Staaten. In Uganda etwa ist die Lebensgrundlage von 25 % der Bevölkerung in irgendeiner Art und Weise mit dem Kaffee verbunden. Selbst in Staaten mit großem Plantagenanbau wie etwa Kenia gibt es viele kleinbäuerliche Betriebe. Insgesamt werden 70 % des Kaffees in Familienbetrieben mit weniger als 10 ha Fläche angebaut. Ganz wesentlich wird die Bewirtschaftung der Höfe von den Frauen getragen, die mit den Erlösen früher ihre Familien ernähren, ihre Kinder zur Schule schicken und für angemessene Behausungen sorgen konnten.

Der heutige Weltmarktpreis für Kaffee ist auf ein so niedriges Niveau gefallen, dass die Kleinbauern nicht mal mehr die Grundbedürfnisse ihrer Familien decken können.

4

5

6

7 Mohammed Ali Indris, Kaffeebauer aus der äthiopischen Provinz Kafa, beschreibt seine Situation:
„Vor fünf oder sechs Jahren betrug meine Ernte sieben Sack rote Kirschen, und das war ausreichend, um Kleider und Medikamente zu kaufen, bestimmte Dienstleistungen zu bezahlen und viele Probleme zu lösen. Heute kann ich nicht einmal mit der vierfachen Verkaufsmenge meine Ausgaben decken. Um einen Kredit für den Kauf von Dünger und Saatgut für Mais abzubezahlen, war ich gezwungen, meine Ochsen zu verkaufen – oder ich wäre ins Gefängnis gekommen."

aus: Bitter! Armut in der Kaffeetasse. Oxfam, Berlin 2002, S. 10.

Transfair

Die Lebensbedingungen der Kleinbauern hängen direkt von dem Kaffeepreis auf dem Weltmarkt ab. Sie können sich verbessern, wenn durch direkte Handelsbeziehungen Gewinne von Zwischenhändlern wegfallen und garantierte Mindestpreise gezahlt werden. Der Zusammenschluss von sozialen, entwicklungspolitischen und kirchlichen Organisationen zum **fairen Handel** unter dem TRANSFAIR-Siegel verschafft den Bauern langfristige Abnahmeverträge und ermöglicht durch das Recht auf Vorfinanzierung eine sichere Zukunftsplanung.

1 *Kaffee ist ein typisches koloniales Produkt. Informiert euch mithilfe des Internet über die Ausbreitung der Kaffeeplantagen im 18./19. Jahrhundert und die heutige kleinbäuerliche Produktion in Afrika.*
2 *Untersucht den Kaffeekonsum in eurem Umfeld. Wie viel Kaffee trinkt ihr selbst, eure Eltern, eure Verwandten? Wie viel Kaffee wird bei welchen Gelegenheiten getrunken?*
3 *Entscheide, ob es sinnvoll ist, den teuren TransFair-Kaffee zu kaufen?*

Kaum zu glauben

Jeder Deutsche trank im Jahr 2001 159,2 Liter Kaffee, das entspricht rund 23 % des jährlichen Getränkekonsums. An zweiter Stelle steht Bier mit einem Pro-Kopf-Verbrauch von 123,1 Litern vor Mineralwässern mit 110,2 Litern. Der Teeverbrauch (Grün- und Schwarztee, ohne Kräutertee) betrug 26,2 Liter.

FAIRTRADE
TRANSFAIR

8 Siegel für Waren aus fairem Handel

Surftipp

www.vistaverde.de/news/Politik/0209/18_kaffee.htm
www.kaffeeverband.de
www.maketradefair.com
www.oxfam.de

❶ ***Einsatz von Pflanzenschutzmitteln auf einer Blumenfarm in Kenia***

❷

❸

Die im Flower-Label-Program zertifizierten Blumen stammen aus umweltgerechter und menschenwürdiger Produktion, basierend auf folgenden Kriterien:
- *Existenzsichernde Löhne*
- *Gewerkschaftsfreiheit*
- *Gleichbehandlung*
- *Verbot von Kinder- und Zwangsarbeit*
- *Gesundheitsvorsorge*
- *Verbot hochgiftiger Pestizide*
- *Verantwortlicher Umgang mit natürlichen Ressourcen*

Arbeitsteilung

Arbeitsteilung gilt als die Grundlage modernen Wirtschaftens. Sie führte einst zum Tausch und nach Einführung der Geldwirtschaft zum Handel. Reger Handel deutet also auf eine hoch entwickelte Arbeitsteilung hin. Dabei findet Arbeitsteilung nicht nur auf nationaler, sondern immer mehr auch auf internationaler Ebene statt.

Voraussetzung für internationale Arbeitsteilung ist die unterschiedliche Ausstattung der Länder mit den Produktionsfaktoren Energieträger, Rohstoffe, Boden, Kapital und Arbeitskraft. Daraus ergeben sich von Land zu Land unterschiedliche Preise für die hergestellten Erzeugnisse oder die erbrachten Dienstleistungen. Im internationalen Wettbewerb spezialisieren sich die einzelnen Staaten auf die Produktion derjenigen Güter oder die Dienstleistungen, die sie billiger oder in höherer Qualität herstellen und anbieten können als andere Länder.

Die Globalisierung bringt die Ausweitung internationaler Arbeitsteilung mit sich. Dabei bilden sich weltweite Märkte heraus, auf denen Waren und Dienstleistungen gehandelt werden. Die internationale Arbeitsteilung ermöglicht es den einzelnen Ländern, ihre unterschiedlichen Stärken auszuspielen und dadurch Gewinne zu erzielen.

❹ **Schenkt man sich Rosen aus Kenia**

Wer zum Valentinstag rote Rosen verschenkt, ahnt vermutlich nicht, dass die Blumen schon eine weite Reise hinter sich haben. Doch die Wahrscheinlichkeit ist ziemlich groß, dass sie ein paar Tage zuvor noch in der roten Erde Kenias wuchsen. Kenia gehört nach Kolumbien und Ecuador zu den weltgrößten Exporteuren von Schnittblumen.

Die meisten Blumenfarmen liegen zwischen einem See, in dem sich Flusspferde tummeln, und einem Nationalpark, durch den Löwen und Giraffen streifen. Rund um den Naivasha-See, etwa 90 km nördlich von Nairobi, finden sich die größten Blumenfarmen der Welt: Das Klima ist gemäßigt, der satte Boden und die Höhenluft bekommen den Blumen besonders gut. Statt bunter Blumenmeere sind dort allerdings nur riesige Flächen voller Gewächshäuser zu sehen.

Die Kenianer sind stolz auf ihre Schnittblumen – nach Kaffee und Tourismus sind sie die größten Devisenbringer. Allein Deutschland, nach Holland und Großbritannien der wichtigste Abnehmer kenianischer Blumen, importiert jährlich etwa 60 000 Tonnen der leicht verderblichen Ware. Umweltschützer sehen den Aufschwung der Blumenindustrie mit Skepsis. Die Blumenfarmen verbrauchen so viel Wasser, dass der Wasserstand des Naivasha-Sees in den vergangenen Jahren deutlich zurückgegangen ist. Viele Betriebe leiten mit Dünger und Pflanzenschutzmitteln verseuchte Abwässer ungeklärt in den See.

Auch die Arbeiterinnen auf den Farmen haben manchmal Grund zur Klage. Sie verdienen pro Tag weniger, als eine Rose in Deutschland im Laden kostet. Viele von ihnen tragen beim Einsatz chemischer Mittel nicht die notwendige Schutzkleidung.

Doch allmählich zeichnet sich ein Umdenken ab. Die ersten Blumenfarmen in Kenia arbeiten nach Schutzbestimmungen, so dass sie ihre Ware mit einem Gütesiegel auszeichnen dürfen.

Ulrike Koltermann, in: Allgäuer Anzeigeblatt vom 12.02.05

5 **Vom Kutter frisch auf das Krabbenbrötchen?**

Wo, wenn nicht an der Nordsee, sollte man sie frischer bekommen, die leckeren Krabbenbrötchen? Frisch angelandete Nordseegarnelen, auf dem Kutter gekocht, schnell gepult – und dann drauf aufs Brötchen. Die Reise der kleinen, rosa Krabben ist aber eine oft viel längere, einige von ihnen haben bereits Afrika gesehen.

Krabbenpulen ist eine aufwändige Angelegenheit, die meist in Handarbeit erledigt werden muss. Auf sieben bis zehn Pfund bringt es eine gute Pulerin in der Stunde – bis in die 1960er-Jahre hinein war das eine gute Nebenbeschäftigung für viele nordfriesische Hausfrauen. Immer wieder wurde an der Entwicklung von Maschinen gearbeitet, die die teure Arbeit automatisieren sollten. Ein Erfolg stellte sich aber erst in den letzten Jahren ein. Aber diese Maschinen sind teuer. Zu den hohen Anschaffungskosten kommt der weitere Nachteil, dass sie auch einen Standplatz brauchen und Geld kosten, wenn die Krabbenfänge im Winter zurückgehen oder ganz ausbleiben.

Also hat man sich früh besonnen, die Krabben zum Pulen in Billiglohnländer zu schaffen. Da Transportkosten kaum ins Gewicht fallen, werden die gekühlten Fänge in ehemalige Ostblockstaaten, wie z. B. Polen, transportiert. Und seitdem dort der Lebensstandard und damit auch die Löhne gestiegen sind, wandert die Ware aus der Nordsee bis über das Mittelmeer nach Marokko, wo die Krabben in riesigen gekühlten und klimatisierten Hallen von weiß vermummten Marokkanerinnen für wenig Geld aus der Schale gepult werden. Danach treten sie ihre Heimreise an und kommen – nach einer zum Teil wochenlangen Odyssee durch die Welt – wieder dort an, wo sie schon einmal waren – und landen als ‚frische' Krabben, inzwischen mit Konservierungsstoffen haltbar gemacht, auf den Krabbenbrötchen.

nach: Klaus Bölling, in: www.boelling.de

6 ***Krabbenpulen in Marokko***

Entwicklungsländer können sich auf die Herstellung arbeitsintensiver Produkte oder auf arbeitsintensive Dienstleistungen spezialisieren, dabei die Löhne erhöhen und die Einkommensverteilung verbessern. Häufig haben Länder, die sich wirtschaftlich öffneten, ein höheres Wachstum erreicht und die Armut stärker reduziert als Länder, die sich nicht öffneten.

Allerdings besteht die Gefahr, dass sich internationale Verflechtungen schnell wandeln. Verändern sich Produktionsfaktoren eines Anbieters, z. B. durch höhere Löhne, so sucht der Betrieb nach neuen, billigeren Partnern. Unternehmen aus Industrieländern haben sich bisher vor allem mit den günstigeren Rohstoffen aus Entwicklungsländern eingedeckt. Immer öfter nutzen sie neuerdings auch die billigeren Arbeitskräfte und verlagern Produktion und Dienstleistungen in die Entwicklungsländer.

7

1. *Erkläre, weshalb Kenia sich in den letzten Jahren zu einem bedeutenden Schnittblumenlieferanten für Europa entwickelt hat.*
2. *Wäge positive und negative Auswirkungen der Blumenproduktion in Kenia ab.*
3. *Beschreibe und erkläre den Prozess der Arbeitsteilung am Beispiel des Krabbenpulens.*
4. *Diskutiert Vorteile und Nachteile der Arbeitsteilung.*

Kinderalltag in Industrie- und Entwicklungsländern

Der Alltag der Kinder in Entwicklungs- und Industrieländern sieht zwar unterschiedlich aus, aber auf der ganzen Welt arbeiten Kinder, und zwar nicht nur in Teppichfabriken oder auf Plantagen. Selbst in Deutschland üben Kinder für Geld sehr unterschiedliche Tätigkeiten aus. Ist aber auch jede von Kindern ausgeübte Arbeit **Kinderarbeit**?

Kaum zu glauben
Schätzungsweise arbeiten weltweit 300 Mio. Kinder. Nach Angaben der Internationalen Arbeitsorganisation (ILO) leben mehr als 95 % von ihnen in Entwicklungsländern. In Deutschland arbeiten laut einer Studie der Bundesländer von den 13- bis 15-jährigen rund 40 %, etwa 600 000 Kinder. Allerdings erfüllen diese Tätigkeiten nie alle Kriterien der UNESCO (siehe hierzu Text 5).

1 **Alice, 14 Jahre, Brasilien**
Gemeinsam mit meinem Bruder Leonardo und meiner Mutter Vera lebe ich in Vila São Jose, einem Armenviertel am Stadtrand von São Paulo. Meine Mutter ist arbeitslos, mein Vater hat die Familie verlassen, daher leben wir von der Sozialhilfe, die aber sehr gering ausfällt. Mein ältester Bruder wurde mit 16 Jahren erschossen, nachdem er sich mit Drogendealern eingelassen hatte. Wir haben zwar ein kleines Haus, aber das besteht nur aus einem Raum, von dem das Bad mit Sperrholzplatten abgetrennt ist. Wenn es regnet, tropft es durch das mit Plastiktüten abgedichtete Dach, im Winter bläst der Wind kalt durch alle Ritzen. Vormittags gehe ich in die Schule, wo wir 40 Schüler pro Klasse sind. Am Nachmittag besuche ich, statt herumzustreunen, seit einigen Monaten die „Reconciliação", eine Einrichtung, in der wir zusätzlichen Unterricht erhalten oder Kurse wie Kochen, Handwerken oder Basteln besuchen können. Natürlich bleibt auch Zeit zum Spielen!

2 **Sambu Nupara, 13 Jahre, Nepal**
Ich lebe gemeinsam mit vielen Jungen neben einer Teppichfabrik in Nepal. Hier sind meine Freunde, sie sind meine Familie. Wir hocken den ganzen Tag vor unseren Teppichen in einem riesigen Raum. Das ist zwar manchmal lustig, meist aber sehr anstrengend, weil es dort so unbequem und schlecht beleuchtet ist und ein großer Arbeitsdruck auf uns lastet. Ich habe schon eine gute Position als Vorarbeiter, da ich einer der älteren Jungen bin.

3 **Uli Gabriel Gobin, 14 Jahre, Deutschland**
Meine Schwester, meine Eltern und ich leben in Sonthofen im Allgäu, aber eigentlich bin ich Venezuelaner. Ich kam im Alter von zwei Jahren hierher, da mein Vater, der deutscher Staatsbürger ist, hier ein Hotel besitzt. Meine Mutter stammt aus Venezuela, daher spreche ich Spanisch und Deutsch. Nach dem Schulabschluss würde ich gerne nach Venezuela gehen, denn viele meiner Verwandten leben dort. Mein Tagesablauf besteht in erster Linie aus Schule. Ich besuche die 8. Klasse des Gymnasiums und plane, hier mein Abitur zu machen. Am Nachmittag bin ich zuerst mit den Hausaufgaben beschäftigt. Anschließend treffe ich mich mit Freunden oder treibe Sport. Ich unterstütze meine Mutter im Haushalt, weil sie als Ärztin arbeitet. Manchmal helfe ich auch meinem Vater im Hotel. Das macht Spaß, und ich kann so mein Taschengeld etwas aufbessern.

4 **Matthew Moscal, 15 Jahre, USA**
Ich lebe in Denver, Colorado und bin ein Einzelkind. Wir wohnen am Rand der Stadt in einer Siedlung für reichere Leute. Tagsüber besuche ich die High-School und komme erst am späten Nachmittag nach Hause. Dann bin ich meistens beim Tennis oder ich treffe meine Freunde. Eigentlich muss ich nicht arbeiten, weil mein Vater bei einer großen Firma viel Geld verdient. Trotzdem fahre ich jedes Wochenende mit dem Fahrrad Zeitungen in unserer und in den umliegenden Siedlungen aus, weil ich es nicht so toll finde, wenn ich meine Eltern für alles um Geld bitten muss. So kann ich das Geld für Klamotten oder meine Freizeit ausgeben. Einen Teil spare ich für ein Auto!

5 **Kinderarbeit heißt ...**
- Vollzeitarbeit in zu jungen Jahren
- zu viele Arbeitsstunden
- eine Tätigkeit, die unangemessenen körperlichen, sozialen oder psychologischen Stress verursacht
- arbeiten und leben auf der Straße
- unzureichende Entlohnung
- zu große Verantwortung
- eine Tätigkeit, die die Bildung behindert
- eine Tätigkeit, die die Würde und das Selbstwertgefühl der Kinder untergräbt

nach einer Erklärung der ILO und der UNESCO

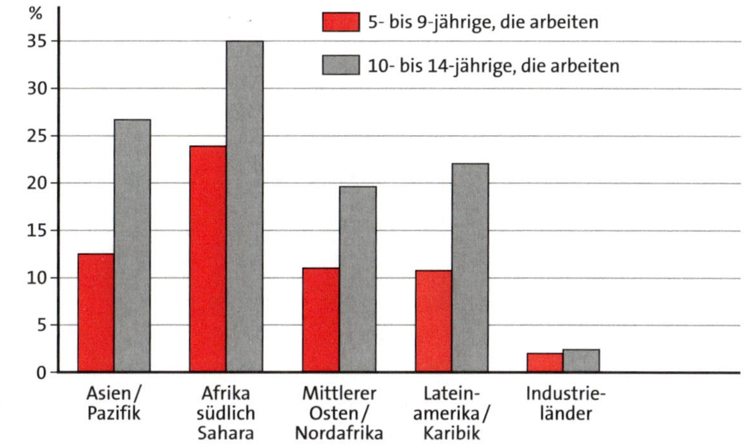

6 ***Anzahl der arbeitenden Kinder einer Altersgruppe nach Regionen (2002)***

1 *a) Stelle die Gemeinsamkeiten und Unterschiede in den Berichten der Jugendlichen zusammen.*
b) Vergleiche die Beschreibungen mit deinem eigenen Alltag und ziehe dazu auch Material 5 und 7 heran.

2 *Werte das Diagramm 6 aus.*

3 *Diskutiert in der Klasse, welches Interesse Erwachsene daran haben, dass Kinder und Jugendliche arbeiten.*

4 *„Kinderarbeit kann Chancen nehmen, sie kann aber auch Chancen geben." Erkläre diesen Satz und finde treffende Beispiele.*

7 ***Die UN-Kinderrechtskonvention – als Übereinkommen über die Rechte der Kinder – besagt:***

Artikel 1

Ein Mensch unter 18 Jahren ist ein Kind, sofern er nach seinem Landesrecht nicht früher als volljährig gilt.

Artikel 32

Kinder sind vor wirtschaftlicher Ausbeutung zu schützen. In allen Vertragsstaaten darf kein Kind Arbeiten verrichten, die gefährlich, ungesund oder für seine Entwicklung und Ausbildung schädlich sind.
Es sind Maßnahmen zu treffen, die das Kind schützen. Diese legen ein Mindestalter fest, regeln Arbeitsbedingungen und Arbeitszeit und sehen Strafen vor, wenn gegen diese Regelungen verstoßen wird.

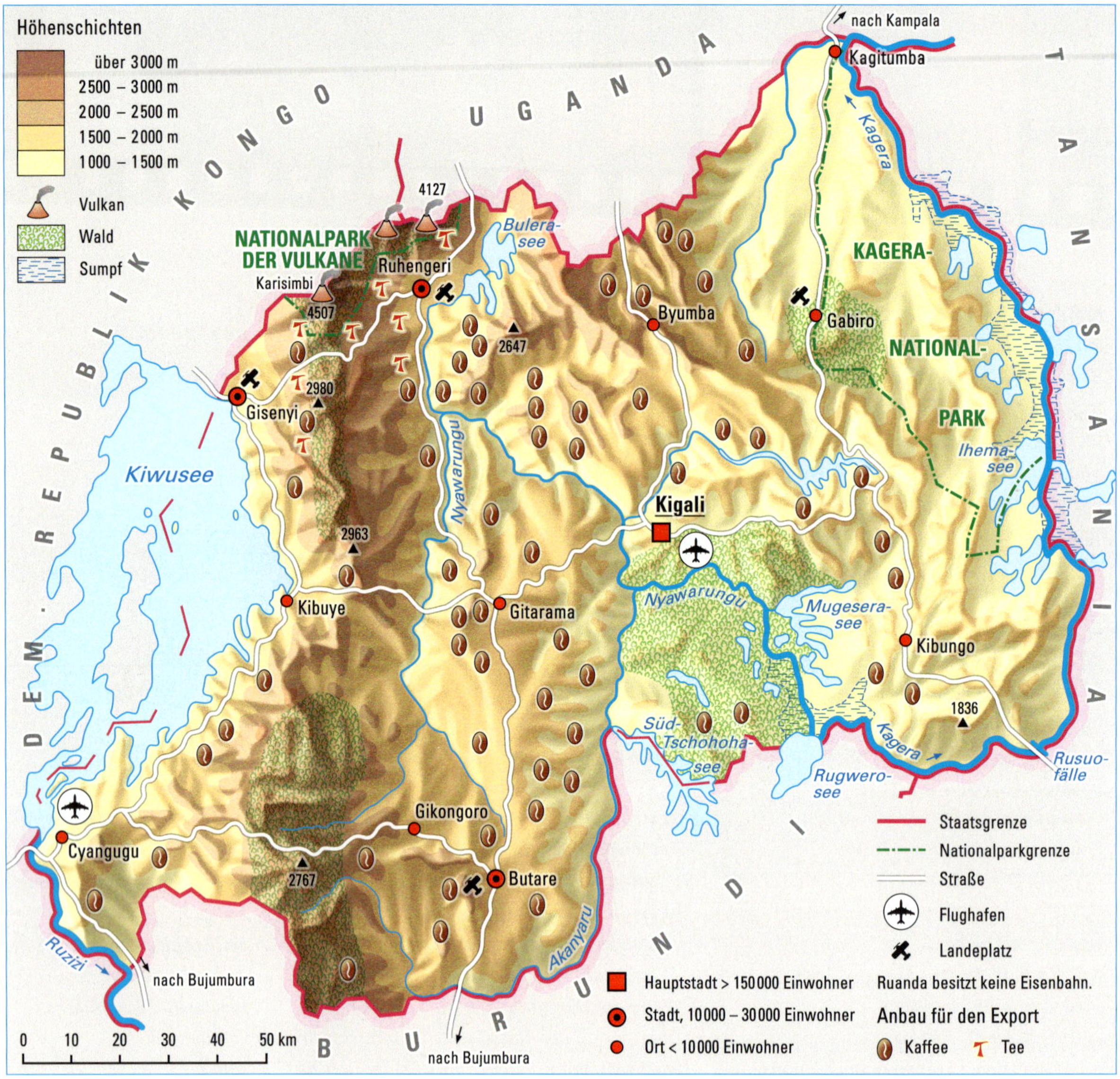

1

Ruanda – ein Entwicklungsland

Betrachtet man das Relief Ruandas, wird deutlich, warum dieser Staat auch den Beinamen „Land der tausend Hügel“ trägt. Dabei erreicht Ruanda mit seinen 26 338 km² nur etwas mehr als ein Drittel der Größe Bayerns. Da Ruanda im Mittel zwischen 1 200 und 2 000 m hoch liegt, ist das Klima angenehm gemäßigt mit Temperaturen zwischen 18° und 21 °C – „Land des ewigen Frühlings“ heißt es deswegen auch. Die durchschnittlichen Jahresniederschläge reichen in der Regel für die landwirtschaftliche Nutzung aus. Ruanda ist ein tropisches Agrarland. Das Land ist arm an Rohstoffen, es gibt nur wenig Industrie. So leben mehr als 90 % der Bevölkerung von der Landwirtschaft, wobei diese hauptsächlich eine reine Subsistenzwirtschaft ist.

Im Jahr 2005 hatte Ruanda etwa 8,44 Millionen Einwohner und ist damit eines der am dichtesten besiedelten Länder Afrikas (zum Vergleich: Bayern hatte knapp 12,2 Mio. Ein-

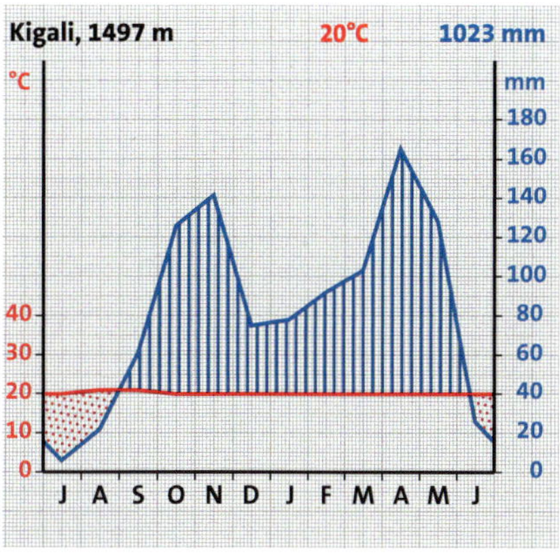

2 ***Klimadiagramm von Kigali***

3 ***Landschaft in Ruanda***

wohner). In einigen Regionen beträgt die Bevölkerungsdichte bis zu 1 000 Einwohner pro km². Bereits heute ist die durchschnittliche Nutzfläche für eine Familie auf unter einen Hektar gesunken, da neben dem Bevölkerungswachstum auch das geltende Erbrecht zu einer Verkleinerung der Nutzflächen beiträgt. Im Falle des Todes des Vaters wird das Land in Realteilung zu gleichen Teilen an alle Söhne verteilt. Das führt zu einer unübersehbaren Zerstückelung der landwirtschaftlichen Nutzfläche. Die Grenze der landwirtschaftlichen Tragfähigkeit ist längst erreicht.

Auch die Gesundheitssituation ist Besorgnis erregend, knapp ein Viertel der Bevölkerung leidet an chronischer Mangelernährung. Die Mütter- und Kindersterblichkeit sowie die Infizierung mit HIV (Aids) sind hoch.

Ruandas Bevölkerung setzt sich im Wesentlichen aus den Hutu (85 %) und den Tutsi (15 %) zusammen. Der Kampf zwischen diesen beiden Volksgruppen um die Macht im Staat erreichte 1994 im Genozid seinen traurigen Höhepunkt. Diesem Völkermord fielen etwa 800 000 Menschen zum Opfer, die meisten davon waren Tutsi. Nach dem Bürgerkrieg kam es aus Angst vor Racheakten zu einer Massenflucht von zwei Millionen Hutu in die Nachbarstaaten. Insgesamt waren ca. 3,8 Millionen Ruander, etwa die Hälfte der damaligen Bevölkerung, auf der Flucht.

Im Jahr 2003, also neun Jahre nach dem Völkermord, hat Ruanda eine neue Verfassung angenommen, deren Kernpunkt die Überwindung des Hutu-Tutsi-Gegensatzes ist. Erste freie Wahlen fanden im gleichen Jahr statt. Aber überwunden ist der Genozid auch heute nicht. Noch immer sitzen hunderttausende Gefangene in den ruandischen Haftanstalten, viele davon waren zum Zeitpunkt des Bürgerkrieges noch Kinder. Das Strafmaß wird durch Gacaca-Dorfgerichte festgelegt. Dabei werden die Gefangenen der jeweils eigenen Dorfgemeinschaft vorgeführt und müssen vor dieser Rechenschaft ablegen. Nicht selten sind auch Verwandte der Opfer anwesend. Ziel dieser Dorfgerichte ist die Entlastung der völlig überfüllten Gefängnisse und langfristig die Versöhnung zwischen Opfern und Tätern. Ob dieses schwierige Unterfangen Erfolg haben wird, bleibt abzuwarten.

1 *Arbeite mit dem Atlas:*
a) Orientiere dich über die Lage Ruandas in Afrika, zum Äquator, ...
b) Ordne Ruanda in die entsprechende Klimazone ein.

2 *Karte 1, Foto, Klimadiagramm und Text geben Informationen über Landschaften und Wirtschaft Ruandas. Berichte.*

3 *Arbeit mit statistischen Indikatoren:*
Stelle aus dem Steckbrief 4 und der Tabelle im hinteren Buchumschlag Indikatoren zusammen, die zeigen, dass Ruanda ein Entwicklungsland ist, und vergleiche mit drei weiteren Ländern in Afrika.

4 ***Steckbrief Ruanda (2005)***

Größe: 26 338 km²
Einwohner: 8 440 000
Bevölkerungswachstum: 2,43 %
Bevölkerung in Städten: 6 %
Analphabetenrate:
Männer: 23,7 %
Frauen: 35,38 %
Armutsrate (Einkommen unter 1 US-$/Tag): 60 %
HDI: 0,431
Anteile der Sektoren am BIP (2004):
Primärer Sektor: 41,1 %
Sekundärer Sektor: 21,3 %
Tertiärer Sektor: 37,6 %
Erhaltene Entwicklungshilfe: 17 % des BIP

Altersstruktur (2005):
0–14 Jahre: 41,9 %
15–64 Jahre: 55,5 %
65 und älter: 2,6 %
Lebenserwartung:
Männer 46 Jahre
Frauen 48 Jahre

5 ***Geschätzte HIV/AIDS-Fälle in Ruanda (2001)***

Fälle gesamt	*250 000*
Todesfälle	*22 000*

1 **Instruktionstafel. Der Text bedeutet etwa: „Die Aktiven, die zusammen etwas bewirken wollen. Gemeinde Bwakira“**

2 **„Terrasse radicale“ mit Teilen des standortgerechten Landbaus**

Entwicklungszusammenarbeit in Ruanda

Terrasse progressive: *Es werden nur ansatzweise Terrassen angelegt. Die Bodenerosion wird dadurch etwas vermindert.*

Terrasse radicale: *Die Terrassen werden horizontal in den Hügel gegraben, sodass die Anbauflächen keine Hangneigung aufweisen, sondern sogar leicht zum Hügel hin abfallen. Um zu vermeiden, dass sich die Niederschläge zum Hügel hin stauen können, werden Abflussrinnen angelegt.*

Der Bevölkerungsdruck in Ruanda führt zu großen Beeinträchtigungen des ökologischen Gleichgewichtes, denn die notwendige Ertragssicherung erfolgt durch eine immer intensivere Nutzung der Flächen. Dies führt langfristig zu einer Ertragsminderung, da sich die ausgelaugten Böden durch einen Wegfall der Brache nicht ausreichend regenerieren können. Die starken Hangneigungen, der Wegfall der Brache, Überweidung und die Abholzung an Bergkuppen und -hängen führen zu einem weiteren ökologischen Problem: der Bodenerosion. Der Anbau einjähriger Kulturen verstärkt dieses Problem, da zur Zeit der Aussaat und nach der Ernte der Boden ohne schützende Pflanzendecke den starken Niederschlägen während der Regenzeiten ausgesetzt ist.

Ein Ansatz zur Lösung der Landwirtschaftsprobleme ist der standortgerechte Landbau, der seit 1969 in Nyabisindu (Präfektur Butare) von der GTZ zusammen mit einheimischen Mitarbeitern entwickelt wurde. Dabei werden nur Methoden eingesetzt, die jeder Betrieb mit einfachen Mitteln anwenden kann. Alles wird aufeinander abgestimmt und zu einem System des „ökologischen“ (standortgerechten) Landbaus zusammengefasst. Dazu gehört die Bodenverbesserung ebenso wie die Kombination bestimmter Nutzpflanzen und das Einbeziehen der Viehhaltung. Die kleinbäuerliche Betriebsstruktur, vorhandene und neue Arbeitsgeräte wie auch die verschiedenen Standorte mussten mitbedacht werden. Bei dem Projekt in Nyabisindu konnte so der „ideale Hügel“ gestaltet werden.

Eine landesweite Verbreitung des standortgerechten Landbaus scheiterte bislang jedoch, da viele Bauern aufgrund ihrer extrem begrenzten Anbaufläche keinerlei Risiko in Form von neuen Anbaumethoden eingehen wollen. Kurzfristige Überlegungen zur Ernährungssicherung der Familie wiegen schwerer als die langfristige Erhöhung der Erträge. Auch sind manche Hilfspflanzen, die beispielsweise Schatten spenden, nicht als Nahrung geeignet. Einen derartigen Mehraufwand können sich viele Bauern nicht leisten. Zudem wird eine Neuerung wie die Stallviehhaltung mit Skepsis betrachtet: Rinder waren bisher ein Statussymbol und weniger Nutztiere.

Nur allmählich werden die Neuerungen wie die Terrassierung oder die Stallviehhaltung übernommen.

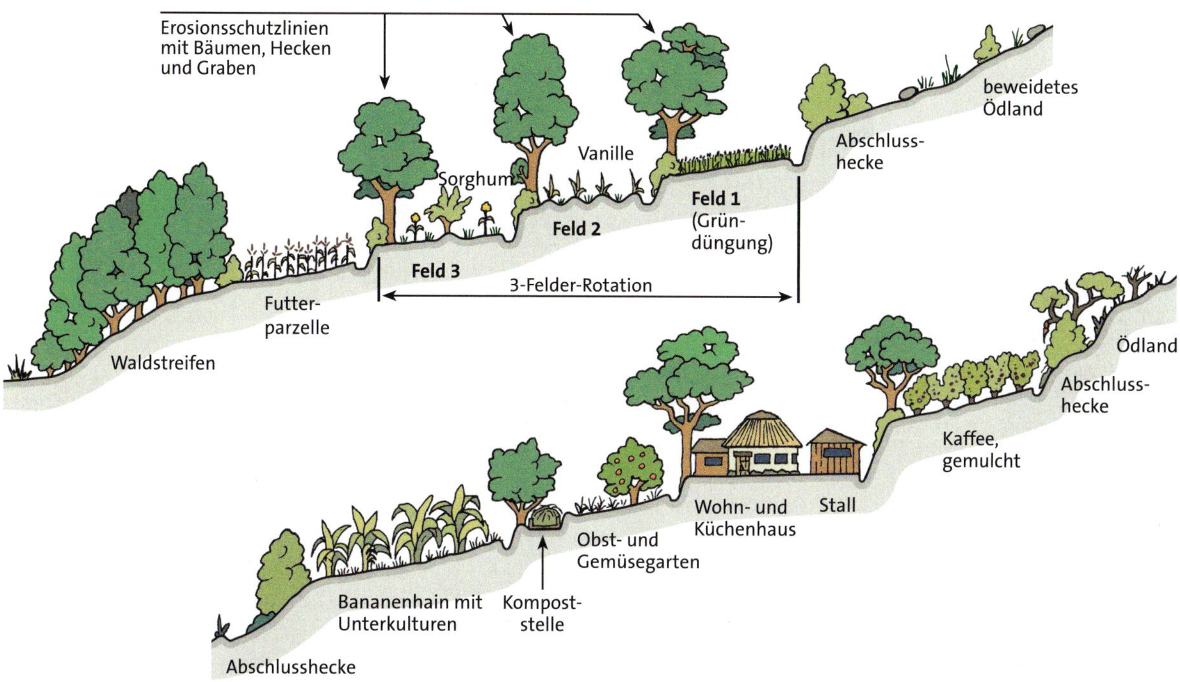

3 ***Zwei Beispiele für standortgerechte Anbaumethoden in einem Landwirtschafts-Familienbetrieb***

1 Die Grafik 3 zeigt einen „idealen Hügel". Beschreibe die Merkmale dieser Art von Landnutzung. Erkläre den Zweck der verschiedenen Teile der abgebildeten Anordnung.

2 Die Auswahl passender Tiere und Pflanzen weicht zum Teil von den bisherigen Gewohnheiten der Bauern ab. Erörtere, wie die Übernahme der neuen Wirtschaftsweise gefördert werden könnte.

3 Zeige auf,
  a) welche Ziele des standortgerechten Landbaus auf der Instruktionstafel 1 dargestellt werden,
  b) welche Ziele über die Landwirtschaft hinaus gehen,
  c) welche Bereiche damit angesprochen werden.

4 ***Erosionsrinne***

Informationen

www.gtz.de

GTZ (Deutsche Gesellschaft für technische Zusammenarbeit): Privatrechtliches Unternehmen, das die Bundesregierung bei der Erreichung ihrer entwicklungspolitischen Ziele unterstützt, indem es Entwicklungshilfeprojekte plant und durchführt.

① Bauxitmine

③ Schulgebäude

Ein Planspiel durchführen – Millionen Euro für Tahitas: Was nun?

In Planspielen versuchen wir, spielerisch kreativ, aber dennoch realitätsnah, mit verteilten Rollen angenommene oder tatsächliche Problemfelder aufzuarbeiten. Wir hoffen, so die Wirklichkeit besser zu erkennen, von verschiedenen Seiten zu beleuchten, Lösungsalternativen zu entwickeln und nach einer ausgiebigen Diskussion zu einer von vielen getragenen Lösung zu kommen.

② Tahitas ist ein fiktiver tropischer Inselstaat im Pazifik. Der Großteil der Insel ist mit Regenwald bedeckt. In den höheren Lagen können Feldfrüchte angebaut und Weidewirtschaft betrieben werden.
Die Bevölkerung ist sehr arm. Fast zwei Drittel der Bewohner leben von der Subsistenzwirtschaft, sind also landwirtschaftliche Selbstversorger.
Tahitas ist ein Entwicklungsland mit hoher Arbeitslosigkeit, geringer Schulbildung, schlechter medizinischer Versorgung und hoher Kindersterblichkeit. Einige Großgrundbesitzer, die mit dem Anbau von Kaffee auf Plantagen gut verdienen, zählen zu den wenigen Arbeitgebern, beschäftigen aber vorwiegend Wanderarbeiter zur Erntezeit.
Ein starkes Bevölkerungswachstum verschärft die Armut und führt zu sozialen Spannungen.

Zwei Ereignisse führen auf Tahitas momentan zu lebhaften Diskussionen:
Die Europäische Union hat für die kommenden Jahre Entwicklungshilfe in Höhe von 500 Millionen € zugesagt. Die Regierung von Tahitas soll Pläne für deren Verwendung ausarbeiten und mit der EU absprechen.
Mitten in diese Besprechungen platzt die Nachricht, dass im Norden des Staates riesige Bauxitvorkommen entdeckt wurden. Bauxit, Rohstoff für die Aluminiumindustrie, ist eine begehrte, gut bezahlte Ware auf dem Weltmarkt.

Die Bevölkerung beginnt zu planen. Es wird überlegt, wofür man die zugesagten Gelder einsetzen soll: für den Bau von Straßen, Brücken, Schulen, Krankenhäusern, den Abbau der Bauxitvorkommen, die Modernisierung und Vergrößerung der Kaffeeplantagen und vieles andere mehr. Trotz aller Euphorie wird schnell klar, dass man nicht alle Pläne umsetzen und alle Wünsche erfüllen kann. Bald bilden sich vier Interessensgruppen heraus.

Eine dieser Gruppen sieht in der Erschließung und im Abbau der Bauxitvorkommen die Chance für Tahitas. Die 500 Mio. € wären ihrer Meinung nach die geeignete Anschubinvestition zum Bau dringend erforderlicher Straßen im Regenwald. Man benötige weiterhin Anlagen zur Aluminiumverhüttung, einen Staudamm, um den dafür notwenigen Strom zu erzeugen und Hafenanlagen, über die man den Export des Aluminiums

4 **Kaffeeplantage**

abwickeln möchte. Ausländische Konzerne könnten weitere Devisen im Inselstaat investieren und somit für ein kräftiges Wirtschaftswachstum sorgen.

Die Naturschützer befürchten die Zerstörung des tropischen Regenwaldes und sehen ernste Umweltprobleme auf die Bevölkerung zukommen. Sie werfen die Frage auf, wem denn die erwarteten Gewinne zugute kommen würden. Sie befürworten allenfalls einen umweltverträglichen Bauxit-Abbau und einen Export des Rohstoffs. Ihr Vorschlag ist es, den Ertrag in eine Modernisierung der Infrastruktur und eine nachhaltige Umweltqualität zu investieren.

Die Kaffee-Lobby, die Interessensvertreter der Plantagenbesitzer, fordert mehr Anbaufläche und möchte den geernteten Kaffee gleich im eigenen Land verarbeiten. Eine eigene Rösterei würde Arbeitsplätze schaffen. Die Verarbeitungsgewinne könnten im Inselstaat die Lebensbedingungen verbessern.

Eine vierte Gruppe möchte die Hilfe der EU direkt zur Armutsbekämpfung einsetzen. Eine staatliche Agrarreform solle die Großgrundbesitzer zwingen, gegen finanzielle Entschädigung alle Flächen über 25 ha an landlose Familien abzugeben und somit deren Existenzgrundlage zu verbessern. Auch solle ein Teil des Kaffeeanbaus wieder in die Zuständigkeit von Kleinbauern oder von Genossenschaften gelangen, die im Laufe der Zeit dann auch den Boden erwerben könnten. Hilfsgelder sollen vor allem für Schulen und Ausbildung, das Gesundheitswesen und die Trinkwasserverbesserung eingesetzt werden.

Ein Planspiel durchführen

1. Schritt: Gruppeneinteilung vornehmen

Bestimmt in der Klasse einen Diskussionsleiter und bildet gleichstarke Gruppen für die verschiedenen Interessenvertreter. Wählt zwei Beobachter, die die Diskussion verfolgen und später einen unabhängigen Bericht abgeben.

2. Schritt: Argumente sammeln

Jede Gruppe versetzt sich in die Rolle der von ihr vertretenen Interessengruppe, sammelt Argumente für den eigenen Standpunkt und mögliche Argumente gegen die anderen Positionen.

3. Schritt: Diskussion/Planspiel durchführen

Nun eröffnet der Diskussionsleiter die Versammlung, die nach demokratischen Spieregeln durchgeführt wird. Er ruft die Interessenvertreter auf. Diese tragen nacheinander ihre Argumente vor. In der anschließenden Diskussion nehmen die anderen Gruppen jeweils Stellung.

Um eine Mehrheit zu finden kann es zweckmäßig sein, nach Bündnispartnern bei den anderen Gruppen Ausschau zu halten. Für die dazu notwendigen Gespräche kann die Versammlung auch kurzfristig unterbrochen werden. Ziel sollte es sein, tragfähige Kompromisse zu finden.

Am Schluss beantragt der Diskussionsleiter eine Abstimmung über den einzuschlagenden Weg und leitet diese.

4. Schritt: Planspiel auswerten

Die Beobachter berichten über ihre Eindrücke vom Verlauf der Versammlung und bewerten, ob alle Beteiligten eine vernünftige und nachhaltige Entscheidung getroffen haben. Dies kann in eine allgemeine Planspielkritik münden, in der die Qualität der Argumente, die Glaubwürdigkeit der vertretenen Standpunkte und die Entscheidung bewertet werden.

5

TERRAGrundwissen

Entwicklungsländer und Europa

Wichtige Begriffe
- *Arbeitsteilung*
- *Entwicklungshilfe*
- *Entwicklungsland*
- *Entwicklungszusammenarbeit*
- *Handelsströme*
- *Human Development Index (HDI)*
- *Kinderarbeit*
- *Terms of Trade*

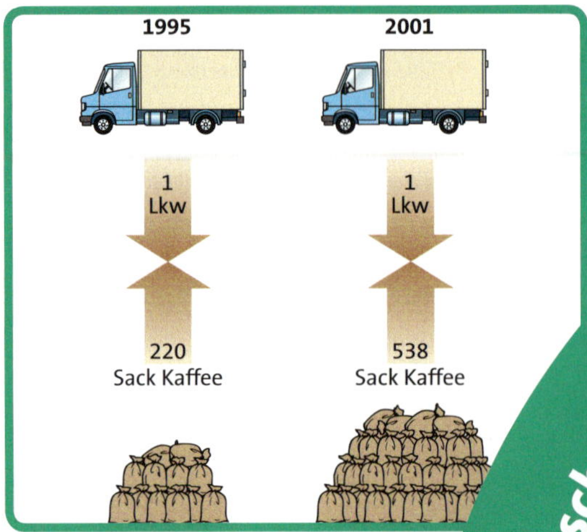

Sichere dein Grundwissen

1 *Nenne zu jedem der vier Merkmalsfelder jeweils drei wichtige Indikatoren, durch die Entwicklungsländer im Allgemeinen gekennzeichnet sind.*

2 *Erkläre, warum diese vier Merkmalsfelder miteinander durch Pfeile verbunden sind und weshalb von ihnen aus Pfeile zum Feld „Strukturprobleme" gehen.*

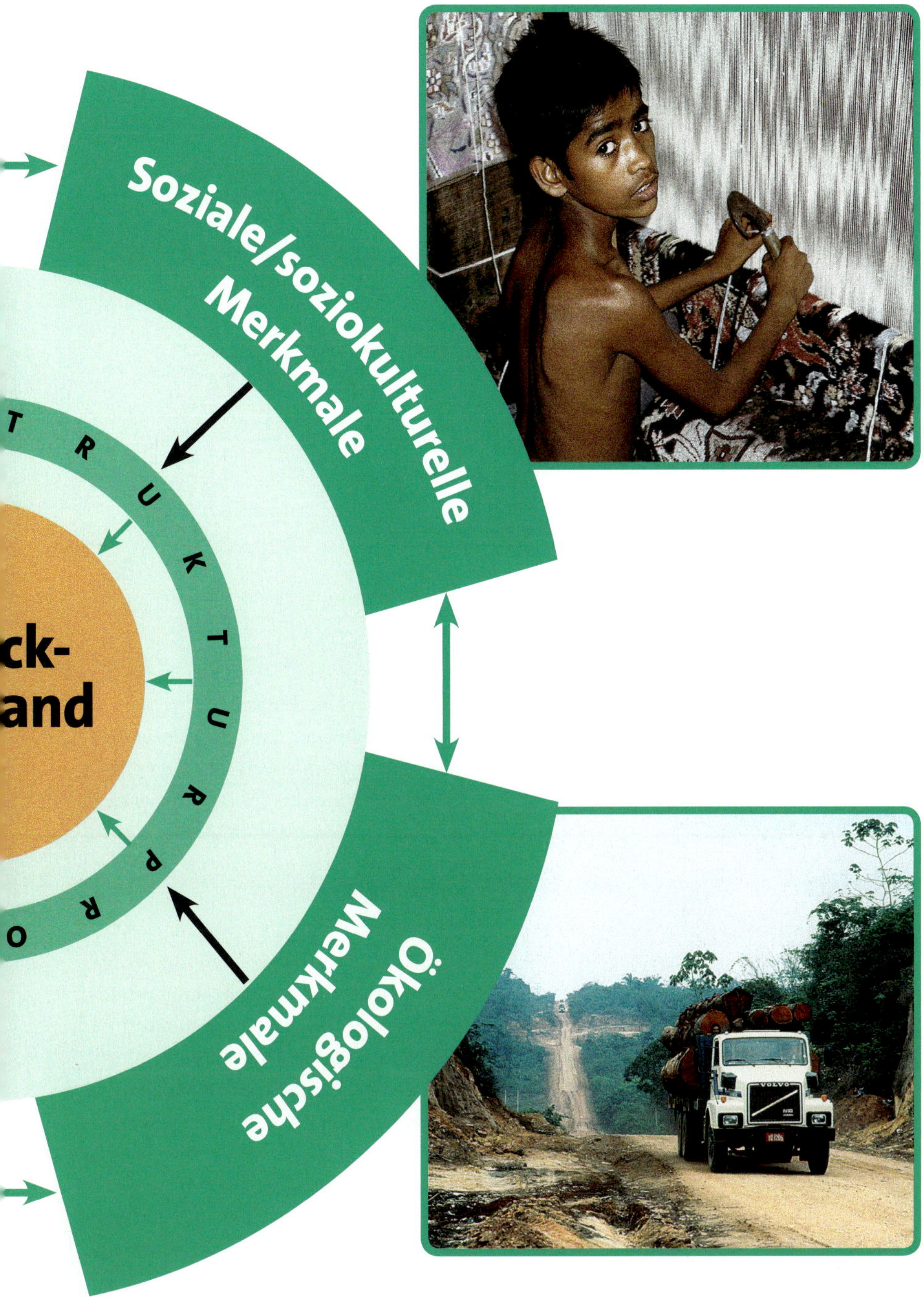

3 Erkläre den Begriff „HDI“, indem du beschreibst, wie man ihn berechnet.

4 Setze dich kritisch mit dem Begriff „Entwicklungsland“ auseinander.

1

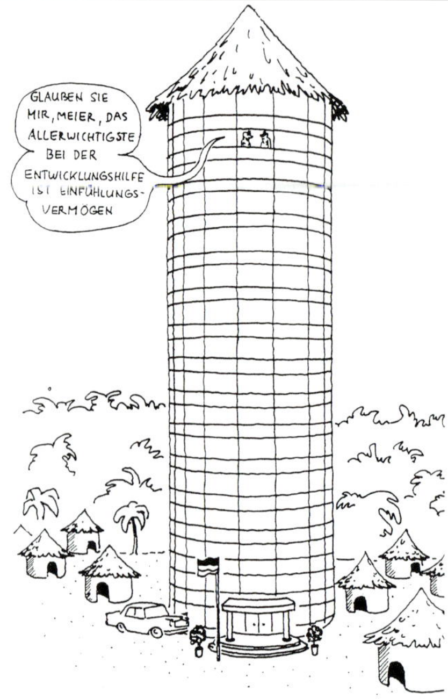

3

1 Mit Karikaturen arbeiten

Werte die beiden Karikaturen aus.

2 Mit Diagrammen arbeiten

a) Setze die Angaben in ein Diagramm um: Anteile der Wirtschaftssektoren am BIP Ruandas (2004):
primärer Sektor: 41,1 %
sekundärer Sektor: 21,3 %
tertiärer Sektor: 37,6 %

b) Berechne den Anteil Botswanas an der Diamantengewinnung der Welt in Prozent.

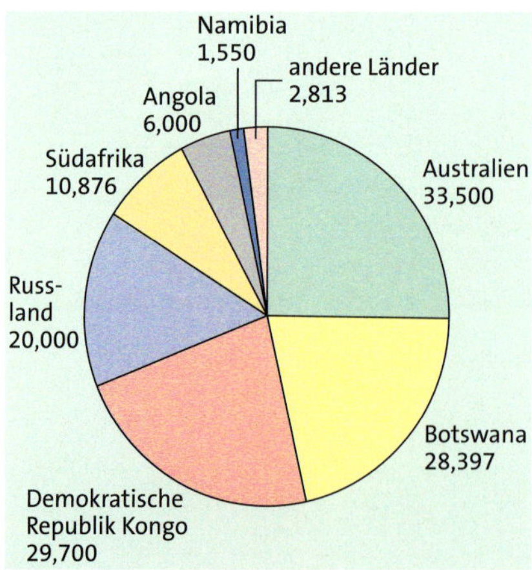

2 ***Weltproduktion von Diamanten (2002) in Mio. Karat***

3 Ziegen für Ruandas Witwen

Ziegen helfen bedürftigen Witwen in Bwakira zu einem kleinen Verdienst und dienen zugleich als Nutztiere. Zu Beginn erhielten 52 Frauen je zwei trächtige Ziegen. Die robuste Ruanda-Ziege gibt zwar nur einen halben Liter Milch am Tag, sie bringt aber normalerweise zwei Jungtiere pro Jahr zur Welt. So entsteht bald eine kleine Herde, der Milchertrag steigt, Fleisch kann verkauft werden. Die Frauen erhalten die Ziegen zunächst nur als Kredit. Sie gehen erst in Eigentum über, wenn vier weibliche Ziegen an die Kooperative zurückgegeben werden. Ziel ist keine einmalige Verteilung von ausländischem Geld, sondern eine nachhaltige Förderung. Die zurückgegebenen Tiere werden an andere bedürftige Witwen weitergegeben. Wegen des Völkermords gibt es in Ruanda sehr viele verwitwete Frauen, die ihre ganze Familie versorgen müssen.

a) Erläutere den Sinn der Selbsthilfekooperative und beurteile ihre Chancen.

b) Überlege, weshalb man den Frauen die Tiere gab und nicht den Männern.

4

4 Taschen aus Südamerika

In Südamerika werden aus weggeworfenen Safttüten Taschen hergestellt.

a) Beschreibt die notwendigen Arbeitschritte und wer daran beteiligt ist.

b) Diskutiert, welchen Bevölkerungsschichten ihr beim Kauf einer Tasche helft und welche Bedeutung diese Hilfe hat.

5 Im Eine-Welt-Laden: Grasschmuck aus Benin.

Im Nordwesten Benins stellen Mitglieder des Stamms der Betammaribe in einer Selbsthilfegruppe traditionellen Grasschmuck her, der bei uns in den Weltläden verkauft wird.

a) Beschreibe anhand der Bilder den Arbeitsvorgang.

b) Erörtert, inwieweit die Unterstützung dieser Selbsthilfegruppe eine effektive Art von Entwicklungshilfe ist.

6 Findest du die Begriffe?

a) Sammelbezeichnung für Staaten, die im Vergleich zu den Industriestaaten weniger entwickelt sind.

b) Verhältnis zwischen den Erlösen aus Exportwaren und den Aufwendungen für Importgüter.

c) Bezeichnung für Bestrebungen eines gerechten und nicht ausschließlich gewinnorientierten Handels in der Welt.

d) Von der UNO verwendetes Mess-System um den Entwicklungsstand einzelner Länder zu beschreiben.

Einzelne Stadien bei der Produktion von Grasschmuck in Benin

5 **Riedgras sammeln, ...**

6 **... färben, ...**

7 **... flechten, ...**

8 **... und schneiden.**

9 **Grasschmuckohrringe im Weltladen**

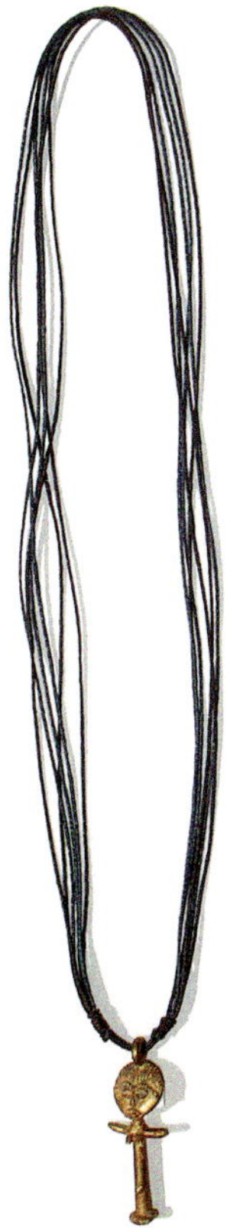

10 **Grasschmuckkette aus Benin**

Teste dich selbst
mit den Aufgaben 2b und 6

Training

Lösungen zum Lernen an Stationen

Hier findest du die Lösungen zum Lernen an Stationen der Seiten 42 bis 61

Station 1 (S. 42/43)

1 ***Experiment: Bodenversalzung***
Protokoll:
Schale 1 / Bodenprobe und Regenwasser:
Die Bodenprobe wird mit Regenwasser begossen und anschließend mit einem Föhn erwärmt.
Nach einiger Zeit trocknet der Boden an der Oberfläche ab, ohne dass Salz zurückbleibt.

Schale 2 / Bodenprobe und Salzwasser:
Die Bodenprobe wird mit sehr salzhaltigem Wasser begossen und ebenso mit einem Föhn erwärmt.
Der an der Oberfläche abgetrocknete Boden hinterlässt weiße Salzspuren.

Schale 3 / Ziegelstein und Salzwasser
Der Ziegelstein, der als Ersatz für die Bodenprobe dient, saugt sich nach und nach von unten nach oben mit Wasser voll (Anm.: dieser Vorgang vollzieht sich schneller, wenn eine Toilettenpapierrolle anstatt des Ziegelsteins verwendet wird).
Wird der Ziegelstein mit dem Föhn erwärmt, trocknet das Wasser an der Oberfläche ab und hinterlässt weiße Salzspuren.

Der Prozess der Bodenversalzung:
– Ausgleich von fehlendem Niederschlag durch Bewässerung in ariden Räumen,
– Wasser versickert jedoch aufgrund der hohen Verdunstungswerte nicht in die Tiefe,

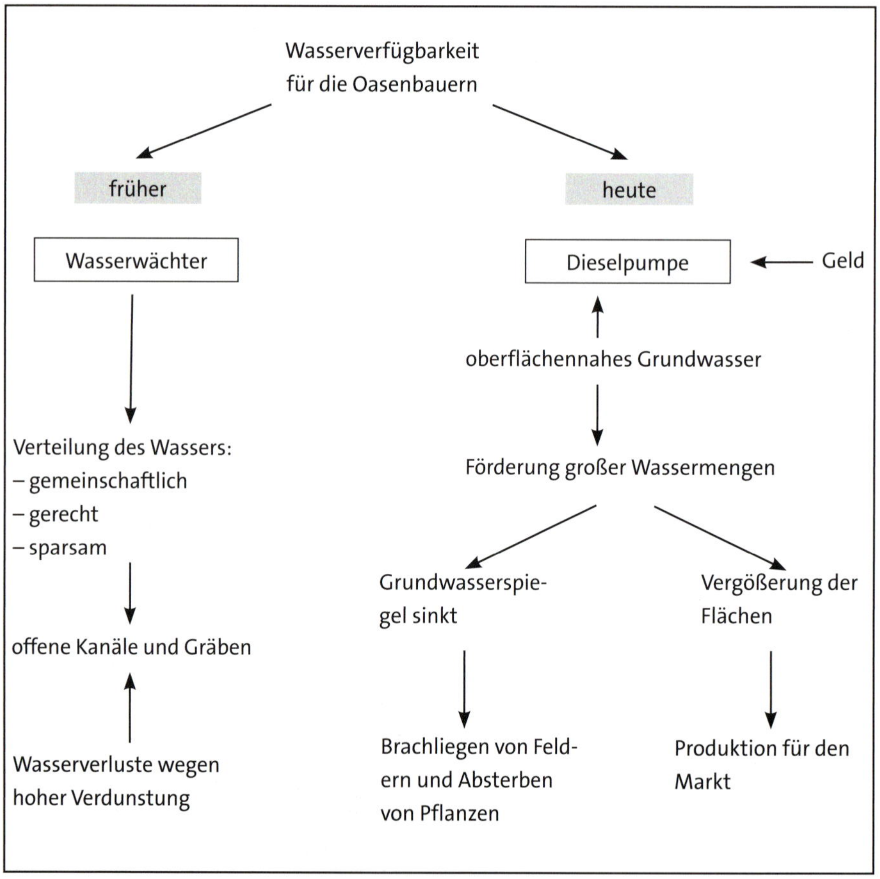

3 ***Motorpumpen – Segen oder Fluch? (Text 5)***

- Salze im Boden werden daher nicht ausgewaschen und mit dem Grundwasser abgeführt,
- durch starke Verdunstung nach dem Bewässern steigt Wasser im Boden auf,
- Wasser löst die Salze im Boden und führt sie an die Oberfläche,
- Wasser verdunstet an der Oberfläche und hinterlässt die gelösten Salze,
- Anreicherung von entsprechenden Mengen Salz im Laufe der Zeit, so dass der Boden unfruchtbar werden kann.

2 Maßnahmen gegen die Versalzung:
(Blockbild 2, Foto 7)
- Wasser dringt durch starke Bewässerung tief genug in den Boden ein,
- Salz wird dabei ausgewaschen und mit dem Grundwasser abgeführt,
- entsprechend tief liegende Entwässerungskanäle führen das stark salzhaltige Wasser ab,
- Verdunstung an der Oberfläche wird z.B. durch Schatten spendende Bäume vermindert,
- Wasser tritt durch Tropfbewässerung in dosierter Menge aus kleinen Öffnungen an Plastikschläuchen aus,
- erhalten Pflanzen genau die benötigte Wassermenge, sinkt auch die Gefahr der Versalzung.

Station 2 (S. 44/45)

1 Experiment: artesischer Brunnen

Protokoll:
- Nachdem die Schläuche mit Wasser gefüllt worden sind, wird der Nagel herausgezogen,
- Wasser tritt aus der Öffnung im Schlauch aus,
- Es tritt kein Wasser mehr aus, wenn das Wasser das Höhenniveau der Öffnung erreicht hat.

Wirkungsweise und Voraussetzungen eines artesischen Brunnens (Blockbild 2):
- Überdruck lässt Grundwasser an die Oberfläche dringen,
- Voraussetzung ist Tallage sowie die Einbindung einer Wasser führenden Schicht zwischen zwei wasserundurchlässigen Schichten,
- Wasser führende Schicht wird von den Talrändern her gespeist, wo Niederschlagswasser ungehindert versickern kann.

3 Schema einer Oase im Wandel (Grafik 5):

A = Gütertransport durch Lkw in die Oasenstadt (z.B. Nahrungsmittel)
B = Arbeit der Oasenbewohner als Gastarbeiter in Europa
C = Nomaden werden sesshaft
D = Touristen

1 = Bewässerungsland (mit Dattelpalmen)
2 = Gärten, Sport-/Freizeitanlagen
3 = neue Wohnhäuser

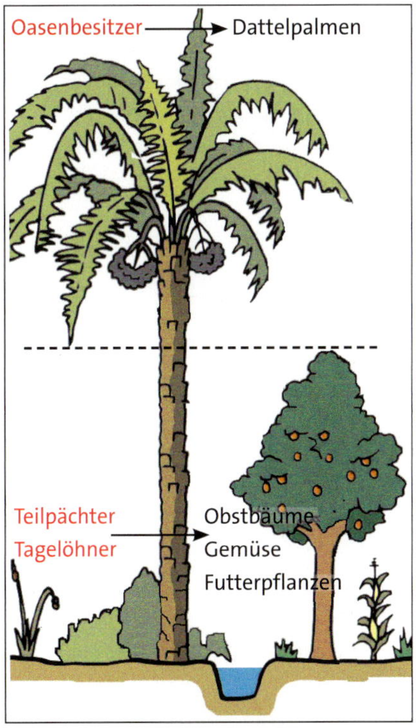

2 Stockwerkbau eines Oasengartens und herrschende Besitzverhältnisse (Profilskizze)

6

4 Probleme, die durch das Wachstum der Oasenstädte auftreten:
- Wüstenklima erschwert Instandhaltung der Infrastruktur (z. B. Aufweichen der asphaltierten Straßen) und erhöht den Aufwand für die Vermarktung der produzierten Nahrungsmittel (Lagerung, Verpackung, Transport),
- erhöhter Wasserbedarf in Siedlungen der Einheimischen und für die touristische Infrastruktur (Hotelanlagen),
- unangepasste Nutzung der Oasen durch hohen Flächenverbrauch z. B. für Grünanlagen (Gärten, Sportflächen) der Hotels.

Station 3 (S. 46/47)

1 Die Merkmale des Nomadismus sind:
- große Mobiltät und an das Klima angepasste Form der Viehwirtschaft,
- Wanderungen der Hirten gleichen saisonale Mängel an Futter und Trinkwasser aus,
- Herden aus Rindern oder Kamelen,
- Wohnen in Zelten,
- Handel.

3 Beschreibung des Blockbilds: 3
Im Bildhintergrund sieht man den traditionellen Brunnenbau mit folgenden Merkmalen:
- geringe Tiefe,
- wenig Wasserentnahme,
- Vegetation und Grundwasserspiegel intakt.

Im Bildvordergrund kann man einen modernen Tiefbrunnen erkennen:
- große Tiefe,
- starke, stetige Wasserentnahme durch Motorkraft,
- Grundwasserspiegel stark gesunken,
- Vegetation verkümmert (degradiert), da Wurzeln nicht mehr an wasserführende Bodenhorizonte heranreichen.

4 Erörterung der Vor- und Nachteile des Nomadismus in der heutigen Zeit:
Vorteile:
- Nomadismus ist eine an Klima und Vegetation angepasste Lebensweise,
- Menschen können in begrenzter Zahl in Eigenversorgung (Subsistenz) dauerhaft (nachhaltig) leben.

Nachteile:
- Nomadismus gilt für viele als rückständige, primitive Wirtschaftsweise, die wenig Entwicklungsmöglichkeiten bietet,
- Staatliche Versorgung (z. B. Schulbildung für die Kinder) ist aufgrund der großen Distanzen und Mobilität schwierig,
- Wanderungen über Ländergrenzen hinweg sind schwer kontrollierbar (Steuern, Schmuggel, Zoll, Kriminalität).

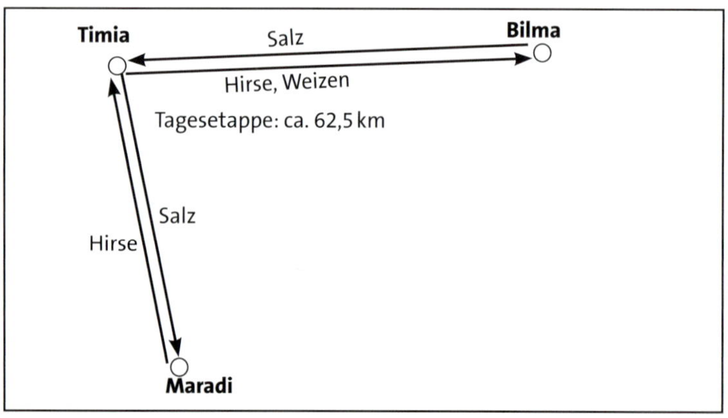

2 Skizze zu Karte 5

Station 4 (S. 48/49)

1 Wasserverteilung in Israel (Karte 6):
- hoher Wasserverbrauch an der Mittelmeerküste (Siedlungen, Bewässerungsland),
- Wasser aus Brunnen (v. a. Westjordanland), ständig Wasser führenden Flüssen (v. a. Jordan), Süßwasserseen (v. a. See Genezareth) und Meerwasserentsalzungsanlagen (Mittelmeerküste und Golf von Akaba),
- Transport und Verteilung des Wassers über Bewässerungskanäle bzw. -leitungen und zwischengeschaltete Pumpstationen,

- dichtes Netz an Kanälen und Leitungen im gesamten Küstenbereich, zwischen See Genezareth und Gaza,
- wenig bis keine Wasserversorgung im Binnenland (unbewässerter landwirtschaftlicher Anbau) und im Süden (landwirtschaftlich nicht genutztes Land).

2 Säulendiagramm zu Tabelle 3

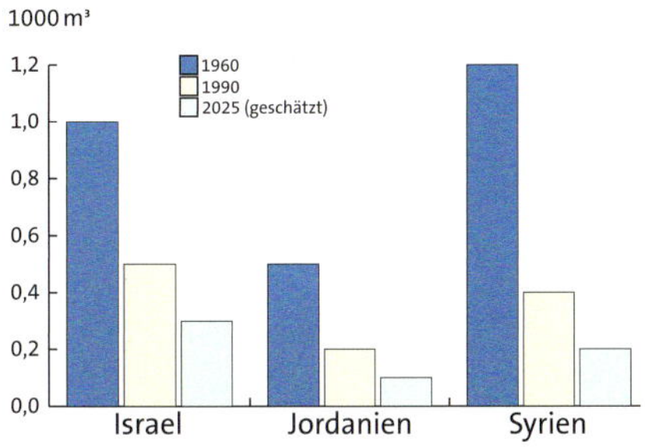

Wasserverfügbarkeit pro Kopf der Bevölkerung (nach Tabelle 3)

3 Entwicklung des Wasserverbrauchs für Bewässerungsland in Israel (Tabelle 4)

Beschreibung:
- Bewässerungsfläche hat sich zwischen 1948/49 und 2002 etwa versiebenfacht,
- Im selben Zeitraum hat sich der gesamte Wasserverbrauch verfünffacht,
- benötigte Wassermenge pro ha ist bis 1989 rückläufig, bis 2002 jedoch wieder leicht steigend.

Mögliche Ursachen für diese Entwicklungen:
- Bewässerungslandwirtschaft bis heute wichtige Grundlage für den Lebensunterhalt der Bevölkerung,
- stetig wachsende Bevölkerungszahlen,
- Rückgang des Wasserverbrauchs pro ha aufgrund verbesserter Bewässerungsmethoden,
- möglicher Grund für den höheren Verbrauch 2002: erhöhte Verdunstung durch extrem heiße Perioden (Zusatzinformation: stetig ansteigende Julitemperaturen zwischen 1995 und 2002, außergewöhnliche Hitzewellen im Jahr 2002 mit bis zu 48 °C im Schatten im Jordantal – Rekord seit Juni 1961!).

Durchschnittlicher Wasserverbrauch für Bewässerungsland:
Während Israel nur etwa 6 000 m³ Wasser pro ha und Jahr verbraucht, liegt dieser Wert in Jordanien bei 11 000, in Ägypten sogar bei 17 000.
Mögliche Ursachen für die unterschiedlichen Werte sind unterschiedlich effiziente Bewässerungsmethoden und klimatische Unterschiede (Temperatur/Niederschlag).

5 „Krieg um Wasser"?

Öl und Wasser sind knappe Ressourcen, die Verteilungskonflikte nach sich ziehen. Bei Wasser handelt es sich jedoch um eine lebensnotwendige Ressource. Deswegen sind laut Ghali Kriege um Wasser vor dem Hintergrund immer knapper werdender Vorräte im Nahen Osten wahrscheinlicher als Kriege um Öl.

4 Vor- und Nachteile der verschiedenen Formen des Wasserimports für Israel

Form des Wasserimports	Vorteile	Nachteile
Wassertanker	bedarfsgerechte Lieferungen	teurer Transport, Abhängigkeit von anderen Ländern
Pipeline	Möglichkeit der gerechten Verteilung	Konflikte zwischen den angeschlossenen Ländern
Nylon-Taschen	vergleichsweise billige und einfache Lösung	zu geringe Wassermengen
Kanäle	zum Teil bereits realisiert, überschüssige Ressourcen vorhanden	Verluste durch Verdunstung und mögliche Undichtigkeiten
Meerwasserentsalzung	Stromgewinnung, nahezu unendliche Verfügbarkeit	hohe Investitionen nötig

Station 5 (S. 50/51)

1 **Merkmale einer islamisch-orientalischen Stadt:**
- von Mauer umgebene Altstadt (Medina) mit Sackgassen und zahlreichen Moscheen,
- Souk als Zentrum der Medina,
- Burganlage am Rand der Altstadt, innerhalb bzw. als Teil der Stadtmauer,
- Friedhöfe unmittelbar außerhalb der Medina, an der Stadtmauer gelegen,
- (in westlicher Richtung) Stadterweiterung durch die Neustadt (Ville Nouvelle),
- Verbindung von Alt- und Neustadt durch eine Hauptstraße,
- außerhalb der Altstadt wichtige Gewerbefunktionen entlang der Hauptstraße (Tankstellen, Reparaturwerkstätten),
- innerhalb der Altstadt neben dem Souk mit traditionellem Warenangebot Geschäftsstraßen mit internationalem Warenangebot,
- zum Teil geplant angelegte Neustadt, ohne Sackgassengrundriss.

2 **Gültigkeit des Modells für Marrakech, da:**
- gut sichtbare und erhaltene Stadtmauer,
- Mechouar entspricht der Burganlage,
- Friedhöfe am Altstadtrand (im Stadtplan eingezeichnet sind jedoch nur die muslimischen Friedhöfe),
- dichte, verwinkelte Bebauung der Medina
- Souk im Zentrum der Altstadt,
- Alt- und Neustadt verbindende Hauptstraße (Avenue Mohamed V),
- im Westen an die Altstadt anschließende neue Wohnviertel.

3 **Vergleich Marrakech – Heimatstadt / Stadt in der Umgebung des Heimatortes:**
individuelle Lösungen
hier: Beispiel Regensburg
Gemeinsamkeiten:
- Altstadt mit vielen Gassen und dichter Bebauung,
- Altstadt als Geschäftszentrum mit traditionellen (Wochen-)Märkten,
- Konkurrenz zwischen Geschäftszentren der Altstadt und außen liegenden neuen, modernen Einkaufszentren,
- neue Wohngebiete im Anschluss an den Altstadtbereich,
- alte Stadtmauern (aus der Römerzeit) begrenzen zum Teil immer noch die Altstadt
- religiöses Zentrum in der Altstadt (Dom, Synagoge),
- Fluss am Rand der Altstadt (Donau) u. a.

Unterschiede:
- keine rein muslimischen Friedhöfe,
- Gassen, aber kein Sackgassengrundriss,
- keine Burg am Rand der Altstadt,
- bessere Verkehrserschließung der Altstadt (ÖPNV, Bahnhof) u. a.

Station 6 (S. 52/53)

1 **Erdölstaaten der Golfregion:**
Bahrain, Katar, Kuwait, Oman, Saudi-Arabien, VAE (Vereinigte Arabische Emirate), Iran, Irak

Hauptimporteure:
USA, Japan, Republik Korea, Deutschland

2 **Säulendiagramm (nach Tabelle 3):**
Die Werte betragen:
Gesamtexport: 196 040 Mio. US $
Anteil des Erdöls / Erdgas: 147 774 Mio. US $
Ergebnis in Prozent: 75,3 %

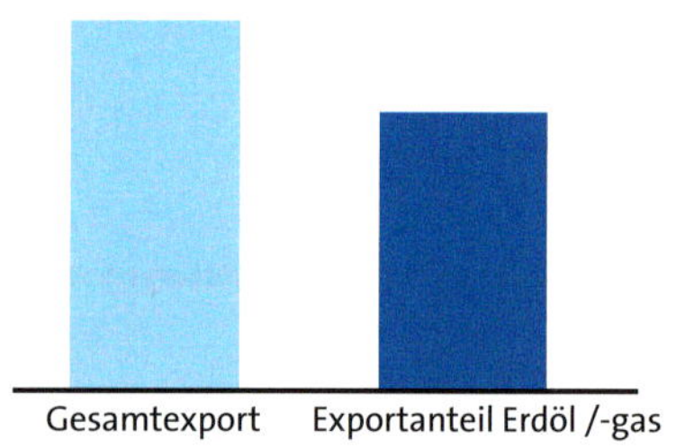

Auswertung:
Insgesamt macht der Anteil des Erdöl- und Erdgasexports am Gesamtexport in den Erdölmonarchien ca. 75 % aus.
Die Hauptaussage lautet: Ziel muss eine breitere Streuung auf mehrere Branchen

sein, da sonst eine hohe Krisenanfälligkeit und große Probleme bei anhaltender einseitiger Exportstruktur für die Zeit nach dem Erdöl zu erwarten sind.

3 Strukturdaten von Deutschland und arabischen Staaten (nach Tabelle 6):

Gemeinsamkeiten:
- hoher Anteil städtischer Bevölkerung,
- Exportüberschuss,
- vergleichsweise relativ hohes BSP.

Unterschiede:
- Deutschland: relativ geringer Ausländeranteil,
- Deutschland: dicht besiedelt,
- Deutschland: geringe Bedeutung von Erdöl und Erdgas beim Export.

4 Dubais Weg in die Zukunft (nach Text 5):

Dubai versucht eine Tourismusbranche mit viel Luxus vor allem für sehr reiche Gäste aufzubauen.

Vorteile (Auswahl):
- Positives Image als Urlaubsland,
- Zweites wirtschaftliches Standbein, denn Gäste bringen Devisen ins Land,
- Arbeitsplätze im Tourismusbereich.

Nachteile (Auswahl):
- Umweltprobleme wie Müllbeseitigung, vor allem bei Großprojekten (The Palm Project),
- Trinkwasserprobleme durch hohen Wasserverbrauch der Tourismusbranche.

Station 7 (S. 54/55)

1, 2 Ethnische Gruppen im Irak

	Merkmale / Vorstellungen	Problemfelder
Schiiten	• 2/3 der arab. Bevölkerung • auf relativ niedrigem Bildungsstand • unterrepräsentiert im Staat • Worte des religösen Würdenträgers haben Gesetzescharakter	• Bildungssystem umstrukturieren • Konfliktmöglichkeit zwischen religiöser und staatlicher Macht
Sunniten	• größte Glaubensrichtung des Islam • aber: Im Irak nur 1/3 der arabischen Bevölkerung • organisiert in Familienclans • privilegierte Stellung im Staat	• einflussreich, „Clan-Struktur“ • teilweise Entmachtung notwendig
Kurden	• Wunsch nach eigenem Staat (soll Teile des Irak, Iran und der Türkei umfassen) • viele Konflikte • nach Gewalt durch irakische Führung mithilfe internationaler Schutztruppen weitgehende Autonomie im Norden erreicht	• Autonomiebestrebungen • Beteiligung mehrerer Länder notwendig, internationaler Schutz

3 Kreissektorendiagramm (nach Tabelle 4):

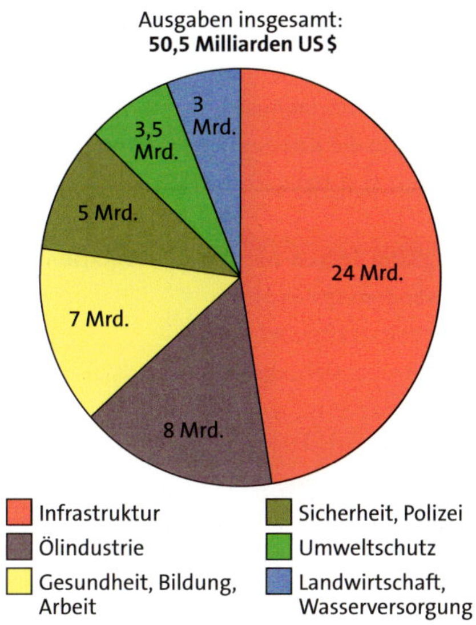

Station 8 (S. 56/57)

1 Herkunfts- und Zielgebiete qualifizierter und unqualifizierter Wirtschaftsflüchtlinge:

Herkunftsgebiete	Zielgebiete
Gering oder nicht qualifizierte Wirtschaftsflüchtlinge: Südamerika, Zentralafrika, Ostasien	Nordamerika, Europa, Golfstaaten, Argentinien, Australien, Südafrika
Qualifizierte Wirtschaftsflüchtlinge: Indien, Russland, Japan, (Südostasien)	Nordamerika, Europa

2 Mindmap zum Thema Migration

Individuelle Lösung

3 Mögliche Folgen bei starker Migration für Abwanderungsländer:

- Abwanderung vor allem der jungen, mobilen und flexiblen Bevölkerungsschichten,
- Qualifizierte Arbeiter fehlen der einheimischen Wirtschaft,
- Regionen verarmen, soziale und wirtschaftliche Probleme in entvölkerten Gebieten verschärfen sich, Infrastruktur verschlechtert sich.

  Ausnahme: im Ausland verdientes Geld wird in die einheimische Wirtschaft investiert (z. B. bei späterer Rückkehr)

Mögliche Folgen bei starker Migration für Zuwanderungsländer:

- Arbeitskräfteüberschuss
- Metropolisierungseffekte (Südamerika)
- Integrationsschwierigkeiten

Parkstation 1 (S. 58/59)

1 Zuordnung der Wüstenbilder:

Bild 2: Atacama, Küstenwüste

Bild 3: Gobi, Binnenwüste (Wüste im Inneren der Kontinente)

2 Benennung der Wüsten und Wüstentypen:

1) Mojavewüste, Gilawüste, Großes Becken (Binnenwüste)
2) Atacama (Küstenwüste)
3) Sahara (Wendekreiswüste)
4) Namib (Küstenwüste)
5) Große Arabische Wüste (Wendekreiswüste)
6) Tharr (Binnenwüste, Wendekreiswüste)
7) Karakum, Kysylkum (Binnenwüste)
8) Takla Makan, Gobi (Binnenwüste)
9) Große Sandwüste, Gibsonwüste (Wendekreiswüste)
10) Simpsonwüste, Große Victoriawüste (Wendekreiswüste)

Parkstation 2 (S. 60/61)

1 Lösung des Rätsels:

Wüsten sind vegetationsarme Gebiete der Erde.

Testlösungen

Seiten 32/33

2 a) falsch: Am 21. März steht die Sonne genau über dem Äquator senkrecht.
b) richtig
c) richtig
d) falsch: In Australien ist zur selben Zeit Winter.
e) falsch: Auf der Nordhalbkugel nimmt im Sommer die Tageslänge in Richtung Nordpol zu. Nur im Winter nehmen die Tageslängen in Richtung Äquator zu.
f) falsch: Sie dauert dort 24 Stunden.
g) falsch: Die Sonne steht im Sommer am Nordpol und am Südpol jeweils gleich hoch am Himmel.

Seiten 64/65

1 a) Nomadismus
b) Arabische Liga
c) Bewässerung
d) Karawane
e) Versalzung

3 1 Wasserquelle
2 Motorpumpen
3 Oasensiedlung
4 Oasengarten
5 Bewässerungskanäle
6 Wüste

Seiten 92/93

2 a) falsch: Die Grenzen wurden häufig durch die ehemaligen Kolonialmächte willkürlich festgelegt.
b) richtig
c) falsch: Die Sahelzone erstreckt sich über weite Teile der Dornsavanne, ist jedoch gegen Norden und Süden nicht genau abgrenzbar.
d) falsch: Die Riftzone beweißt, dass sich hier tektonische Platten voneinander weg bewegen.
e) falsch: Die Ertragskraft der tropischen Böden erschöpft sich schnell, da sie kaum Nährstoffe speichern können.
f) falsch: Desertifikation ist nicht nur auf Afrika beschränkt, sondern findet bei entsprechenden Voraussetzungen auch in anderen Teilen der Welt statt.
g) falsch: Schon vor Christi Geburt gab es Hochkulturen in Afrika.
h) richtig
i) falsch: „Shifting cultivation" ist eine Form von Ackerbau, bei der nach einigen Jahren ein Flächenwechsel vorgenommen wird.

4 a) Bananen: diese Kulturen werden vorwiegend für den Export angebaut, die übrigen dienen der Selbstversorgung.
b) Libyen: Libyen ist ein nordafrikanischer Staat, die übrigen Staaten findet man südlich der Sahara.
c) Kalahari: dabei handelt es sich um eine Wüste, nicht um einen Fluss.
d) Dauerfeldbau: Dieser Begriff hat nichts mit dem Brandrodungswanderfeldbau zu tun.
e) Exposition: Alle übrigen Faktoren sind vom Menschen geschaffene Probleme.
f) Madagaskar: Madagaskar ist eine Insel, alle übrigen Begriffe bezeichnen Inselgruppen.
g) Kongobecken: Bei den übrigen Begriffen handelt es sich um Wüsten.

Seiten 154/155

2 b) Botswana = 21,4 %

6 a) Entwicklungsländer
b) Terms of Trade
c) fairer Handel
d) HDI

Klimastationen

Mitteleuropa		J	F	M	A	M	J	J	A	S	O	N	D	Jahr
Berlin, 57 m	°C	−1	0	3	8	13	16	18	17	14	8	4	1	**8**
	mm	49	33	37	42	49	59	80	57	48	43	42	42	**581**
Hamburg, 11 m	°C	0	1	4	8	12	15	17	16	14	9	4	2	**9**
	mm	59	48	49	52	54	66	85	87	61	65	53	61	**740**
München, 529 m	°C	−2	−1	3	7	12	15	17	16	13	7	3	−1	**7**
	mm	51	38	50	77	117	117	128	102	89	57	47	55	**904**
Nürnberg, 314 m	°C	−1	0	4	8	13	17	18	18	14	9	4	1	**9**
	mm	45	39	46	49	64	75	69	67	51	45	44	52	**646**
Südeuropa														
Rom, 3 m	°C	8	9	11	13	17	21	23	24	21	17	13	10	**16**
Italien	mm	81	75	65	55	32	16	15	33	68	93	111	90	**734**
Madrid, 582 m	°C	6	7	9	12	16	20	24	24	20	15	9	6	**14**
Spanien	mm	42	45	30	45	39	26	9	9	29	38	59	44	**415**
Nordeuropa, Westeuropa														
Bergen, 21 m	°C	1	1	2	6	9	13	14	14	11	7	4	2	**7**
Norwegen (Westküste)	mm	224	181	155	112	118	106	142	195	237	233	220	221	**2144**
Helsinki, 12 m	°C	−6	−6	−3	2	8	13	17	15	10	6	1	−4	**4**
Finnland (Südküste)	mm	53	51	43	40	47	49	62	82	73	66	69	61	**696**
London, 36 m	°C	3	4	6	9	12	16	17	17	14	10	6	4	**10**
Großbritannien	mm	50	37	38	40	48	52	62	58	55	70	56	48	**614**
Luleå, 6 m	°C	−10	−10	−6	0	7	12	16	14	9	3	−3	−6	**2**
Schweden (Norrbotten)	mm	37	25	23	28	30	47	50	68	69	48	48	44	**517**
Narvik, 32 m	°C	−4	−4	−3	1	6	10	14	13	9	4	0	−2	**4**
Norwegen (Nordküste)	mm	55	49	60	44	43	65	59	84	97	86	58	58	**758**
Reykjavik, 5 m	°C	−1	−1	−1	2	6	9	11	10	8	4	1	−1	**4**
Island (Südwestküste)	mm	98	84	69	62	48	49	48	51	90	87	95	89	**870**
Shannon, 2 m	°C	5	6	7	9	12	14	16	16	14	11	8	6	**10**
Irland (Westküste)	mm	94	67	56	53	61	57	77	79	86	86	96	117	**929**
Osteuropa														
Archangelsk, 4 m	°C	−13	−12	−8	−1	6	12	16	13	8	1	−5	−10	**−1**
Russland (Weißes Meer)	mm	33	28	28	28	39	59	63	57	66	55	44	39	**539**
Kiew, 180 m	°C	−6	−5	−1	7	14	18	20	18	14	8	1	−4	**7**
Ukraine (mittlerer Dnjepr)	mm	30	29	42	44	50	73	81	56	44	47	40	36	**572**
Moskau, 144 m	°C	−10	−8	−4	4	13	16	19	17	11	4	−2	−7	**4**
Russland (obere Wolga)	mm	28	23	31	38	48	51	71	74	56	36	41	38	**535**
Asien														
Delhi, 216 m	°C	15	18	23	29	33	35	31	30	30	26	20	16	**26**
Indien (Ganges-Ebene)	mm	33	12	23	7	8	32	209	204	114	71	3	3	**719**
Irkutsk, 459 m	°C	−21	−18	−9	1	8	14	18	15	8	1	−11	−18	**−1**
Russland (Baikalsee)	mm	13	10	8	15	33	56	79	71	43	18	15	15	**376**
Jakutsk, 100 m	°C	−43	−37	−23	−9	5	15	19	15	6	−9	−30	−40	**−11**
Russland (Ostsibirien)	mm	6	5	3	6	13	27	34	42	23	12	10	7	**188**
Jerusalem, 745 m	°C	8	9	13	16	21	23	24	24	23	21	17	11	**18**
Israel	mm	104	135	28	25	3	0	0	0	0	5	30	74	**404**
Singapur, 16 m	°C	26	26	27	27	28	27	27	27	27	27	26	26	**27**
Singapur (Südostasien)	mm	198	154	171	141	159	140	145	143	177	167	252	304	**2151**
Werchojansk, 137 m	°C	−47	−43	−30	−13	3	13	15	11	2	−15	−37	−44	**−15**
Russland (Nordostsibirien)	mm	7	7	5	7	12	26	36	29	15	14	10	10	**178**

Antarktis		J	F	M	A	M	J	J	A	S	O	N	D	Jahr
Südpol, 2 800 m	°C	−29	−40	−54	−59	−57	−57	−59	−59	−59	−51	−39	−28	**−49**
US-Station	mm	keine Angaben												
Australien														
Darwin, 31 m	°C	29	28	29	29	28	26	25	26	28	29	30	29	**28**
Nordküste	mm	389	343	244	104	15	3	3	3	13	51	119	249	**1 536**
Sydney, 6 m	°C	23	23	21	19	15	13	12	13	15	18	20	22	**18**
Südostküste	mm	116	113	148	121	88	128	54	90	60	79	101	81	**1179**
Nördliches Afrika														
Algier, 59 m	°C	12	13	15	16	20	23	26	27	25	21	17	14	**19**
Algerien (Nordküste)	mm	110	83	74	41	46	17	2	4	42	80	128	135	**762**
Al Kufrah, 381 m	°C	12	15	19	23	28	30	30	31	28	25	19	14	**23**
Libyen	mm	0	1	0	0	0	0	0	1	0	0	0	0	**2**
Enugu, 233 m	°C	26	28	29	28	27	26	26	26	26	26	27	26	**27**
Nigeria	mm	19	15	81	209	195	166	182	190	182	246	53	23	**1 561**
In Salah, 273 m	°C	13	15	20	24	30	34	37	36	33	27	20	14	**25**
Algerien (Sahara)	mm	3	2	0	0	0	0	0	0	1	0	4	3	**13**
Niamey, 223 m	°C	25	27	31	34	33	31	28	27	28	30	28	25	**29**
Niger (Sahel)	mm	0	0	3	6	38	71	139	201	94	14	1	0	**567**
Ouagadougou, 316 m	°C	25	28	31	33	31	29	27	26	27	29	28	26	**28**
Burkina Faso	mm	0	3	8	19	84	118	193	265	153	37	2	0	**882**
Südliches Afrika														
Harare, 1 492 m	°C	21	21	20	19	16	14	14	15	19	22	22	21	**19**
Simbabwe	mm	184	194	120	26	14	4	1	2	8	29	92	148	**822**
Kapstadt, 12 m	°C	22	22	21	18	16	14	13	13	14	17	19	21	**18**
Südafrika	mm	18	15	23	48	94	112	91	84	58	41	28	20	**632**
Kisangani, 460 m	°C	26	26	26	26	26	25	25	25	25	25	25	25	**25**
D. R. Kongo	mm	95	115	152	181	167	115	100	186	174	228	177	114	**1 804**
Walfischbai, 7 m	°C	19	19	19	18	17	16	14	14	14	15	17	18	**17**
Namibia	mm	0	0	3	3	0	0	0	0	0	0	0	0	**6**
Nordamerika														
Churchill, 11 m	°C	−29	−27	−19	−8	−1	7	12	11	5	−3	−14	−24	−8
Kanada (Hudsonbay)	mm	15	27	28	26	24	51	45	62	67	32	30	21	428
Denver, 1611 m	°C	−1	1	4	9	14	19	23	22	17	11	4	−1	**10**
USA (Colorado)	mm	13	15	33	43	61	46	49	38	32	25	22	16	**393**
Miami, 2 m	°C	20	20	22	23	25	27	28	28	27	26	23	21	**24**
USA (Florida)	mm	64	48	58	86	180	188	135	163	226	229	84	43	**1 504**
New York, 96 m	°C	−1	−1	3	9	16	20	23	23	19	13	7	2	**11**
USA (Ostküste)	mm	91	105	90	83	81	86	106	108	87	88	76	90	**1 091**
Upernavik, 63 m	°C	−17	−20	−20	−13	−4	2	5	5	1	−4	−9	−14	**−7**
Grönland	mm	11	10	8	12	11	14	26	31	36	31	35	22	**247**
Mittelamerika/Südamerika														
Buenos Aires, 25 m	°C	23	23	20	16	13	10	9	11	13	16	19	22	**16**
Argentinien	mm	78	71	98	122	71	52	54	56	74	85	101	102	**964**
Manáus, 44 m	°C	26	26	26	26	26	26	27	27	28	28	27	27	**27**
Brasilien (Amazonas)	mm	262	249	274	277	201	112	69	38	61	119	155	226	**2 043**
México-Stadt, 2 282 m	°C	13	15	17	18	19	18	17	17	17	16	15	14	**16**
Mexiko	mm	6	10	12	18	52	117	110	95	130	36	17	8	**611**
Quito, 2 850 m	°C	13	13	13	13	13	13	13	13	13	13	13	13	**13**
Ecuador	mm	107	109	132	188	127	38	23	38	76	94	97	97	**1126**

Methodenbox

Hier findest du wichtige Methoden aus der fünften, siebten und achten Klasse.

Karten lesen

1. Schritt: *Suche in der Legende der jeweiligen Karte nach dem Zeichen, das du benötigst, um zum Beispiel den Dom zu finden.*
2. Schritt: *Merke dir das entsprechende Zeichen und suche es auf der Karte. Präge dir den Standort ein.*
3. Schritt: *Falls du in der Karte auf neue, noch unbekannte Zeichen triffst, suche diese in der Legende und merke dir die Bedeutung.*

Entfernungen bestimmen

Entfernungen auf der Karte kannst du mithilfe der Maßstabsleiste feststellen oder mit der Maßstabszahl bestimmen.
1. Schritt: *Miss mit einem Lineal die gesuchte direkte Entfernung ab, zum Beispiel 3 cm.*
2. Schritt: *Stelle die Maßstabszahl der Karte fest, z. B. 1 000 000.*
3. Schritt: *Multipliziere die gemessene Entfernung mit der Maßstabszahl, hier 3 cm x 1 00 000 = 3 000 000 cm. Rechne das Ergebnis in eine sinnvolle Einheit um, hier also: 3 000 000 cm = 30 000 m =30 km.*

Höhenlinien lesen

1. Schritt: *Suche die Höhenangaben an den Höhenlinien einer entsprechenden Karte. Stelle fest, in welcher Richtung das Gelände ansteigt oder abfällt.*
2. Schritt: *Stelle Verlauf und Abstand der Höhenlinien fest: Wo diese eng beieinander sind, ist das Gelände steil; wo diese weiter auseinander liegen, ist das Gelände weniger steil bis flach.*
3. Schritt: *Ermittle für eine bestimmte Strecke den Höhenunterschied.*

Ein Höhenprofil zeichnen

1. Schritt: *Zeichne die Strecke von Ort A nach B in die Karte ein. Es ist die Querschnittslinie.*
2. Schritt: *Übertrage diese Querschnittslinie AB auf Millimeterpapier.*
3. Schritt: *Lege eine Höhenskala an.*
Achte auf die tiefste und auf die höchste Stelle des Querschnitts. Skaleneinteilung: zum Beispiel 1 cm entspricht 100 m.
4. Schritt: *Übertrage die Schnittpunkte P1, P2 usw. der Karte an richtiger Stelle auf das Millimeterpapier. P1, P2 usw. sind Schnittpunkte der Höhenlinien mit der Querschnittslinie.*
5. Schritt: *Verbinde auf dem Millimeterpapier die Punkte A, P1, P2 ... B. So erhältst du die Profillinie des Geländeschnittes von A nach B.*

Diagramme zeichnen

Zum Zeichnen von Diagrammen brauchst du folgende Arbeitsmaterialien: Millimeterpapier, Lineal oder Geodreieck, gespitzten Bleistift, Farbstifte.
1.Schritt: *Überlege, welche Art von Diagramm sich zur Darstellung des gegebenen Sachverhaltes am besten eignet.*
2.Schritt: *Schaue dir die Zahlenwerte genau an und lege Höhe und Breite für dein Diagramm fest. Orientiere dich dabei an der größten Zahl und wähle eine sinnvolle Einteilung der Achsen, zum Beispiel: 1 cm entspricht 10 000 Beschäftigten.*
3. Schritt: *Trage die Zahlenwerte in das vorbereitete Diagramm ein. Zur besseren Unterscheidung mehrerer Kurven, Säulen oder Streifen zeichnest du diese jeweils verschiedenfarbig.*

Eine thematische Karte erschließen

1. Schritt: Orientieren
Zunächst erfolgt die Orientierung: Um welches Thema geht es, welches Gebiet wird dargestellt? Häufig hilft der Titel der Karte, das Gebiet kann man genau beschreiben.
2. Schritt: Die Legende lesen
Nach der ersten Orientierung kann ein Blick auf die Legende helfen, das dargestellte Thema genauer zu erfassen. In der Legende werden alle Zeichen der Karte erläutert, sodass sich daraus der Inhalt, das Thema ergibt. Zudem hilft der Maßstab, die Größe des Raums und die Entfernungen abzuschätzen.
3. Schritt: Den Karteninhalt beschreiben
Jetzt geht es darum, den Karteninhalt genau zu beschreiben: Was findet sich wo, gibt es Besonderheiten, z. B. fehlende Merkmale in bestimmten Gebieten. Dabei kann man sich an der Legende orientieren und die dort vermerkten Sachverhalte nacheinander beschreiben.
4. Schritt: Den Karteninhalt erklären
Finde Ursachen für die in der Karte dargestellten Erscheinungen und deren räumliche Verteilung. In der Regel musst du dazu dein Vorwissen anwenden oder Informationen aus anderen Quellen entnehmen.

Eine Kartenskizze zeichnen:

1. Schritt: *Suche im Atlas die entsprechende Landschaftskarte. Lege Transparentpapier auf und hefte dieses mit Büroklammern fest. Auf dieses Transparent zeichnest du zunächst einen rechteckigen Rahmen, der den Kartenausschnitt deiner Skizze begrenzt.*
2. Schritt: *Zeichne nun das Flussnetz mit einem blauen Farbstift nach. Dabei kannst du großzügig den wichtigsten Flussläufen folgen. Kleinräumige Flussbiegungen werden einfach begradigt.*
3. Schritt: *Wähle für Höhenzüge und Gebirge einen braunen Farbstift. Damit umfährst du die Gebirge grob und malst anschließend die umschlossene Fläche aus. Bei Mittelgebirgen benutzt du einen hellbraunen und bei Hochgebirgen einem dunkelbraunen Farbton.*
4. Schritt: *Markiere mit einem roten Farbstift die Landesgrenzen und Städte. Am besten zeichnest du nur die größeren Städte ein.*
5. Schritt: *Beschrifte nun deine „stumme“ Karte. Übertrage dazu die Namen aus dem Atlas. Für Städte, Gebirge und Landschaften wähle einen schwarzen Farbstift, für Flussnamen benutze einen blauen Farbstift.*

Satellitenbilder auswerten

1. Schritt: Topografische Einordnung des Bildes
- *Suche das auf dem Bild dargestellte Gebiet auf der Atlaskarte. Wähle dabei eine Karte mit einem möglichst vergleichbaren Maßstab.*

2. Schritt: Auswertung des Bildinhaltes
- *Gliedere die Bildinhalte, indem du wichtige Strukturen (Berge, Meere, Siedlungen, Vegetation, usw.) nennst.*
- *Fasse Flächen gleicher Färbung zusammen und ermittle mithilfe der Legende deren Bedeutung.*
- *Suche und beschreibe linienhafte Bildelemente, wie z. B. Verkehrswege.*

3. Schritt: Deutung des Bildinhalts
- *Erfasse Formen und Strukturen, z. B. die Beschaffenheit der Oberfläche (Berge, Ebenen oder Täler)*
- *Stelle Beziehungen zwischen den einzelnen Bildelementen her und suche nach Zusammenhängen, z. B. Lage am Meer und Hafenanlagen.*

4. Schritt: Beurteilung des Informationswertes
Vergleiche das Satellitenbild und deine daraus gezogenen Erkenntnisse mit anderen Quellen, wie Atlaskarten, Stadtplänen oder Fotos. Beurteile, inwieweit dir das Satellitenbild mehr Informationen gibt, bzw. wo die anderen Quellen ihre Vorzüge haben.

Klimadiagramme zeichnen

__1. Schritt:__ Verwende Millimeterpapier. Zeichne eine waagrechte 12 cm lange Grundlinie. Teile sie für die Monate ein (1 Monat entspricht 1 cm) und schreibe die Anfangsbuchstaben der Monatsnamen darunter.

__2. Schritt:__ Zeichne an der linken Seite der Grundlinie eine senkrechte Achse für die Temperaturwerte (rote Zahlen, 1 cm entspricht 10 °C). Trage den Wert für 0 °C an der Grundlinie ein und beschrifte in Zehnerschritten bis 30 °C.

Wenn es Monate mit Werten unter 0 °C gibt, muss die Achse nach unten entsprechend weit verlängert und mit Minuswerten benannt werden.

__3. Schritt:__ Zeichne am rechten Endpunkt der Grundlinie eine senkrechte Achse für die Niederschläge (blaue Zahlen, 1 cm entspricht 20 mm). Beschrifte in 20 mm-Schritten bis zum höchsten Monatswert der dir vorliegenden Station.

__Beachte__: Ab 100 mm Niederschlag pro Monat kannst du die Skala stauchen, d. h. 1 cm entspricht nun 100 mm Niederschlag. Auf diese Weise wird das Diagramm nicht zu hoch.

__4. Schritt:__ Markiere nun die mittleren Monatstemperaturen mit einem Kreuz jeweils über der Monatsmitte und verbinde die Kreuze mit einem roten Stift zu einer Kurve.

Bilde aus dem Dezember- und Januarwert den Mittelwert und trage diesen an beiden senkrechten Achsen an. Verlängere die Kurve nun nach beiden Seiten bis zu den Hochwertachsen.

__5. Schritt:__ Markiere die Höhe des mittleren Niederschlags der einzelnen Monate jeweils mit einem Kreuz und verbinde diese mit einem blauen Stift zu einer Kurve.

Verlängere sie nun nach der gleichen Methode wie die Temperaturkurve zu den beiden senkrechten Achsen.

__6. Schritt:__ Liegt die Niederschlagskurve über der Temperaturkurve, musst du die dazwischen liegende(n) Fläche(n) mit senkrechten blauen Linien schraffieren. Liegt sie jedoch unterhalb der Temperaturkurve, dann musst du die Flächen mit einer roten Punktsignatur versehen.

__7. Schritt:__ Beschrifte das Diagramm vollständig mit dem Namen der Station, dem Namen des Landes, der Höhe des Ortes über dem Meeresspiegel sowie der Jahresmitteltemperatur und der Jahresniederschlagssumme.

Klimadiagramme auswerten

__1. Schritt:__ Lies den Namen, das Land und die Höhenlage der Station ab. Suche sie auf der Karte und beschreibe ihre topografische Lage (z. B. am Meer, in einem Gebirgstal, in einer weiten Ebene).

__2. Schritt:__ Werte die Temperaturkurve aus. Beachte dabei den Jahresgang der Temperatur und vor allem die niedrigsten und höchsten Werte. Der Unterschied zwischen diesen beiden Werten – Fachleute nennen ihn die Temperaturamplitude – sagt dir viel über die Ausprägung des Klimas an der Station und über dessen Auswirkungen. Große Temperaturamplituden weisen die Station als kontinental aus. Wenn die Wintertemperaturen unter 0 °C liegen, fällt Niederschlag meist als Schnee.

__3. Schritt:__ Werte die Niederschlagskurve aus. Lies aus dem Diagramm ab, in welchen Jahreszeiten besonders viel bzw. besonders wenig Niederschlag fällt.

__4. Schritt:__ Stelle fest, ob es aride Jahreszeiten gibt oder ob es das ganze Jahr humid ist.

__5. Schritt:__ Fasse deine Auswertung in kurzer schriftlicher Form zusammen.

Mit geographischen Informationssystemen arbeiten – eine Klimakarte erstellen

1. Schritt: Mit Layer arbeiten

- *Starte das gewählte GIS-Programm und warte, bis der aktuelle View (d.h. die Kombination der gewünschten Layer) geladen ist.*
- *Wähle selbst neue Layer aus. „Sichtbar" bedeutet, dass sie grafisch dargestellt werden, „aktiv" aber, dass sie für logische Operationen verfügbar sind.*
- *Aktualisiere nach deiner Wahl jeweils die Kartendarstellung mit dem Button „Karteninhalt aktualisieren".*

2. Schritt: Mit Werkzeugen (Tools) umgehen

- *Vergrößere und verkleinere die Kartenausschnitte, verschiebe sie usw.*
- *Informiere dich über „Hilfe" zu Arbeitsweise und Wirkung der einzelnen Werkzeuge.*
- *Wechsele die Layer und überprüfe, wie sich damit die Arbeit mit den Werkzeugen verändert.*

3. Schritt: Einfache thematische Karten mit dem Abfragemanager erstellen

- *Führe zunächst einfache Operationen mit dem Abfragemanager durch (z.B. alle Klimastationen der Erde suchen, die höher als 1500 m sind)*
- *Beachte: Nach der Wahl der Inhalte auf „Abfrage bilden" und „Ausführen" klicken.*
- *Führe komplexere Abfragen mit den Erweiterungen „AND", „OR" usw. durch.*
- *Entwickle Rechenoperationen, mit denen sich einzelne Klimazonen auf der Karte darstellen lassen.*

Ein Luftbild auswerten

1. Schritt: Aufnahmehöhe und Maßstab feststellen

Ist das Bild aus geringer oder großer Höhe aufgenommen? Dies bestimmt den Maßstab, d.h. wie groß und detailreich einzelne Objekte zu erkennen sind.

2. Schritt: Aufnahmewinkel bestimmen

Handelt es sich um ein Senkrecht- oder ein Schrägluftbild? Letzteres bedeutet, dass Objekte im Vordergrund größer zur Darstellung kommen als im Hintergrund.

3. Schritt: Aufnahmeort bestimmen

Welche Hinweise darauf, wo die Aufnahme gemacht worden sein könnte, sind dem Bild zu entnehmen? Ist eventuell eine Bildunterschrift oder -erklärung als Hilfe vorhanden?

4. Schritt: Schwerpunkte festlegen

Was erscheint dir an dem Bild wichtig, interessant oder auffällig?

5. Schritt: Kartenskizze anfertigen

Fertige nun die Kartenskizze an, indem du wichtige Linien (z.B. Straßen oder Umrandungen) und Flächen (z.B. Felder oder Siedlungen) möglichst lagerichtig auf das Blatt überträgst. Am einfachsten ist dies bei Senkrechtaufnahmen.

6. Schritt: Legende anfertigen

Fertige eine Legende an, in der du beispielsweise die Farben erklärst, die du den einzelnen Flächen zuordnest.

Ein Vegetationsprofil erstellen

1. Schritt: *Zeichne ein Höhenprofil (siehe dazu Seite 166).*

2. Schritt: *Bestimme die Grenzen der einzelnen Vegetationszonen bzw. Vegetationseinheiten.*

3. Schritt: *Übertrage diese Vegetationsgrenzen in die Profillinie.*

4. Schritt: *Erstelle eine Legende für die einzelnen Vegetationsbereiche und übertrage die Signaturen in das Profil. Anstelle der natürlichen Vegetation kann man auch die Verteilung der Kulturpflanzen kartieren und in ein Profil der landwirtschaftlichen Nutzung übernehmen.*

TERRALexikon

Äquinoktium: Tagundnachtgleiche, am 21. März und 23. September. Da an diesen beiden Tagen die Sonne genau über dem Äquator im Zenit steht, sind Tag und Nacht auf der ganzen Erde jeweils 12 Stunden lang.

Analphabetismus: Der Anteil der über 15-jährigen Einwohner eines Landes, die nicht lesen und schreiben können. Häufig wird der Anteil der Analphabeten als wichtiges Merkmal zur Kennzeichnung des Entwicklungsstandes eines Landes gebraucht.

Arabischer Raum: Nicht eindeutig abgrenzbarer Raum, in dem die arabische Sprache und die islamische Religion dominieren.

Arbeitsteilung: Bedeutet in der Wirtschaft, dass nicht jeder nur das erzeugt, was er verbraucht und umgekehrt. Arbeitsteilung hat die Spezialisierung der Berufe und Betriebe zur Folge. Aufgrund der internationalen Arbeitsteilung und des Rohstoff- und Nahrungsmittelbedarfs der einzelnen Staaten kommt es zu einem internationalen Austausch von Gütern. Dabei können einzelne Ländergruppen bestimmte Aufgaben übernehmen, wie etwa Rohstofferzeugung oder High-Tech-Produktion. Im Rahmen der Arbeitsteilung werden auch Produktionen mit hohen Lohnkosten in Länder mit niedrigen Lohnkosten (z. B. Textilindustrie) verlagert.

artesischer Brunnen: Da das Wasser in diesen Brunnen unter Druck steht, ist keine Vorrichtung (z. B. Pumpe) zur Förderung erforderlich, das Wasser tritt selbsttätig an die Oberfläche.

Bergbau: Abbau von Bodenschätzen entweder oberirdisch im Tagebau oder unterirdisch im Untertagebau bzw. Tiefbau. Im Tagebau werden zunächst die über dem Flöz liegenden Schichten abgetragen. Beim Tiefbau werden senkrechte Schächte angelegt.

Bevölkerungswachstum: Absolute Zunahme der Bevölkerung in einem bestimmten Raum. Ursache kann ein Geburtenüberschuss (natürliches Bevölkerungswachstum) oder ein Wanderungsüberhang bzw. eine Kombination von beiden Faktoren sein.

Bewässerung: Form der landwirtschaftlichen Bodennutzung, bei der den Nutzpflanzen wegen unzureichender Niederschläge während der Vegetationsperiode Wasser zugeführt wird. Man unterscheidet die Bewässerungsarten: Graben- und Furchenbewässerung sowie Beregnungs- und Tropfbewässerung. Bewässerung ohne Entwässerung führt zur Bodenversalzung oder zur Vernässung des Bodens.

Dauerkulturen: Kulturpflanzen mit einer langjährigen Nutzungsdauer. Dazu gehören u. a. Kautschuk, Tee, Kakao und Obst.

Dornsavanne: **→ Savanne**

Dritte Welt: Sammelbezeichnung für die wirtschaftlich unterentwickelten Staaten Afrikas, Asiens und Lateinamerikas. Der Begriff stammt aus der Zeit, als viele dieser Länder ihre Unabhängigkeit erlangten und sich neben den westlichen Industrieländern und den Staaten des Ostblocks als dritte Kraft in der Weltpolitik sahen.

Entwicklungshilfe: Sammelbegriff für alle Leistungen der Industrieländer an die Entwicklungsländer, die nicht unter die normalen Handelsbeziehungen fallen.

Entwicklungszusammenarbeit: Heute hat sich die Überzeugung durchgesetzt, dass Hilfe zur Entwicklung nicht zu sehr von außen bestimmt und geleistet werden darf, sondern die betroffenen Menschen ihre Entwicklung selbst in die Hand nehmen müssen. Darunter sind alle Maßnahmen zur Unterstützung des wirtschaftlichen Wachstums und zur Verbesserung der sozialen Verhältnisse in den armen Ländern zu verstehen, die auf der Grundlage einer gemeinsamen Zusammenarbeit unternommen werden. Die hierbei erteilte Beratungs- und Finanzhilfe von Seiten der Entwicklungshilfe-Organisationen soll Hilfe zur Selbsthilfe sein und die Hilfeleistung soll in gemeinsamer Verantwortung und Zusammenarbeit erfolgen.

fairer Handel: Bezeichnung für Bestrebungen eines gerechten und nicht ausschließlich gewinnorientierten Austausches in der Welt. Durch garantierte Mindestpreise sowie die Gründung von Genossenschaften soll der Ausbeutung der Entwicklungsländer entgegengewirkt werden. Garantierte Mindestpreise reduzieren die Abhängigkeit von den starken Schwankungen der Weltmarktpreise.

Feldwechselwirtschaft: Ackerbau in Grenzbereichen der Nutzung mit regelmäßigem oder unregelmäßigem Wechsel von Anbau- und Brachephasen. Dabei ist die Zahl der Brachejahre meist größer als die der Anbaujahre. Während der Brachephasen kann die Fläche häufig als Weide genutzt werden.

Ferntourismus: Fremdenverkehr zu weit entfernt gelegenen überseeischen Zielen. Die Anreise erfolgt v. a. mit dem Flugzeug.

Feuchtsavanne: → Savanne

Fruchtwechsel: Um den Boden zu schonen und Schädlingsbefall vorzubeugen, beinhaltet die Fruchtwechselwirtschaft einen Wechsel der angebauten Feldfrüchte nach einem bestimmten Schema.

Handelsströme: Räumliche Darstellung von Handelsbeziehungen zwischen einzelnen Staaten oder Regionen.

Höhenstufen: Vegetation in einer bestimmten Abfolge mit zunehmender Höhe. Sie passt sich vor allem an die abnehmende Lufttemperatur an.

hypsometrisches Gliederungsprinzip: Geographischer Formenwandel, der in der Veränderung der Landschaftselemente mit der Höhe erkennbar wird. So ändert sich die Vegetation mit zunehmender Höhe im Gebirge, in erster Linie verursacht durch eine Temperaturabnahme.

informeller Sektor: Vom Staat nicht kontrollierter Wirtschaftsbereich, in dem die Menschen ohne soziale Absicherung, aber auch ohne Steuern zu zahlen, arbeiten. Kinderarbeit findet häufig im informellen Sektor statt. Die Kinder verkaufen u. a. Dinge auf der Straße, passen auf Autos auf, arbeiten in fremden Haushalten oder in Kleinbetrieben.

islamische Welt: Nicht eindeutig abgrenzbarer Raum. Üblicherweise wird darunter die Gesamtheit jener Nationen, in denen der Islam die Mehrheitsreligion ist, verstanden.

Jahreszeitenklima: Klima, bei dem die Temperaturschwankungen im Jahresverlauf größer als die Temperaturschwankungen im Tagesverlauf sind.

Karawanen: Reisegesellschaften, die mit Hilfe von Tragtieren (z. B. Kamele) schwer zugängliche Gegenden (z. B. Wüsten) durchqueren. Kaufleute schließen sich aus Sicherheitsgründen zu Handelskarawanen zusammen. Heute werden die Karawanen häufig durch moderne Transportmittel (Lkw, Flugzeug) ersetzt. Im Niger haben sich aber z. B. bis heute Salzkarawanen, die von der Oase Bilma ausgehen, erhalten.

Kolonialismus: Bezeichnung für die Politik überseeischer Eroberungen, die einige europäische Mächte von Beginn des 19. bis zur Mitte des 20. Jahrhunderts mit dem Ziel der wirtschaftlichen Ausbeutung betrieben.

Landflucht: Wanderungsbewegung größeren Ausmaßes aus dem ländlichen Raum in Städte, ausgelöst in der Regel durch unzureichende Lebensbedingungen auf dem Land.

Least Developed Countries (LDC): Von der UNO 1971 eingeführte Bezeichnung für die am wenigsten entwickelten Staaten der Erde. Grundlage der Zuordnung sind folgende Merkmale: BIP pro Kopf < 100 US-$ pro Jahr; Anteil des sekundären Sektors am BIP < 10 %; Analphabetenquote > 80 %.

Metropolisierung: Das Heranwachsen einer Stadt zur Metropole, die das politische und wirtschaftliche Zentrum eines Landes bildet. Diese Stadt nimmt damit gegenüber anderen Großstädten des Landes eine überragende Stellung ein (z. B. Lima, Lagos oder Paris). Vor allem Hauptstädte oder Hafenstädte in den Entwicklungsländern haben sich rasch zu Metropolen entwickelt, deren Größe und Bedeutung weit über der anderer Städte des Landes liegt.

nachhaltige Bewirtschaftung: Nutzungsform, mit der die Lebenschancen der heutigen Generation verbessert werden sollen, ohne die Chancen künftiger Generationen einzuschränken. Nachhaltige Holzwirtschaft bedeutet z. B. „nicht mehr Holz schlagen als nachwächst".

Nomaden: Wanderhirten. Hirtenstämme, die mit ihren Herden verschiedene Weideplätze und Brunnen nacheinander aufsuchen.

Oase: Gebiet in Trockenräumen, das sich durch reicheren Pflanzenwuchs gegenüber der wüstenhaften Umgebung auszeichnet. Ursache dafür sind entsprechende Wasservorkommen. Je nach Art des zur Verfügung stehenden Wassers unterscheidet man: Grundwasser-, Fluss- und Quelloasen.

Passat: Ganzjährige, richtungsbeständige Luftströmungen zwischen den subtropischen Hochdruckgebieten und der äquatorialen Tiefdruckrinne (ITC). Die Erdrotation bewirkt auf der Nordhalbkugel eine Ablenkung als Nordostpassat, auf der Südhalbkugel als Südostpassat.

Plantage: Großbetrieb der Pflanzenproduktion in den → Tropen und Subtropen mit überwiegendem Anbau von Tee, Bananen, Zuckerrohr, Kaffee oder Ölpalmen. Zur Plantage gehören auch die technischen Anlagen zur Aufbereitung und Verarbeitung der Agrarprodukte.

Raubbau: Wirtschaftsform, bei der ohne Rücksicht auf die Zukunft die natürlichen Ressourcen stark geschädigt oder zerstört werden (z. B. Überweidung, Abholzung von tropischen Wäldern).

Regenwald-Nationalparks: Großräumig abgegrenzte und in der Regel über 10 km² große Naturschutzgebiete im Bereich der → tropischen Regenwälder. In ihnen gelten strenge Schutzbestimmungen, um den Charakter der Landschaft zu bewahren, Flora und Fauna in ihrem natürlichen Lebensraum zu erhalten und menschliche Eingriffe zu verhindern. Sie unterliegen einer eingeschränkten Nutzung.

Riftzone: Eine Spalte zwischen zwei Kontinentalplatten, die sich voneinander weg bewegen. Der Begriff leitet sich von englischen Wort rift (= Riss, Spalte) ab.

Savanne: Vegetationszone der wechselfeuchten → Tropen und Subtropen. Nach Dauer der Regen- und Trockenzeiten verändern sich die Anteile von Gras- und Holzgewächsen. Man unterscheidet die:

- Feuchtsavanne, mit einer Dauer der Regenzeit von 7–9 Monaten und hohem Elefantengras sowie größeren Baumgruppen;
- Trockensavanne, mit einer Dauer der Regenzeit von 4–7 Monaten und nur noch etwa 1 Meter hohen Gräsern sowie vereinzelten geschlossenen Baumgruppen;
- Dornsavanne, Dauer der Regenzeit von 2–4 Monaten und überwiegend dornigen Busch- und Baumarten. Eine geschlossene Grasdecke bildet sich hier nicht aus.

selektiver Holzeinschlag: Die Holzernte beschränkt sich dabei nur auf ausgewählte, hochwertige Baumarten. Problematisch dabei ist, dass man häufig breite Schneisen in den Wald schlagen muss, um zu diesen Einzelbäumen zu gelangen.

Sklavenhandel: Organisierte Form von Verschleppung und Verkauf von Afrikanern mit anschließendem Transport über den Atlantik nach Nordamerika und in die Karibik, wo sie meist unter unmenschlichen Bedingungen auf den Plantagen der Großgrundbesitzer arbeiten mussten.

Slum: Elendsquartier, meist in den Großstädten der Entwicklungsländer gelegen. Man unterscheidet die innerstädtischen Elendssiedlungen (Slums im engeren Sinne) und die randstädtischen Elendssiedlungen (Marginalsiedlungen). Hauptmerkmale sind die verfallene Bausubstanz, niedriger Wohnungsstandard, hohe Kriminalität und Arbeitslosigkeit, einfache Behausungen aus Karton, Holz oder Blech, völlig unzureichende Infrastruktur, mangelhafte Ver- und Entsorgung (Wasser- und Stromversorgung, Abwasser- und Abfallentsorgung), fehlende Schulen und Gesundheitseinrichtungen.

Sonneneinstrahlung: Einstrahlung von Sonnenenergie. Aufgrund der sich durch die Kugelform der Erde ergebenden unterschiedlichen Einstrahlungswinkel nimmt die eingestrahlte Energiemenge vom Äquator zu den Polen hin ab.

Strukturprobleme: ungünstige Strukturmerkmale eines Raumes (z. B. → Analphabetismus, schlechte Infrastruktur, hohe Arbeitslosigkeit), die seine Entwicklung hemmen.

Trockensavanne: → **Savanne**

Trockenzeit: Im Unterschied zur Regenzeit Periode mit geringem oder keinem Niederschlag. In dieser Zeit ist die Verdunstung größer als die gefallene Niederschlagsmenge. Es herrscht arides Klima.

Tropen: Beiderseits des Äquators, zwischen den Wendekreisen gelegene Klimazone, in der die Sonne zweimal während eines Jahres senkrecht (im Zenit) steht. In den Tropen herrscht ein Tageszeitenklima mit geringen jahreszeitlichen Temperaturschwankungen, wobei die monatliche Durchschnittstemperatur (im Tiefland) immer über 18 °C liegt. Je nach den Niederschlagsverhältnissen unterscheidet man verschiedene tropische Klimate, wie die immerfeuchten und die wechselfeuchten Tropen.

tropischer Regenwald: Waldtyp der immerfeuchten → Tropen (mehr als 2 000 mm Niederschlag pro Jahr, gleichmäßig hohe Temperatur von 25–28 °C).

- großer Artenreichtum (ca. 3 000 immergrüne Baumarten, Schling- und Kletterpflanzen),
- üppiges Wachstum mit Baumriesen über 60 m Höhe.

Ausgeprägter Aufbau der Pflanzen in 4–5 Stockwerken. Wichtiger Sauerstofflieferant und Klimaregulator der Erde.

Vegetationszone: Pflanzengürtel der Erde, der durch die klimatisch bedingte Verbreitung einer bestimmten Vegetation gekennzeichnet ist: zum Beispiel Dornengewächse mit vereinzelten Gräsern in der Zone der → Dornsavanne.

Versalzung: Anreicherung von Salzen an der Oberfläche des Bodens durch Bewässerung. Das Bewässerungswasser löst Salze, die sich im Boden befinden. Sie gelangen durch die Verdunstung an die Oberfläche und bilden eine Salzkruste. Die Erträge auf solchen Böden gehen stark zurück und führen schließlich zum Verlust der Anbaufläche.

Wendekreise: Bezeichnung für die beiden Breitenkreise 23,5° n. B. und 23,5° s. B. Der Zenitalstand der Sonne erreicht am 21. Juni den nördlichen Wendekreis (Sonnenwende) und am 22. Dezember den südlichen Wendekreis (in Deutschland längste Nacht und kürzester Tag). Nur im Gebiet zwischen den Wendekreisen steht die Sonne senkrecht, also im Zenit. Für den Betrachter auf der Erde „wendet" der Sonnenhöchststand scheinbar seine Richtung an den Wendekreisen.

west-östliches Gliederungsprinzip: Geographischer Formenwandel, der auf die Ausprägung unterschiedlicher Klimaverhältnisse auf den West- und Ostseiten der Kontinente zurückzuführen ist.

wirtschaftliche Verflechtung: Enge und dauerhafte wirtschaftliche Beziehungen zwischen Staaten im Rahmen der internationalen → Arbeitsteilung. Zwischen den Staaten geschlossene Handelsabkommen können die Verflechtung begründen und sichern.

Wüste: Gebiet, in dem aufgrund großer Trockenheit (Trockenwüste) oder geringer Temperaturen (Kälte- oder Eiswüste) von Natur aus nur spärliches Pflanzenwachstum möglich ist. In Trockengebieten unterscheidet man nach der Oberflächenbeschaffenheit: Felswüste (Hamada), Kieswüste (Serir) und Sandwüste (Erg).

Zenitalregen: So werden die Gewitterregen im tropischen Tiefdruckgürtel genannt, weil sie dann losbrechen, wenn die Sonne am höchsten Himmelspunkt, also im Zenit steht.

zentral-peripheres Gliederungsprinzip: Geographischer Formenwandel, der auf Kontinenten als Veränderung der Landschaftselemente vom Rand zum Zentrum hin wahrnehmbar ist. Im Bereich des Klimas prägt sich dies beispielsweise in zunehmender Kontinentalität aus.

zonales Gliederungsprinzip: Geographischer Formenwandel, der auf die unterschiedlichen Einstrahlungsverhältnisse an verschiedenen Orten der Erde zurückgeht. Das zonale Gliederungsprinzip bezeichnet also die Ausprägung breitenkreisparalleler Zonen, wie z. B. die Klima- oder Vegetationszonen.

Sachverzeichnis

Die **fett** gesetzten Begriffe werden im TERRA **Lexikon** erklärt.

Bildnachweis

Titelbild: Superbild, Unterhaching/München (Siegenthaler)
aus: Berghaus: Physikalischer Schulatlas (Reprint 1985), Haack, Gotha: **98.1**; AKG, Berlin: **72.3**; Altmann, Porto: **58.2**; Angermayer, Holzkirchen: **22.2+3** (Ziesler); Aunkofer, Nördlingen: **17.4**; Avenue Images GmbH, Hamburg: **122.1+3** (Digital Vision), **124.8** (Index Stock); Bähr, Altwittenbek: **92.1**, **141.4**; BanaFair e.V., Gelnhausen: **119.8**; Bär, Zürich: **154.1**; Baumbach, Erfurt: **102.1+4**; Biblioteca Nacional, Madrid: **104.1**; Bildagentur Schapowalow, Hamburg: **70.2** (Nebbia); Bilderberg, Hamburg: **95.5**, **110.2** (Burchard), **129.8** (Burchard); Bittokleit, Gotha: **24.2**; Bricks, Erfurt: **104.2**, **119.5–7**, **120.2**; Brot für die Welt, Stuttgart: **145.i**; Busche, Rimpar: **62.1**, **79.5**, **91.3**; Cafe de Columbia-Information/FNCC, Hamburg: **141.6**; CCC/www.c5.net, Pfaffenhofen a.d. Ilm: **137.2** (Mester); Corbis, Düsseldorf: **34/35** (Arthus-Bertrand), **34.1** (Reuters), **35.4** (Simon Warren), **43.8** (Staffan Widstrand), **47.4** (Michael S. Lewis), **50.2** (Arthus-Bertrand), **62.2** (Michael S. Lewis), **70.5** (Craig Lovell), **84.1** (Moos), **109.4** (Puttkamer), **115.2** (Sygma/Collart), **118.2** (Arruza), **119.4** (Braasch), **120.1** (Michael T. Sedam), **128.5** (Puttkamer), **128.7** (Arruza), **129.10** (Sygma/Collart), **151.5** (Wolfgang Kähler); CVRD-Crajás, Brüssel: **113.3**; Das Fotoarchiv, Essen: **74.1** (Thege), **95.2**, **124.9** (Gordon); Englebert, Allentown, PA/USA: **103.5**, **129.11**; Enkelmann, Filderstadt: **4/5** (Landschaft), **6.1**; EPD, Frankfurt: **66.1**; Essig, Sonthofen: **94.1**, **96.5**, **130.2**; FOCUS, Hamburg: **35.3** (Jordan), **63.6** (Jordan), **70.3** (Manaud), **95.3**, **102.2** (Sehino), **112.2**, **122/123** (Schulz), **129.9**, **142.1** (Network/Palmer), **150.1**; Food and Agriculture Organization, Rom: **80.1** (Faidutti); Gagel, Schwenningen: **68.1; 155.6–9**; Gartung, Heidelberg: **44.1**; Geiger, Landau: **24.3**; Geiger, Merzhausen: **43.7**; Geiger, Sonthofen: **89.14**, **155.4+5+10**; GEODIA, Göttingen: **4/5** (Schirmakazie), **24.1**; Gerster, Zumikon: **20.2**, **81.4**, **82.1**, **83.3**; Gesellschaft für ökologische Forschung, München: **111.4** (Pabst/Wilczek), **153.4** (Pabst/Wilczek); Getty Images RF, München: **143.7**; Götz, Sonthofen: **144.a+c**, **145.f**; Grilletz, Leipzig: **96.2**; Habich, München: **69.2+4+6**; Henning, Stadthagen: **144.b**; Hokenmaier, Wäschenbeuren: **36.2**; IDE Technologies Ltd., Kadima: **48.2**; IFA, Ottobrunn: **152.2**; images.de digital photo GmbH, Berlin: **143.6** (Ollertz); John, Erfurt: **116.1**; Keystone, Hamburg: **20.1**; Köhler, Riechheim: **50.1**; Kraus, Wäschenbeuren: **118.1**; Krensel, Hameln: **153.3**; Kroß, Bochum: **95.4**; Landesbildstelle Rheinland-Pfalz, Koblenz-Ehrenbreitstein: **148.1**; Leicht, Mutlangen: **4/5** (Tropischer Regenwald), **27.5**; Lotos Film, Kaufbeuren: **36.3** (Thiem); Ludmann, Süßen: **78.1**; Lurie, Ranan Raymond: **136.1**; Maass, Ratingen: **131.5**; Martinek, Grieskirchen: **99.4**; Mary Evans Picture Library, London: **73.5**; Mauritius, Mittenwald: **26.3** (Thonia), **46.2**, **109.5**; Mayer, Nürnberg: **46.1**, **87.4**, **88.6+7+9**, **89.10+11+13**; Mensching, Hamburg: **79.6**; MEV, Augsburg: **140/141**, **142.2**, **145.e**; Morsak: **154.3**; Mühr, Karlsruhe: **22.1**; Müller-Mahn, Berlin: **128.4**; Müller-Möwes, Königswinter: **36.1**; NASA, Washington, D.C.: **6.2** (Goddard Space Flight Center), **99.5** (MODIS Rapid Response Project at NASA/GSFC), **128.1–3** (Goddard Space Flight Center); Newig, Flintbek: **14.1** (Trautmann), **36.4**, **105.4**; Nolzen, Stegen: **16.1**; Palmen, Alsdorf: **64.1**; Pasca, Tübingen: **109.6**, **128.6**; Paysan, Stuttgart: **22.4**; Picture-Alliance, Frankfurt/Main: **52.3** (dpa), **55.3** (dpa/AFP), **63.7** (dpa), **65.3**, **96.3** (dpa), **107.3**, **145.h**; Rausch, Linsenhofen: **145.g**; Remppis, Tübingen: **109.3**; Richter, Röttenbach: **18.2**; Rother, Schwäbisch Gmünd: **4/5** (Gletscher+Wüste), **18.1**, **25.5+7**, **35.5**, **42.1**, **43.6**, **56.1**, **58.3**, **62.3+4**, **76.1**, **90.1**, **106.2**, **130.1**, **141.5**, **150.2**, **151.4**; Rudolph, Ingelheim: **147.3**, **148.2**, **149.4**; Sauerborn, Bonn: **144.d**; Schmidt-Kallert, Essen: **67.2**; Schmidtke, Melsdorf: **34.2**, **63.5**; Schneider, Augsburg: **27.4**, **69.5**, **96.4**; Seitz, Freiburg: **77.3**; Silvestris, Dießen: **67.3** (Gerlach), **70.4** (Gerlach); Sobottka, Erkrath: **125.11**; Strothjohann, München: **77.5**; TransFair e.V., Köln: **141.8**; Vogt, Balzers: **121.4**; von der Ruhren, Aachen: **92.2**; Wilhemi, Mainz: **26.1**;

Grafikernachweis

Steffen Butz, Karlsruhe:
85.4, 132/133;
Klaus Feske, Rottenburg:
84.2+3;
Steffen Jähde, Berlin:
72.1;
Ulf Graupner, Berlin:
15.4, 60/61;
Rudolf Hungreder, Leinfelden-Echterdingen:
7.4+5, 17.3, 19.6, 23.6+7, 25.9–11, 31.4, 32.1+2, 33.3, 57.4, 77.4, 79.4+7, 83.4, 93, 109.7, 110.1, 115.4+5, 119.9, 138.1, 147.2, 152 links oben;
Diana Jäckel, Erfurt:
8.1, 11.2, 14.3, 20.3–6, 24.4, 25.6+8, 29.3, 31.5, 41.2, 45.4, 51.3, 55.2, 75.2, 86.1+2, 123.4, 125.12, 126.1+3, 145.6, 154.2, 161;
Klett-Archiv: 159.2
Wolfgang Schaar, Grafing:
26.2, 42.2–4, 44.2+3, 45.5, 47.3, 59.4–6, 64.2, 70.1, 76.2, 85.5, 96.1, 98.2, 117.3+4, 129, 131.7, 149.3, 157

Quellennachweis

72.2: Ilifte, J.: Geschichte Afrikas, 2003;
111.5: Kolow, B.: www.amazonas.de/amazonas/regenwald_zertifikat.html;
122.2: Hermann, H.: Mexico (Reihe Reise Know-How) 1999, S. 164;
141.8: Bitter! Armut in der Kaffeetasse. Oxfam. Berlin 2002. S. 10;
142.4: Ulrike Koltermann, in: Allgäuer Anzeigeblatt vom 12.02.05;
143.5: nach: Klaus Bölling, in: www.boelling.de/nordfriesland/info/krabben02.htm;
145.5: aus: Erklärung der ILO bzw. Erklärung der UNESCO unter www.ilo.org bzw. www.unesco.org

Kartengrundlagen

Einband, **47.5**, **114.1**, **123.6**: Klett-Perthes Gotha und Stuttgart: Gesamtausgabe;
57.3: nach: Le Monde Diplomatique, taz Verlags- und Vertriebs GmbH, Berlin 2003

Strukturdaten ausgewählter Staaten

Land	Fläche in 1 000 km²	Einwohner 2003 in Millionen	Jährliches Bevölkerungswachstum Mittel aus 1990–2000 in %	Geburtenrate 2003 in %	Sterberate 2003 in %	Lebenserwartung 2003 in Jahren	Anteil der Bevölkerung unter 15 Jahren 2003 in %	Anteil der Bevölkerung über 65 Jahren 2003 in %	Städtische Bevölkerung 2003 in %	Wirtschaftsleistung je Einwohner 2003 in US-$[3]	Erwerbstätige in der Industrie 2003[1,4] in % der Erwerbstätigen insgesamt	Erwerbstätige in Dienstleistungen 2003[1,4] in % der Erwerbstätigen insgesamt	Anteil der Industrie am BIP[4] 2003[1,4] in %	Anteil der Dienstleistungen am BIP[3] 2003[1,4] in %	Arbeitslose 2003[1] in %	Energieverbrauch je Einwohner 2002 in kg Öleinheiten[2]	Analphabeten 2003[1] in %	Kalorienversorgung je Einwohner und Tag 2002	Einwohner je Arzt 2003[1]	Internet-Nutzer 2003 je 1000 Einwohner
Europa																				
Belgien	31	10,3	0,3	1,1	1,0	78	17,0	16,7	97,2	28 335	24,8	73,4	26,5	72,2	8,1	5 920	1	3 584	239	328
Bosnien-Herzegowina	51	4,3	-0,9	1,2	0,8	74	17,2	10,9	44,3	5 967	k.A.	k.A.	32,1	53,0	k.A.	k.A.	k.A.	2 894	747	26
Bulgarien	111	7,5	-1,3	0,8	1,4	72	14,4	16,4	69,8	7 731	32,8	57,1	30,7	57,6	13,6	2 360	2	2 848	283	206
Dänemark	43	5,4	0,4	1,2	1,1	77	18,6	14,9	85,3	31 465	23,8	73,2	26,4	71,5	5,6	3 460	1	3 439	274	513
Deutschland	357	82,4	0,3	0,9	1,0	78	14,9	17,3	88,1	27 756	31,6	66,0	29,4	69,5	9,6	3 990	1	3 496	274	473
Estland	43	1,3	-1,3	1,0	1,3	71	16,1	15,2	69,4	13 539	32,5	61,3	28,5	67,0	10,1	k.A.	1	3 002	325	328
Finnland	305	5,2	0,4	1,1	0,9	78	17,6	15,3	60,9	27 619	26,0	69,0	30,5	66,0	9,0	5 120	1	3 100	320	509
Frankreich	544	60,4	0,5	1,3	0,9	79	18,6	16,1	76,3	27 677	23,4	73,0	24,5	72,8	9,4	4 340	1	3 654	299	366
Griechenland	132	10,6	0,4	0,9	0,9	78	14,7	18,7	60,8	19 954	22,5	61,7	23,8	69,3	9,3	3 110	3	3 721	220	150
Großbritannien	244	60,3	0,3	1,2	1,0	78	18,2	16,0	89,1	27 147	23,3	75,3	26,6	72,4	5,0	3 730	1	3 412	557	423
Irland	70	4,0	0,8	1,6	0,7	78	21,3	11,2	59,9	37 738	27,7	65,8	40,5	56,3	4,6	3 660	1	3 656	417	313
Italien	301	58,1	0,2	0,9	1,0	80	14,0	19,0	67,4	27 119	32,2	62,9	27,8	69,6	8,6	3 070	2	3 671	166	337
Kroatien	57	4,5	-0,2	1,0	1,2	74	16,2	15,8	59,0	11 080	29,7	53,5	30,1	61,5	14,3	k.A.	2	2 799	570	232
Lettland	65	2,3	-1,1	0,9	1,4	71	15,1	15,5	66,2	10 270	27,0	59,2	24,4	71,1	10,5	k.A.	1	2 938	338	406
Litauen	65	3,6	-0,1	0,9	1,2	72	17,7	14,2	66,7	11 702	28,1	54,0	33,8	58,9	12,7	2 510	1	3 325	250	214
Luxemburg	3	0,5	1,4	1,2	0,9	78	18,9	14,9	91,9	62 298	21,5	77,2	20,5	78,9	3,7	k.A.	0	3 609	391	377
Niederlande	34	16,3	0,6	1,2	0,9	79	18,3	14,0	65,8	29 371	21,4	74,9	k.A.	k.A.	3,8	5 510	1	3 362	304	522
Norwegen	385	4,6	0,6	1,2	0,9	79	19,7	14,9	78,6	37 670	21,4	74,9	37,5	61,0	4,5	9 500	1	3 484	345	k.A.
Österreich	84	8,2	0,5	1,0	1,0	79	16,2	16,0	65,8	30 094	29,3	65,1	31,7	66,0	4,1	4 060	1	3 673	247	462
Polen	313	38,6	0,1	0,9	0,9	75	17,6	12,5	61,9	11 379	38,0	42,9	30,7	66,2	19,2	2 280	1	3 375	446	232
Portugal	92	10,5	0,4	1,1	1,0	76	17,3	15,2	54,6	18 126	32,2	55,3	k.A.	k.A.	6,3	2 320	8	3 741	309	194
Rumänien	238	22,4	-0,2	1,0	1,2	70	16,6	13,9	54,5	7 277	29,8	34,5	36,1	52,0	6,6	1 750	2	3 455	530	191
Russland	17 075	144,0	-0,1	1,0	1,5	66	16,3	13,2	73,3	9 230	31,3	58,7	34,2	60,6	8,7	4 440	1	3 072	213	41
Schweden	411	9,0	0,4	1,1	1,0	80	17,5	17,5	83,4	26 750	22,6	75,3	27,9	70,3	5,6	5 430	1	3 185	348	573
Schweiz	41	7,5	0,6	1,0	0,9	81	16,6	15,6	67,5	30 552	23,0	72,8	k.A.	k.A.	4,1	4 130	1	3 526	299	351
Serbien und Montenegro	102	10,8	0,9	1,1	1,4	73	19,6	14,0	52,0	k.A.	k.A.	k.A.	k.A.	k.A.	13,8	k.A.	7	2 678	469	79
Slowakei	49	5,4	0,3	1,0	1,0	74	18,2	11,4	57,4	13 494	38,3	55,9	29,7	66,6	17,1	3 610	k.A.	2 889	264	256
Slowenien	20	2,0	0,1	0,9	1,0	76	15,0	14,6	50,8	19 150	36,9	54,7	k.A.	k.A.	6,5	k.A.	1	3 001	430	376
Spanien	505	40,3	0,2	1,0	0,9	80	15,0	17,1	76,5	22 391	30,6	63,8	29,6	67,1	11,3	3 320	2	3 371	220	239
Tschechische Republik	79	10,2	0,0	0,9	1,1	75	15,5	13,9	74,3	16 357	39,6	55,6	39,4	57,1	7,8	4 070	k.A.	3 171	234	268
Ukraine	604	47,3	-0,5	0,9	1,5	68	16,0	15,1	67,2	5 491	29,9	51,2	40,3	45,6	9,1	2 740	1	3 054	218	18
Ungarn	93	10,0	-0,2	1,0	1,3	73	16,3	14,7	65,1	14 584	33,3	61,2	k.A.	k.A.	5,8	2 320	1	3 483	247	232
Weißrussland	208	10,3	0,1	0,9	1,4	68	16,8	14,0	70,9	6 052	34,7	53,1	30,1	60,1	3,1	2 110	1	3 000	222	141
Amerika																				
Argentinien	2 780	39,1	1,3	1,8	0,8	75	27,0	9,8	90,1	12 106	k.A.	k.A.	34,8	54,1	15,6	1 410	3	2 992	341	112
Bolivien	1 099	8,7	2,2	2,9	0,8	64	38,4	4,4	63,4	2 587	19,7	76,9	30,1	55,0	5,5	k.A.	15	2 235	2 828	32
Brasilien	8 547	184,1	1,5	1,9	0,7	69	27,5	5,4	83,1	7 790	20,0	59,4	19,1	75,1	12,3	1 010	13	3 050	378	82
Chile	757	15,8	1,4	1,7	0,5	77	26,9	7,4	87,0	10 274	23,4	63,0	34,3	56,9	7,4	1 530	4	2 863	1 424	272
Ecuador	284	13,2	1,9	2,3	0,6	71	32,7	4,9	61,8	3 641	21,7	69,2	28,7	63,6	11,5	600	9	2 754	678	44